高等职业教育改革创新示范教材

矿井提升设备使用与维护

主　编　李瑞春　　张桂芹
副主编　陈宝怡　　贾发亮
参　编　曾文祥　　韩国庆
主　审　石立方

机械工业出版社

本书以现场工作任务为驱动，按照工学结合的教学模式，以现场工作任务实施方法、内容和过程为主线，介绍了矿井提升设备的基础知识、基本运行理论和使用与维护技能，旨在培养学生关于提升设备运行岗位的职业综合能力。

全书共分九个单元，内容包括矿井提升系统、提升容器的维护、提升钢丝绳的使用与维护、提升机的结构与使用、提升机制动系统的使用与维护、提升机深度指示器的使用与维护、提升机天轮的使用与维护、提升机相对位置和运行理论、提升机的操作与安全运行。

本书适合于矿业职业技术院校和成人教育院校矿山机电专业使用，也可供矿业类相关专业选用，还可供现场工程技术人员使用或参考。

图书在版编目（CIP）数据

矿井提升设备使用与维护/李瑞春，张桂芹主编. —北京：机械工业出版社，2013.7（2025.2 重印）
高等职业教育改革创新示范教材
 ISBN 978-7-111-42296-9

Ⅰ. ①矿… Ⅱ. ①李…②张… Ⅲ. ①矿井提升机 – 使用 – 高等职业教育 – 教材②矿井提升机 – 维修 – 高等职业教育 – 教材 Ⅳ. ①TD534

中国版本图书馆 CIP 数据核字（2013）第 086408 号

机械工业出版社（北京市百万庄大街22 号 邮政编码100037）
策划编辑：汪光灿 责任编辑：汪光灿 王海霞
版式设计：霍永明 责任校对：张 征
封面设计：张 静 责任印制：单爱军
北京虎彩文化传播有限公司印刷
2025 年2 月第1 版第2 次印刷
184mm×260mm · 13.75 印张 · 334 千字
标准书号：ISBN 978 – 7 – 111 – 42296 – 9
定价：42.00 元

电话服务   网络服务
客服电话：010-88361066   机 工 官 网：www.cmpbook.com
　　　　　010-88379833   机 工 官 博：weibo.com/cmp1952
　　　　　010-68326294   金 书 网：www.golden-book.com
封底无防伪标均为盗版   机工教育服务网：www.cmpedu.com

前　言

为贯彻《国务院关于大力发展职业教育的决定》，落实国务院关于加快矿业类人才培养的重要批示精神，满足煤炭行业发展对一线技能型人才的需求，教育部、国家安全生产监督管理总局、中国煤炭工业协会决定实施"职业院校煤炭行业技能型紧缺人才培养培训工程"，并制定了职业教育煤炭行业技能型紧缺人才培养培训教学方案，以全面提高教育教学质量。本书是按照以上教学方案要求，针对职业教育特色和教学模式的需要，以及职业院校学生的心理特点和认知规律编写的，以简明实用为编写宗旨，适合工学交替的现场工作过程系统化的教学模式。本书体现了以下特点：

1）在工学交替的培养模式下，依据职业岗位标准或生产实际，校企共同开发基于工作过程的课程，重组、整合了教学内容，体现了当前最新的矿井提升设备和技术。

2）按照提升机运行岗位工作过程的要求，以综合岗位行动任务为驱动，以现场工作任务的实施方法、内容和过程为主线，学习提升设备的基础知识和使用与维护方法，实现教学过程中的"思维"和"行动"的统一。

3）通过现场工作任务或工作案例的实施，为学生提供理论和实践整体化的链接，通过提升机使用与维护内容的载体，使学生认识知识与工作过程的联系，获得综合职业能力，遵循知识、行动、目标及目标成果反馈的认知过程，培养出提升机运行岗位领域的高端技术人才。

4）书中渗透了煤矿企业的企业文化特色，以便使学生更快适应未来的工作岗位，顺利实现角色转变。

本书建议按照工学交替的教学模式组织教学，为了方便教学，建议总学时为 70～90，按校内和现场教学 1:1 的学时比例分两部分交替实施。

序　号	单　　元	学　时　数		备　　注
		校内教学	现场教学	
1	第一单元　矿井提升系统	2	2	现场教学可集中分两次与校内教学作交替安排
2	第二单元　提升容器的维护	6	6	
3	第三单元　提升钢丝绳的使用与维护	6	6	
4	第四单元　提升机的结构与使用	6	6	
5	第五单元　提升机制动系统的使用与维护	8	8	
6	第六单元　提升机深度指示器的使用与维护	2	2	
7	第七单元　提升机天轮的使用与维护	2	2	
8	第八单元　提升机相对位置和运行理论	6	2	
9	第九单元　提升机的操作与安全运行	4	8	
	总　　计	42	42	

　　本书由河北能源职业技术学院李瑞春、唐山科技职业技术学院张桂芹任主编，并负责全书的统稿和修改；由河北能源职业技术学院陈宝怡、安徽矿业职业技术学院贾发亮任副主编；由安徽矿业职业技术学院石立方任主审。全书共分九个单元，第一、第六单元由贾发亮编写，第二、第五单元由张桂芹编写，第三、第八单元由陈宝怡编写，第四单元由李瑞春编写，第七单元由开滦集团公司曾文祥编写，第九单元由开滦唐山矿韩国庆编写。此外，开滦集团公司吕家坨矿李胜利对本书提出了许多宝贵意见和建议。

　　本书适合职业技术院校和成人教育院校矿山机电专业使用，也可供矿业类相关专业选用，还可供现场工程技术人员使用或参考。

　　由于时间仓促和编者水平有限，书中错误和缺点在所难免，恳请广大读者批评指正。

编　者

目　录

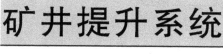

第一单元
矿井提升系统

【单元学习目标】

　　本单元由煤矿立井开采运输提升系统和矿井提升设备的结构两个课题组成。通过对本单元的学习，学生应能说出矿井提升系统在煤矿生产中的作用与重要性及矿井提升系统的类型；在教学矿井现场应能指出矿井提升设备的主要组成部分及其作用。

课题一　煤矿立井开采运输提升系统

【工作任务描述】

　　煤矿立井开采运输系统是一个庞大的系统，在该系统中，矿井提升系统占核心位置。本课题主要对矿井提升系统作总体介绍，通过本课题的实施，使学生对矿井提升系统和设备有全面的了解，增强其学习兴趣；让学生初步接触矿井提升设备及部分岗位，树立岗位责任意识，为后续教学打下一定的知识基础。

【知识学习】

一、矿井提升系统的功能及类型

1. 矿井提升系统的功能

　　煤矿运输和提升系统如图1-1所示。从工作面采落的原煤由采煤工作面的刮板运输机运送到区段运输平巷，再由区段运输平巷内的胶带运输机或刮板运输机运到采区运输上山，经采区运输上山的胶带运输机运送到采区煤仓，或者经水平集中胶带运输机运送到井底煤仓；在采区煤仓下口的采区下部装煤车场装车，经阶段运输大巷运到井底车场煤仓，最后由主井箕斗提升到地面。矿井生产所需的人员、设备、材料等由副井罐笼运输到井底车场，之后由运输大巷、轨道上山、轨道平巷或区段回风平巷运到各生产部位。

　　由上述可知，在立井开采的煤炭矿山，矿井提升设备的功能是沿井筒提升煤炭、矸石，下放材料，升降人员和设备。矿井提升是矿井生产运输的最后环节，是矿山井下生产系统和地面工业广场相连接的枢纽，是矿山运输的咽喉，在矿井生产中有着极其重要的地位。

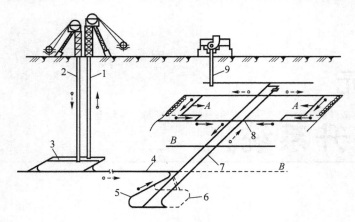

图 1-1　煤矿运输和提升系统示意图

→ 煤的运输方向　--→ 材料的运输方向

1—主井　2—副井　3—井底车场　4—运输大巷　5—石门
6—采区运输上山　7—上山　8—运输道　9—风井

2. 矿井提升系统的类型

根据矿井提升机和井筒倾角不同，矿井提升系统主要分为以下几种：

1）立井单绳缠绕式箕斗提升系统。

2）立井单绳缠绕式罐笼提升系统。

3）立井多绳塔式摩擦箕斗提升系统和落地摩擦式箕斗提升系统。

4）立井多绳塔式摩擦罐笼提升系统和落地摩擦式罐笼提升系统。

5）斜井箕斗提升系统。

6）斜井串车提升系统。

二、矿井提升系统及其主要组成部分

1. 立井单绳缠绕式箕斗提升系统

图 1-2 所示为立井单绳缠绕式箕斗提升系统示意图。处在井底车场的重矿车由推车机推入翻车机（或称翻笼），把矿车内的煤炭卸入井底煤仓，再经装载设备 11 把煤炭装入主井井底的箕斗内。同时，已提升至井口卸载位置的重箕斗，通过井架上的卸载曲轨的作用，使箕斗底部的闸门开启，把煤炭卸入地面煤仓 6 中。处在井上、井下的两箕斗分别通过连接装置与两根提升钢丝绳 7 连接，两根提升钢丝绳 7 的另一端则绕过安装在井架 3 上的天轮 2，以相反的方向固接在提升机卷筒 1 上。起动提升机，一根钢丝绳缠绕到卷筒上，使井底重箕斗向上运动，同时，另一根钢丝绳自卷筒上松放，使井口轻箕斗向下运动，完成提升煤炭的任务。

2. 立井单绳缠绕式普通罐笼提升系统

图 1-3 所示为立井单绳缠绕式普通罐笼提升系统示意图，其中一个罐笼位于井底，用于装车或上人等；另一个罐笼位于上井口出车平台，用于卸车或下人。两条钢丝绳的下端分别与罐笼相连，另一端绕过井架上的天轮正反向缠绕并固定在提升机的滚筒上，电动机带动滚筒旋转，一根钢丝绳缠绕到滚筒上，另一根钢丝绳下放，带动井下的罐笼上升，地面的罐笼下

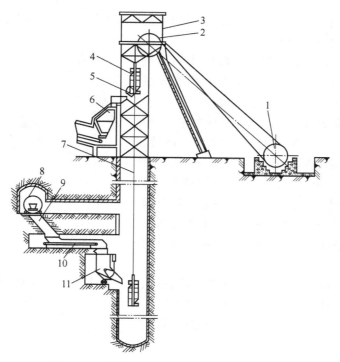

图 1-2　立井单绳缠绕式箕斗提升系统示意图

1—提升机卷筒　2—天轮　3—井架　4—箕斗　5—卸载曲轨　6—地面煤仓　7—提升钢丝绳

8—翻车机（翻笼）　9—井底煤仓　10—给煤机　11—装载设备

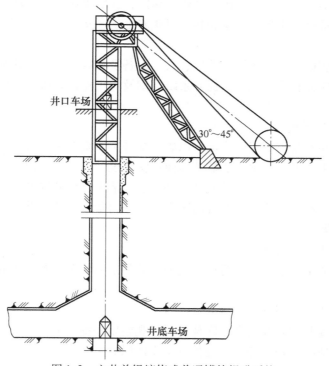

图 1-3　立井单绳缠绕式普通罐笼提升系统

降，使罐笼在井筒中作上下往复运动，通过罐笼实现对人员、物料等的提升或下放。

3. 立井多绳摩擦式提升系统

图 1-4a、b 所示分别为多绳摩擦塔式和落地式提升系统示意图。在如图 1-4a 所示的塔式摩擦提升系统中，主导轮（或称摩擦轮）1 安装在提升井塔上。提升钢丝绳 3 等距地搭在主导轮的衬垫上，钢丝绳的两端分别与容器 4 连接，平衡尾绳 6 的两端分别与容器的底部相连后自由悬挂在井筒中。电动机带动主导轮旋转时，通过衬垫与提升钢丝绳间的摩擦力拖动提升容器往复升降，实现对容器的提升。为增大钢丝绳在主导轮上的围包角并缩小提升中心距，可增设导向轮 5。

在如图 1-4b 所示的落地式摩擦提升系统中，主导轮 1 安装在地面，天轮 2 起支承、导向作用，同时调整围包角和提升中心距。其工作原理与塔式摩擦提升机相同。

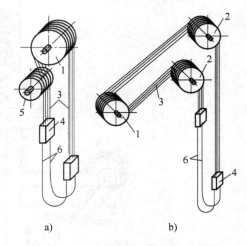

图 1-4　多绳摩擦式提升系统示意图
a）塔式　b）落地式
1—主导轮　2—天轮　3—提升钢丝绳
4—容器　5—导向轮　6—平衡尾绳

【工作任务实施】

1. 任务实施前的准备

任务实施前，学生必须经过煤矿安全资质鉴定，获取煤矿安全生产上岗资格证，完成入矿安全生产教育，具有安全生产意识和相关煤矿安全生产知识。

2. 知识要求

学生能口述煤矿运输提升系统中的煤、人、设备及物料等运输方式和方向，说出提升系统在煤矿生产中的任务和重要地位，提升系统类型及其工作过程以及不同类型提升系统设备的基本组成等。

3. 认识煤矿提升系统

到教学实习矿井参观煤矿工业广场。以矿井提升主、副井为中心，了解煤矿工业广场的布置，重点了解以主、副井为中心的矿井地面运输系统，包括地面煤仓、运输胶带走廊、地面转运编组车场等设施。要求从提升机井架外观能分清主、副井提升系统，分清缠绕式提升系统、塔式提升系统和落地式提升系统的区别，考虑为什么主井提升机井架高度要比副井井架高度高很多等问题。

4. 初步认识提升机井架和天轮

观察井架天轮的工作情况，注意提升机钢丝绳的出绳情况，观察提升机房相对于井架的位置和距离等。

5. 认识主、副井装卸载过程

观察主井箕斗提升的卸载高度和卸载过程，观察副井提升上下人员、装卸矿车等上井口运输操作过程，对地面矿井提升生产过程有初步认识。

【工作任务考评】 （见表1-1）

表1-1　任务考评

过程考评	配　分	考评内容	考评实施人员
素质考评	12	生产纪律	专职教师和现场教师结合，进行综合考评
	12	遵守生产规程，安全生产	
	12	团结协作，与现场工程人员的交流	
实操考评	12	理论知识口述：提升系统的分类、各类别的工作任务和特点	
	12	任务实施过程中注意观察和记录，注意原始资料积累	
	12	手指口述各提升系统及其基本组成	
	12	完成本次工作任务，效果良好	
	16	按任务实施指导书完成学习总结，总结所反映出的工作任务完整，信息量大	

【思考与练习】

1. 简述煤矿运输系统运输工作的过程，以及提升系统在煤矿生产中的地位。

2. 煤矿提升系统分为哪几种类型？

3. 简述立井单绳缠绕式普通罐笼提升系统、立井单绳缠绕式箕斗提升系统、立井多绳摩擦式提升系统的基本组成。

4. 由煤矿工业广场指认主、副井塔式摩擦和落地式摩擦提升系统，说明它们在外观上的主要差别，明确为什么它们会有这样的异同。

课题二　矿井提升设备的结构

【工作任务描述】

矿井提升设备是煤矿中最重要和复杂的机电设备，本课题的主旨是在学习提升设备各组成部分的使用与维护知识前，对煤矿提升设备的组成和工作原理有总体的了解和认识。初步接触提升运行车间、工作人员和提升设备，对提升运行各岗位有基本认识，进一步增强学习兴趣和责任意识。

【知识学习】

一、矿井提升设备的特点

矿井提升设备具有如下特点：

1）矿井提升设备是矿山中最复杂且庞大的机电设备，担负着煤炭、物料、人员和设备的提升和下放任务，工作中一旦发生故障不仅影响到矿井的生产，而且涉及人员的生命安全。因此，矿井提升设备的安全性极为重要，对其生产的安全性要求极为严格。

2）矿井提升设备是周期动作式输送设备，运输距离短且高速运行，工作中需频繁起动停止和换向，工作条件恶劣，其机械、电气设备工作必须可靠。

3）提升设备是大型的综合机械-电气设备，其成本和耗电量较高，所以，其合理选择、正确使用和维护具有重要的经济意义。

二、提升设备的分类

提升设备可根据其用途、设备类型及工作条件进行分类。

1. 按提升设备的用途分类

提升设备按其用途可分为主井提升设备（专门提升煤炭或矸石）和副井提升设备（提升矸石，下放材料，升降人员及设备等的辅助提升）。

2. 按提升容器的形式分类

按提升容器的形式可分为箕斗提升设备（用于主井提升）和罐笼提升设备（用于副井提升，对于小型矿井也可用于主井提升）。

3. 按提升机工作形式分类

按提升机工作类型可分为缠绕式提升机和摩擦式提升机。缠绕式提升机又可分为单绳缠绕和多绳缠绕提升机；摩擦式提升机又可分为塔式摩擦提升机和落地式摩擦提升机。

4. 按井筒倾角分类

按井筒倾角可分为立井提升设备和斜井提升设备。

5. 按拖动装置的类型分类

按拖动装置的类型可分为交流拖动提升设备和直流拖动提升设备。

三、矿井提升设备的主要组成

矿井提升设备的主要组成部分包括：提升容器、提升钢丝绳、提升机（包括拖动控制系统）、操控系统、制动系统、润滑系统、井架（或井塔）、天轮及井上下装卸载设备等。

1. 单绳缠绕式提升设备的组成

图1-5所示为单绳双滚筒缠绕式提升机布置示意图，由左至右依次为操纵控制台1、电气控制柜2、牌坊式深度指示器3、提升机滚筒4、钢丝绳5、制动盘6、液压泵站7、主轴8、轴承架9、联轴器10、减速器11等。图示左滚筒为下出绳，右滚筒为上出绳，其工作原理是：提升机顺时针旋转，左滚筒缠绳，左提升容器上升，右滚筒放绳，右提升容器下降，提升机循环往复工作，实现提升工作。

2. 多绳摩擦式提升设备的组成

图1-6所示为落地式多绳摩擦提升机布置示意图，由左至右依次为电气控制柜1、操纵控制台2、牌坊式深度指示器3、提升机摩擦滚筒4、钢丝绳5、制动盘6、液压泵站7、轴承架8、联轴器9、减速器10、电动机制动器11、拖动电动机12等。其工作原理是：提升机摩擦滚筒回转，通过滚筒与钢丝绳间的摩擦力带动钢丝绳提升或下降，从而带动绳端提升容器的升降，提升机循环往复工作，实现提升工作。

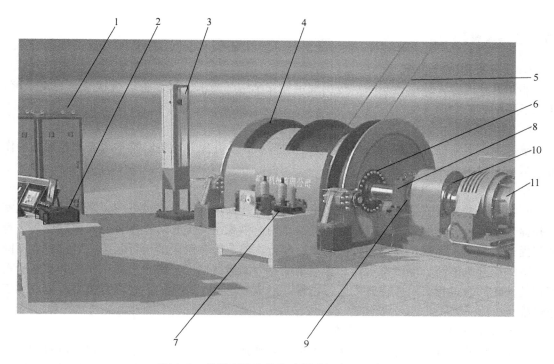

图 1-5　单绳双滚筒缠绕式提升机布置示意图

1—操纵控制台　2—电气控制柜　3—牌坊式深度指示器　4—提升机滚筒　5—钢丝绳
6—制动盘　7—液压泵站　8—主轴　9—轴承架　10—联轴器　11—减速器

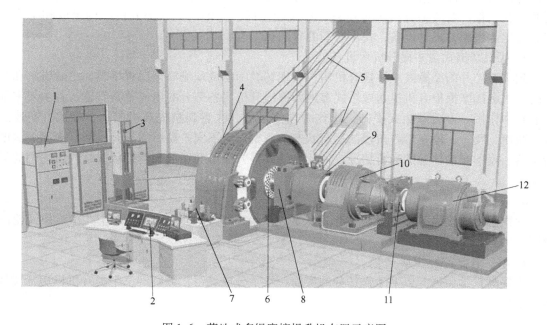

图 1-6　落地式多绳摩擦提升机布置示意图

1—电气控制柜　2—操纵控制台　3—牌坊式深度指示器　4—提升机摩擦滚筒　5—钢丝绳　6—制动盘
7—液压泵站　8—轴承架　9—联轴器　10—减速器　11—电动机制动器　12—拖动电动机

【工作任务实施】

1. 任务实施前的准备

熟知提升机房（或运行车间）进出规定和安全生产要求，对设备运行状态有一定了解，确保不要影响矿井提升生产的顺利进行。

2. 知识准备

掌握煤矿运输提升设备的分类和各类型的特点，矿井提升设备的基本组成和各部分的作用及基本工作原理。

3. 认识缠绕式主井提升机房设备

到实习矿井缠绕式主井提升机房，由现场教师强调现场安全注意事项，之后讲解和观察主井提升机房各部分的组成及其布置、基本作用。参观主井提升机操作者的操作过程，注意观察提升机起动、加速、高速运行、减速、爬行、停车等各阶段的运行状态，观察对应不同阶段下的提升机滚筒、深度指示器、盘形制动器等的运行情况。联想上次工作任务实施所观察到的箕斗卸载过程，对应提升机运行过程，形成较全面、完整的主井提升机结构组成和工作过程。

4. 认识缠绕式副井提升机房设备

到实习矿井缠绕式副井提升机房，由现场教师强调现场安全注意事项，之后讲解和观察副井提升机房各部分的组成及其布置、基本作用。参观副井提升机操作者的操作过程，注意观察提升机起动、加速、高速运行、减速、停车等各阶段的运行状态，观察对应不同阶段下的提升机滚筒、深度指示器、盘形制动器等的运行情况。联想上次工作任务实施所观察到的副井装载过程，对应提升机运行过程，形成较全面、完整的副井提升机结构组成和工作过程。对比主、副井提升设备，找出它们的异同点。

5. 认识摩擦式主井提升机房设备

到实习矿井的摩擦式主井提升机房，由现场教师强调现场安全注意事项，之后讲解和观察落地式多绳摩擦提升机机房或塔式多绳摩擦提升机房各部分的组成及其布置、各主要零部件的基本作用。参观摩擦式提升机操作者操作过程，注意观察提升机起动、加速、高速运行、减速、爬行、停车等各阶段的运行状态，观察对应不同阶段下的提升机摩擦滚筒、深度指示器、盘形制动器等的运行情况。对比缠绕式提升设备的组成和运行状况，找出它们的异同点。

6. 认识井架及天轮

观察落地式多绳摩擦提升机井架和天轮的特点，比较其与缠绕式提升机井架和天轮的异同。

7. 学生教学的组织形式

为提高教学质量，以上工作任务的实施，学生分成三组，分别到三个提升机机房开展教学，之后三组轮换。

【工作任务考评】　（见表1-2）

表1-2　任务考评

过程考评	配　分	考评内容	考评实施人员
素质考评	12	生产纪律	专职教师和现场教师结合，进行综合考评
	12	遵守生产规程，安全生产	
	12	团结协作，与现场工程人员的交流	
实操考评	12	理论知识口述：提升设备分类，各类提升设备的组成及作用	
	12	工具使用或任务实施过程	
	12	手指口述提升机各部组成、作用，提升机操作过程，提升机运行阶段和各部状态；缠绕式提升机与摩擦式提升机的组成及其外观和结构的异同	
	12	完成本次工作任务，效果良好	
	16	按工作任务实施指导书完成学习总结，总结所反映出的工作任务完整，信息量大	

【思考与练习】

1. 简述矿井提升设备的特点。

2. 煤矿提升设备的类型有哪些？

3. 简述立井单绳缠绕式提升设备、立井多绳摩擦式提升设备的基本组成，比较它们的异同点。

【知识拓展】

一、提升设备的发展历程

随着科学技术的不断发展，不同时代提升设备各机型的技术水平及结构特点有很大差异。由于各煤矿企业建矿年代不同，且目前不同时代的各机型多数还在使用，所以，对提升设备的发展历程有一个全面的了解，对不同机型的结构特点有一定的认识，可使学生参加工作后不至于对不同煤矿企业各类机型的提升机太陌生。

1. 单绳缠绕式提升机的发展历程

单绳缠绕式提升机从前苏联援助设计生产到以后的自主研制，经过几十年的发展，大概经历了 KJ、JKA、XKT、XKTB、JK、JK/A、JK/E 几个典型机型。

（1）KJ 型矿井提升机　KJ 型矿井提升机属仿前苏联改进型提升机，其性能参数根据前苏联 1952 年系列参数标准而定。其结构形式的特点如下：

1）两点支承提升机主轴，主轴承为滑动轴承，需要接专门的润滑站，采用稀油润滑。

2）主轴装置由两个铸铁法兰盘和 Q235 薄钢板筒壳组成。

3）调绳离合器为手动蜗轮蜗杆式。

4）制动器为角移式、单缸制动结构，即两副制动器依靠一个制动液压缸来传递制动力。

5）制动力的调节靠手动杠杆控制三通阀，由三通阀来控制制动液压缸活塞的位移，安全制动通过电磁铁控制的四通阀实现。

6）深度指示器采用牌坊式深度指示器。

7）减速器采用渐开线软齿面人字齿轮减速器，减速器轴承为滑动轴承。

（2）JKA 型矿井提升机　JKA 型矿井提升机是在仿前苏联 KJ 系列提升机的基础上进行局部技术改进制造的，改进部位和内容如下：

1）主轴装置仍采用铸铁法兰盘。为提高筒壳的强度和刚度，采用了 Q235 厚钢板筒壳。

2）为了调绳时省力省时，调绳离合器改手动蜗轮蜗杆式为电动蜗轮蜗杆式。

3）制动器由角移式改为综合式，由单缸制动结构改为独立传动的双缸制动结构。

4）重锤液压蓄力器改为空气液压蓄力器。

5）液压传动装置由以行程反馈的三通阀控制改为电液调节阀压力反馈控制。

6）为了提高承载能力，减小质量，减速器由渐开线齿形改为圆弧形人字齿轮减速器。

7）减速器高速级联轴器改为蛇形弹簧联轴器。

8）钢丝绳出绳角原规定大于或等于 30°改为允许 0°出绳。

9）取消地下室，改为一律不带地下室。

（3）XKT 型、XKTB 型单绳缠绕式矿井提升机　XKT 和 XKTB 型矿井提升机的性能参数基本相同，基本符合单绳缠绕式矿井提升机的基本参数与尺寸标准。其结构特点如下：

1）主轴装置采用铸钢支轮和低合金高强度钢 Q345 钢板焊接卷筒的结构，筒壳采用较厚钢板。

2）调绳离合器采用轴向齿轮式液压调绳离合器。

3）制动器采用盘形制动器。

4）制动力的调节靠液压站的电液调压装置控制。

5）深度指示器采用圆盘式深度指示器。

6）减速器为圆弧齿形人字齿轮减速器，轴承为滑动轴承。

7）采用了微拖动装置。

（4）JK 型单绳缠绕式矿井提升机　JK 型单绳缠绕式矿井提升机是在 XKTB 型基础上改进的，基本符合单绳缠绕式矿井提升机的基本参数与尺寸标准。其结构特点如下：

1）深度指示器由圆盘式改为圆盘式和牌坊式两种，可由用户任选其中一种。

2）由于闸瓦制造质量不稳定，制动器闸瓦对制动盘的摩擦因数由 0.4 降至 0.35，并且在结构上进行了改进以方便闸瓦的装拆。

3）圆弧齿轮减速器降级使用，即和 XKTB 型相比，同等规格的提升机采用高一挡的圆弧齿轮减速器。

4）减速器在 20 世纪 80 年代初改为滑动轴承和滚动轴承两种，可由用户任选其中一种。

5）在 20 世纪 80 年代初期，液压站改为延时达到 0~10s 的电气延时二级制动液压站。

6）对 2~2.5m 提升机增加了整体卷筒，与原有的两半卷筒结构，两种结构可由用户任选其一。

（5）JK/A 型单绳缠绕式矿井提升机　JK/A 型系列提升机是在 1981 年组织有关人员对国内外提升机作了深入调查，对国内外提升机的结构、性能作了全面的分析、对比，对 2JK-2.5/20 矿井提升机作了全面的重大改进，在此基础上，于 1984 年 2 月开始，在现行基本参数不变的基础上，开展了更新系列的设计，1985 年开始批量生产。其结构特点如下：

1）主轴与固筒支轮的连接采用无键连接，卷筒与固筒支轮的连接采用高强度螺栓连接，装拆方便。

2）卷筒出厂时，带有已加工好螺旋绳槽的筒壳，使钢丝绳排列整齐，运行平稳，提高钢丝绳的使用寿命。同时也带有安装木衬的卷筒，便于用户配用不同规格的钢丝绳，由用户任选其中一种。卷筒采用对开装配式，现场不需要进行焊接，从而提高了产品质量，缩短了安装周期。

3）采用装配式制动盘，制动盘在出厂时进行精加工，保证了加工质量，缩短了安装周期。

4）主轴承采用双列向心球面滚子轴承，简化安装，维护简单，效率高，消除了轴向窜动。

5）调绳离合器采用径向齿块式调绳离合器，使调绳快速、准确，提高了效率，并消除了过去液压缸漏油可能污染制动盘的危险。

6）制动器采用液压缸后置装配式制动器，便于批量生产，并使制动更加安全可靠。为阻尼电动机转子惯性、减少对行星齿轮减速器齿面的冲击，在配用行星齿轮减速器时配有电动机制动器。液压站采用延时可达 0～10s 的液压延时二级制动液压站。

7）减速器采用渐开线齿形中硬齿面单斜齿平行轴减速器，或者硬齿面行星齿轮减速器，特别是行星齿轮减速器，其体积小、质量小、效率高、噪声小。

8）电动机轴联轴器采用弹性棒销联轴器，其缓冲性好，棒销使用寿命长，备件更换方便。

9）为加强安全保护性能，增设了机械限速保护装置。

10）深度指示器配有牌坊式深度指示器和由监控器传动的装在三体式操纵台上的小丝杠式粗指针指示器及圆盘式精针指示器。

（6）JK/E 型单绳缠绕式矿井提升机　JK/E 型矿井提升机的性能参数完全符合单绳缠绕式矿井提升机的基本参数与尺寸标准，其结构特点如下：

1）全部采用硬齿面行星齿轮减速器，体积小、质量小、效率高、噪声小。

2）为减速器配备了专用的润滑站，以保证减速器正常运行。

2. 多绳摩擦式提升机的发展历程

多绳摩擦式提升机大概经历了 DJ、DMT、JKM、JKMD、JKMDA、JKMC、JKMDC、JKME、JKMDE 等几个典型的机型或品种。

（1）JKM 型矿井提升机　JKM 型矿井提升机的性能参数符合多绳摩擦式提升机的基本参数与尺寸标准（GB/T 10599—2010）。其结构特点如下：

1）主轴为两支点，由调心功能的滚动轴承支承。

2）主导轮为全焊接钢结构型。

3）摩擦衬垫主要采用 PVC 塑料。

4）减速器有两种形式：一种为带弹簧基础中心驱动减速器，另一种为带两个高速输入轴的单级侧动式平行轴减速器。

5）制动系统为盘形制动器，早期的 JKM 型采用块式制动系统。

6）深度指示器为机械牌坊式，带差动调零装置。后期产品增加了新的可消除滑动、蠕动影响的精针指示系统。

（2）JKMD 型多绳摩擦式提升机　JKMD 型矿井提升机的性能参数符合多绳摩擦式提升机的基本参数与尺寸标准（GB/T 10599—2010），其结构特点如下：

1）主轴承为加强型，以适应于落地式提升机钢丝绳斜上方的出绳要求。

2）摩擦衬垫为双绳槽，可缩短车绳槽对提升时间的影响，并可延长衬垫的使用寿命。

3）带有两组天轮装置，而 JKM 一般只带有一组导向轮装置。

（3）Ⅲ型或Ⅳ型直联结构多绳摩擦式提升机　近年来，大型多绳摩擦式提升机多采用Ⅲ型或Ⅳ型直联结构。Ⅲ型多绳摩擦式提升机的性能参数遵循 GB/T 10599—2010 的参数标准，其结构特点如下：

1）取消减速器，主轴和电动机转子靠锥面过盈连接。

2）采用低速电动机，电动机转速与卷筒转速相同。

3）多采用恒减速液压制动系统，非传动端装设编码器或测速机，除了主控用测速机外，还要装设闸控用测速机，用于恒减速制动时的速度反馈。

Ⅳ型多绳摩擦式提升机与Ⅲ型基本相同，不同之处在于以下两个方面：

1）Ⅳ型采双电动机拖动，设备结构完全对称，两端电动机共同驱动一个卷筒，因此，Ⅳ型与Ⅲ型相比，提升负荷大大增加。

2）由于Ⅳ型采用双电动机拖动，没有非传动端，往往在电动机尾部装设编码器或测速机。

二、矿井提升设备的发展趋势

随着科学技术的进步和采矿工业的发展，矿井提升系统技术装备的先进性有了大幅提高，其技术正朝着大容量、大功率、高效率、高安全性、高可靠性、全数字化及综合自动化控制的方向发展。矿井提升系统在机械结构、制造工艺、设计理论、设计方法、电气传动、自动控制、安全监视及保护措施等方面都有了很大发展和进步。当今世界范围内运行的提升机，最大提升速度已达 20～25m/s；一次提升的最大静张力差已达 50t；电动机功率已超过5 000kW，井深超过 2 000m（分段提升超过 3 600m）。由于高产高效矿井生产能力的强化和集中化，国外一些矿井采用了提升机群布置，即在一个井筒安装有多台提升机，例如，瑞典的基鲁那矿就是在一个矩形提升塔上安装了 12 台多绳摩擦式提升机，采用集中控制和自动化控制。

在国内的高产高效矿井中，摩擦式提升机和缠绕式提升机应用比例接近 1:1。摩擦式提升机中主绳最多为 6 绳，滚筒最大直径为 5m；缠绕式提升机滚筒最大直径为 4m，最大提升速度为 14m/s，一次提升最大静张力差为 32t。国内也有一些矿井在一个井筒中安装有两台以上的提升机。

从提升机系统方面来讲，较为先进的装备主要表现在以下几个方面。

（1）提升容器改进　主井箕斗采用具有外动力（气动、液动）的侧卸式，装载采用定量，同时箕斗采用轻型材料制成，其自重与原来相比有所减轻。副井罐笼不少矿井采用了非标准、非对称布置，如采用一个大罐笼、两个小罐笼的形式。

（2）制造工艺提高　提升机中低压及中高压盘形闸及液压站、硬齿面行星轮传动等的应用，内装同步电动机主轴装置的问世等，都充分展现出制造工艺的新成就。

（3）综合自动化控制　随着控制、计算机、通信、网络等技术的发展，目前国内外生产的提升机，其控制、监视及保护措施已由原来的继电器或半导体逻辑单元的技术水平发展到多 PLC（可编程序控制器）、智能仪表的数字控制及上位工控机监控的网络控制技术水平。网络形式有工业以太网、现场总线等。

（4）全数字化控制　由于引入了计算机控制系统，随着计算机运算速度的提高、存储器的大容量化、高级专用集成电路的应用，以及软、硬件的优化组合，以一种全新的方式解决了数字控制的小型化问题，使得全数字化控制已经成为电动机控制方式的主流方向。

第二单元
提升容器的维护

【单元学习目标】

本单元由提升罐笼的使用与维护、提升箕斗的使用与维护两个课题组成，通过本单元的学习，学生应能够掌握矿井提升容器的类型与构造及其在煤矿生产中的作用、矿井提升容器的维修检查项目和内容，以及维修检查方法和过程，逐步提高现场岗位工作技能。

课题一　提升罐笼的使用与维护

【工作任务描述】

提升罐笼是运输人员、矸石、材料及设备的提升工具，其安全运行是保证矿井提升的必要条件，它也是保证提升运输生产率的重要设备。本课题主要对矿井提升罐笼的结构和特点作详细介绍和分析，通过本课题的实施，使学生对矿井提升罐笼及其附属装置有深入的认识。在此基础上，跟随现场工人参与提升罐笼及其附属装置的日常维护，明确其日常维护内容、方法和过程。

【知识学习】

提升容器按结构可分为罐笼、箕斗、矿车、人车和吊桶五种，立井提升容器常用罐笼和底卸式箕斗，斜井常用后卸载式箕斗、矿车和人车，开凿立井和井筒延深工程中则用吊桶。罐笼既可以提升煤炭又可以提升矸石、升降人员、运送材料和生产设备等；箕斗只用于主井提升煤炭，作为主提升设备；罐笼主要用于副井提升，作为辅助提升设备，也可用于主井提升。

一、罐笼

我国煤矿使用的罐笼主要是立井单绳罐笼和立井多绳罐笼，按其所装矿车名义装载量分为0.5t、1t、1.5t和3t罐笼，每种罐笼又有单层和多层之分。标准立井单绳罐笼的技术规格见表2-1。表2-2为立井单绳罐笼井筒布置的主要尺寸。

表 2-1　标准立井单绳罐笼的技术规格

罐笼型号	矿车	面积 单层面积/m²	面积 总面积/m²	乘人数/人	载车数/辆	总质量/kg	罐体质量/kg	最大终端载荷/kN	提升钢丝绳直径/mm	适用的防坠器型号	绳罐道钢丝绳直径/mm
GLG0.5/6/1/1	MF0.5-6	1.85	1.85	9	1	1 305	1 189	26.428	16.5~25.5	B86-0511	—
GLS0.5/6/1/1											32~38.5
GLG1/6/1/1	MG1.1-6A MG1.1-6B	2.1	2.1	11	1	2 370	2 400	51.3	22~31	BF-111	—
GLS1/6/1/1											32~38.5
GLG1/6/1/2		4.14	4.14	23	2	3 947	3 300	74.5	27.5~37	BF-112	—
GLG1/6/1/2K		6.84	6.84	38	2	4 583	4 100	86.9	31~45	BF-311	—
GLG1/6/2/2		2.1	4.2	23	2	3 847	3 600	75.5	27.5~37	BF-122	—
GLG1/6/2/2K		2.52	5.04	28	2	4 283	4 200	84.9	31~45	BF-311	—
GLS1/6/2/2		2.1	4.2	23	2	3 847	3 600	75.5	27.5~37	BF-122	32~38.5
GLS1/6/2/2K		2.52	5.04	28	2	4 283	4 200	84.9	31~45	BF-311	

型号标记示例：

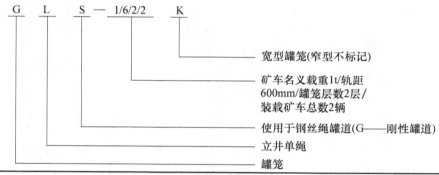

G　L　S　—　1/6/2/2　K

- 宽型罐笼(窄型不标记)
- 矿车名义载重1t/轨距600mm/罐笼层数2层/装载矿车总数2辆
- 使用于钢丝绳罐道(G——刚性罐道)
- 立井单绳
- 罐笼

表 2-2　立井单绳罐笼井筒布置的主要尺寸

1t 单绳罐笼				1.5t 单绳罐笼				3t 单绳罐笼			
井筒直径/mm	罐笼规格	两罐笼中心距/mm	容器与井壁梯子梁间隙/mm	井筒直径/mm	罐笼规格	两罐笼中心距/mm	容器与井壁梯子梁间隙/mm	井筒直径/mm	罐笼规格	两罐笼中心距/mm	容器与井壁梯子梁间隙/mm
4 800	单层单车	1 490	150	5 400	单层单车	1 600	150	6 400	单层单车	1 878	150
4 900	单层单车	1 620	270	5 600	单层单车	1 800	320	6 800	单层单车	2 157	390
4 900	双层双车	1 670	310	5 800	双层双车	1 920	410	6 900	双层双车	2 208	420
4 900	单层单车	1 490	150	5 250	单层单车	1 600	150	6 050	单层单车	1 878	150
5 200	单层单车	1 620	270	5 650	单层单车	1 800	320	6 700	单层单车	2 157	390
5 200	双层双车	1 670	310	6 000	双层双车	1 920	410	6 800	双层双车	2 208	420
3 760	单层单车	1 490	150	4 500	单层单车	1 800	150	5 450	单层单车	1 878	150
4 100	单层单车	1 620	270	4 800	单层单车	1 800	320	6 000	单层单车	2 157	390
4 250	双层双车	1 670	300	5 050	双层双车	1 920	410	6 100	双层双车	2 208	420

1. 立井单绳罐笼

立井单绳罐笼主要由罐体、连接装置、罐耳、阻车器和防坠器等组成，如图 2-1 所示。单绳罐笼罐体采用混合式结构，由两个垂直的侧盘体用横梁 7 连接，两侧盘体由四根立柱 8 外包钢板组成的金属框架结构，罐体的节点采用铆焊结合的形式。罐体的四角为切角形式，这样既有利于井筒布置，制作又方便。罐笼顶部设有半圆弧形的淋水棚 6 和可打开的罐盖14，以供运送长材料。罐笼两端装有帘式罐门10，为了将矿车推进罐笼，罐笼底部铺设有轨道11。为了防止提升过程中矿车在罐笼内移动，罐笼底部还装有阻车器12及自动开闭装置。在罐笼上装有适应于绳罐道和钢轨罐道的罐耳13、15及适应于组合罐道的橡胶滚轮罐耳5，罐耳的作用是使提升容器沿着井筒中的罐道稳定运行，以防止提升容器在运行中摆动和扭转。在罐笼上部装有动作可靠的防坠器4，以保证生产及升降人员的安全。连接装置包括主拉杆3、夹板和双面夹紧楔形环2，罐笼通过主拉杆3和双面夹紧楔形环2与提升钢丝绳1相连。为保证矿车能顺利地进出罐笼，在井上及井下装卸载位置设有承接装置。

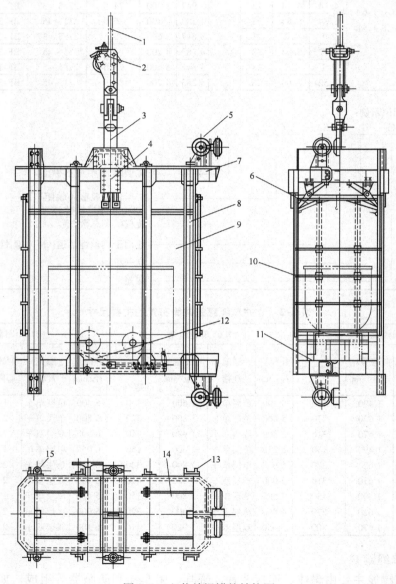

图 2-1 立井单绳罐笼结构图

1—提升钢丝绳 2—双面夹紧楔形环 3—主拉杆 4—防坠器 5—橡胶滚轮罐耳
6—淋水棚 7—横梁 8—立柱 9—钢板 10—罐门 11—轨道
12—阻车器 13—稳罐罐耳 14—罐盖 15—套管罐耳（用于绳罐道）

2. 立井多绳罐笼

立井多绳罐笼与单绳普通罐笼相比，其罐笼自重较大，罐笼中留有添加配重的空间，不装设防坠器，连接装置增设钢丝绳张力平衡装置，用来自动调节各绳张力。立井多绳罐笼的技术规格见表 2-3。

表 2-3　立井多绳罐笼技术规格

罐笼型号	矿车型号	乘人面积 一层面积/m²	乘人面积 总面积/m²	乘人数/人	载车数/辆	罐笼总载重	罐体自重/kg	最大终端载荷/kN	提升首绳 直径/mm	提升首绳 数量/根	尾绳 圆绳 直径/mm	尾绳 圆绳 数量/根	尾绳 扁绳 宽×厚/mm	尾绳 扁绳 数量/根
GDG1/6/1/2		4.14		23			4656	157	22		33	2		
								279	28					
GDG1/6/1/2K		6.84		38			5803	275	28		41	2		
GDS1/6/1/2		4.41		23			4656	157	22		33	2		
								279	28					
GDS1/6/1/2K	MG1.1—6B	6.84		38	2	4370	5803	275	28		41	2		
GDG1/6/2/2		1.8	3.6	20			4281	158	22		33	2		
								267	28					
GDG1/6/2/2K		2.52	5.04	28			4911	275	28	4	41	2		
GDS1/6/2/2		1.3	3.6	20			4281	158	22		33	2		
								267	28					
GDS1/6/2/2K		2.52	5.04	28			4911	275	28		41	2		
GDG1/6/2/4		4.14	8.28	46			7959 (8064)	282	28					
								381	32				195×30	1
								559	39.5		55	2		
GDG1/6/2/4K	MG1.1—6A	6.84	18.68	76	4	8740	9281 (9342)	276	28		41	2		
								378	32				195×30	1
								547	39.5		55	2		
GDS1/6/2/4		4.14	8.28	46			8067 (8092)	282	28		41	2		
								381	32				195×30	1
								559	39.5		55	2		
GDS1/6/2/4K		6.84	13.68	76			9280 (9365)	276	28		41	2		
								378	32				195×30	1
								547	39.5		55	2		
GDG1.5/6/2/2/1.2		3.3	6.6	34			6.6×10³	281	28	4	形式		根数	
GDG1.5/6/2/2/1.7	MGC1.7—6	4.7	9.4	50	2	7	7.9×10³	295	28	4	圆尾绳 或 扁尾绳		2或3	
GDG1.5/6/1/2/1.2		6	6	32			14.5 10.5×10³	630	44	4				
									32	6				

（续）

罐笼型号	矿车型号	一层面积/m²	总面积/m²	乘人数/人	载车数/辆	罐笼总载重	罐体自重/kg	最大终端载荷/kN	首绳直径/mm	首绳数量/根	圆绳直径/mm	圆绳数量/根	扁绳宽×厚/mm	扁绳数量/根
GDG1.5/6/1/2/1.7	MGC1.7—9	8.5	8.5	45		22	14×10³	740	44	4				
										6				
GDG1.5/9/1/2/1.3		6.5	6.5	34	2	14.5	11×10³	635	44	4				
									32	6				
GDG1.5/9/1/2/1.7		8.5	8.5	45		22	14×10³	740	44	4				
										6				
GDG1.5/6/2/4/1.2	MGC1.7—6	6	12	64	4	15	13×10³	660	44	4				
									32	6				
GDG1.5/6/2/4/1.7		8.5	17	90		22	17×10³	770	44	4				
										6				
GDG1.5/6/2/4/2.0		10	20	106		26	20×10³	940	50	4	圆尾绳 或 扁尾绳		2或3	
										6				
GDG1.5/6/2/4/2.3		11.5	23	120		30	22×10³	1040	52	4				
									44	6				
GDG1.5/9/2/4/1.3	MGC1.7—9	6.5	13	68		15	13.5×10³	665	44	4				
									32	6				
GDG1.5/9/2/4/1.7		8.5	17	90		22	17×10³	770	44	4				
										6				
GDG1.5/9/2/4/2.0		10	20	106		26	20×10³	940	50	4				
										6				
GDG1.5/9/2/4/2.3		11.5	23	120		30	22×10³	1040	52	4				
									44	6				
GDG3/9/1/1	MGC3.3—9	5.95	5.95	33	1	6.62	8.35×10³	354.4	32	4	48.5	2	143×24	2
							8.41×10³	386.9	28	6	43	3	113×29	3
GDG3/9/2/2			11.90	66	2	13.23	11.35×10³	554.3	39.5	4	58	2	192×31	2
							11.37×10³	567.8	33	6	52	3	147×24	3
GDG3/9/3/2			17.85	99	2	13.23	13.45×10³	574.9	39.5	4	58	2	192×31	2
							13.47×10³	588.4	33	6	52	3	147×24	3
GDG3/9/1/1K		6.89		38	1	11.00	8.70×10³	460.0	36.5	4	56	2	163×27	2
							8.75×10³	481.0	31	6	47.5	3	139×23	3
GDG3/9/2/2K			13.78	76	2	13.23	12.14×10³	590.9	41	4	65	2	177×28	2
							12.16×10³	594.4	34.5	6	52	3	155×26	3
GDG3/9/3/2K			20.67	114	2	13.23	14.35×10³	583.7	39.5	4	58	2	192×31	2
							14.37×10³	597.2	33	6	52	3	147×24	3

（续）

罐笼型号	矿车型号	乘人面积		乘人数/人	载车数/辆	罐笼总载重	罐体自重/kg	最大终端载荷/kN	提升首绳		尾绳			
		一层面积/m²	总面积/m²						直径/mm	数量/根	圆绳		扁绳	
											直径/mm	数量/根	宽×厚/mm	数量/根

型号标记示例：

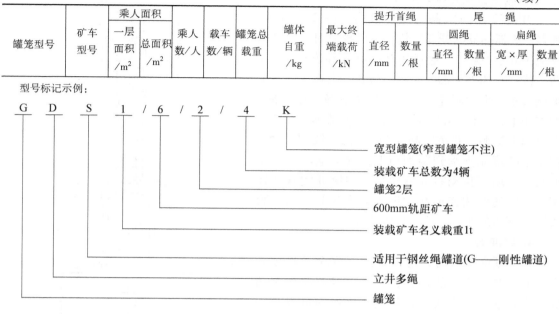

```
G  D  S  1 / 6 / 2 / 4  K
```

- 宽型罐笼(窄型罐笼不注)
- 装载矿车总数为4辆
- 罐笼2层
- 600mm轨距矿车
- 装载矿车名义载重1t
- 适用于钢丝绳罐道(G——刚性罐道)
- 立井多绳
- 罐笼

二、防坠器

1. 防坠器的作用

防坠器的作用是当提升钢丝绳或连接装置断裂时，可以使罐笼平稳地支承到井筒中的罐道或制动绳上，避免罐笼坠入井底，造成重大事故。为了保证升降人员的安全，《煤矿安全规程》规定："升降人员或升降人员和物料的单绳提升罐笼、带乘人间的箕斗，必须装置可靠的防坠器。"

2. 立井用防坠器的布置

旧式矿井提升机为木罐道防坠器，目前均为制动绳防坠器，是以井筒中专门设置的制动钢丝绳为支承元件的防坠器，可以用于任何形式的罐道。制动绳防坠器的特点是采用定点抓捕及专用的缓冲器进行缓冲。立井用防坠器一般由以下四个部分组成：开动机构、传动机构、抓捕机构和缓冲机构。其工作过程是：当发生断绳时，开动机构动作，通过传动机构传动抓捕机构，抓捕机构把罐笼支承到井筒中的支承物罐道或制动绳上，罐笼下坠的动能由缓冲机构来吸收。一般开动机构和传动机构连在一起，抓捕机构和缓冲机构有的联合作用，有的设有专门的缓冲机构以限制制动力的大小。

下面以 BF-152 型防坠器为例，介绍其工作过程。BF-152 型防坠器是标准防坠器的一种，配合 1.5t 矿车双层双车单绳罐笼使用。图 2-2 所示为 BF-152 型防坠器系统布置图，制动绳 6 的上端通过连接器 3 与缓冲钢丝绳 4 相连，缓冲钢丝绳通过装于天轮平台上的缓冲器 2，再绕过圆木 1 而在井架的另一边自由悬垂，绳端用合金浇注成锥形杯 5，以防缓冲钢丝绳从缓冲器中全部拔出。制动绳的另一端穿过罐笼 9 上的抓捕器 8 伸到井底，用拉紧装置 10 固定在井底水窝的梁上。

3. 抓捕器及其传动装置

BF-152 型防坠器的抓捕机构如图 2-3 所示。弹簧 3 为抓捕器的开动机构，正常提升时，提升钢丝绳拉起主拉杆 7，通过传动横梁 6 和连板 5，使两个拨杆 4 的外伸端处于最低位置，滑楔 8 则在最下端位置。发生断绳时，主拉杆 7 下降，在弹簧 3 的作用下，拨杆 4 的外伸端抬起，使滑楔 8 与制动钢丝绳 1 接触，并挤压制动钢丝绳实现定点抓捕，把下坠的罐笼支承到制动绳上；制动钢丝绳在罐笼动能作用下拉动缓冲钢丝绳，靠缓冲钢丝绳在缓冲器中的弯曲变形和摩擦阻力产生制动力，吸收罐笼下坠的能量，迫使罐笼停住。

4. 缓冲器

发生断绳事故时，为保证罐笼安全平稳地制动，制动时采用了缓冲器，每个罐笼有两根制动钢丝绳，视制动力大小每根制动钢丝绳可以与一根或两根缓冲钢丝绳相连接，通过调节缓冲钢丝绳在缓冲器中的弯曲程度来改变制动力的大小。缓冲器的结构如图 2-4 所示，缓冲器有三个小圆柱 5 与两个带圆头的滑块 6 使缓冲钢丝绳 3 在此处弯曲，滑块 6 连有螺杆 1 和螺母 2，调节螺杆可使滑块 6 左右移动，改变缓冲钢丝绳的弯曲程度，从而调整缓冲力的大小。断绳时，抓捕器卡住制动钢丝绳，制动钢丝绳通过连接器拉动缓冲钢丝绳在缓冲器中进行一定量的移动，缓冲钢丝绳通过缓冲器时的弯曲变形和摩擦力及拉拔时所做的功，来抵消下坠罐笼的动能，保证断绳后制动过程平稳。

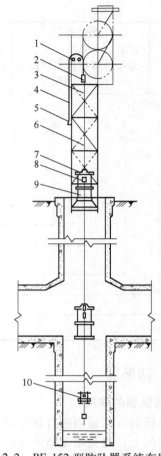

图 2-2　BF-152 型防坠器系统布置图
1—圆木　2—缓冲器　3—连接器　4—缓冲钢丝绳　5—锥形杯　6—制动绳　7—导向套　8—抓捕器　9—罐笼　10—拉紧装置

连接器用于制动钢丝绳与缓冲钢丝绳的连接，其结构如图 2-5 所示。绳头用合金浇注固接法固定，两个半连接器用销轴连接。

5. 制动钢丝绳的拉紧装置

制动钢丝绳在固定梁上进行刚性固定时，断绳后罐笼会被抓捕器制动在制动钢丝绳上，由于制动钢丝绳的变形产生纵向弹性振动，制动钢丝绳的弹力可能会将已制动的罐笼重新抛起，此时抓捕器会释放松开制动钢丝绳，致使第一次抓捕失败，之后抓捕器再次抓捕制动钢丝绳，称之为二次抓捕。二次抓捕非常有害，必须避免。但是，如果制动钢丝绳自然悬挂，其摆动会很大，为防止制动钢丝绳摆动，可在井底水窝处装置可断螺栓式拉紧装置，其结构如图 2-6 所示。制动钢丝绳 1 靠绳卡 5、角钢 6 通过可断螺栓 7 固定在井底水窝固定梁 8 上，可断螺栓 7 应在 15kN 力的作用下被拉断。由于制动钢丝绳采用可断螺栓固定，在断绳罐笼被抓捕器制动后，当第一波钢丝绳振动波传到可断螺栓时，可断螺栓即被拉断，制动钢丝绳与罐笼同时升降，避免二次抓捕，保证防坠器抓捕安全。

提升过程中，制动绳在自重作用下自行伸长，因而需要定期调节拉紧装置。

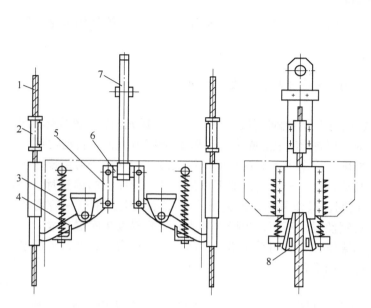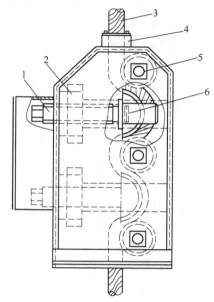

图2-3 BF-152型防坠器的抓捕机构示意图

1—制动钢丝绳 2—导向套 3—弹簧 4—拨杆

5—连板 6—横梁 7—主拉杆 8—滑楔

图2-4 缓冲器

1—螺杆 2—螺母 3—缓冲钢丝绳

4—密封 5—小圆柱 6—滑块

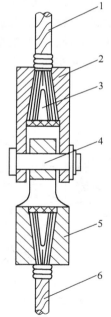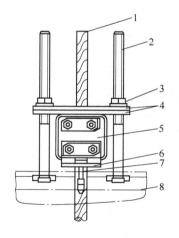

图2-5 连接器结构图

1—缓冲钢丝绳 2—上锥体 3—滑楔

4—销轴 5—下锥体 6—制动钢丝绳

图2-6 拉紧装置

1—制动钢丝绳 2—张紧螺栓 3—张紧螺母 4—压板

5—绳卡 6—角钢 7—可断螺栓 8—固定梁

三、罐笼承接装置及稳罐设备

为便于矿车出入罐笼，在井口、中间水平及井底设置了罐笼承接装置，罐笼的承接装置有承接梁、罐座及摇台三种形式。

1. 承接梁

承接梁是最简单的承接装置，只用于井底车场，易发生蹾罐事故。

2. 罐座

当罐笼提升到井口位置时，操纵控制手柄可使罐座伸出，利用托爪将罐笼托住，罐笼落在罐座上后，进行装卸载操作。继续提升时，要将罐座上的罐笼稍稍提起，罐座靠其配重自动收回。

罐座的优点是：罐笼停车位置准确，矿车出入顺畅，矿车推入时产生的冲击可由罐座承受，避免钢丝绳承受额外负荷。但其缺点也十分突出，要下放位于井口罐座上的罐笼时，必须先将罐笼提起，托爪靠配重自动收回，操作复杂，罐笼落在井底罐座上，钢丝绳容易松弛，提升时钢丝绳受到冲击负荷，对钢丝绳很不利，当操作不当时，容易发生蹾罐事故。

过去设计的矿井，一般上井口用罐座，井底用承接梁，中间水平用摇台。在新设计的矿井中，已不再采用罐座和承接梁，而采用摇台。

3. 摇台

摇台由能绕转轴转动的两个摇臂组成，如图2-7所示。它安装在通向罐笼进出口处。当罐笼停于卸载位置时，动力缸3中的压缩空气排出，装有轨道的摇臂1靠自重绕轴5转动，下落并搭在罐笼底座上，将罐笼内轨道与车场的轨道连接起来。固定在轴5上的摆杆6用销7与活套在轴5上的摆杆套9相连，摆杆套9前部装有滚子10。矿车进入罐笼后，压缩空气进入动力缸3，推动滑车8，滑车8推动摆杆套9前的滚子10，使轴5转动而使摇臂抬起。当动力缸发生故障或因其他原因不能动作时，可以临时用手把2进行人工操作。此时要将销7去掉，并使配重4的重力大于摇臂部分的重力，这时摇臂1的下落靠手把2转动轴5，抬起靠配重4实现。

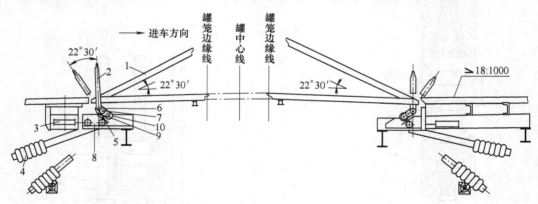

图2-7　摇台

1—摇臂　2—手把　3—动力缸　4—配重　5—轴　6—摆杆　7—销　8—滑车　9—摆杆套　10—滚子

摇台的应用范围广，在上井口、中间水平及井底都可使用，特别是多绳摩擦提升必须使用摇台。摇台的不足之处是：由于摇台的调节受摇臂长度的限制，因此其对停罐准确性要求较高。

4. 稳罐设备

使用钢丝绳罐道的罐笼，当用摇台作为承接装置时，为防止罐笼由于进出车时的冲击摆动过大，在井口和井底专设一段刚性罐道，利用罐笼上的稳罐罐耳进行稳罐。在中间水平因不能安设刚性罐道，必须设置中间水平的稳罐装置。稳罐装置可采用气动或液动专门设备，当罐笼停于中间水平时，稳罐装置可自动伸出凸块将罐笼抱稳。

【工作任务实施】

1. 任务实施前的准备

熟知提升机房（或运行车间）进出规定和安全生产要求，对设备运行状态有一定了解，保证不要影响矿井提升生产的顺利进行。

2. 知识准备

掌握罐笼及其附属设备的作用、结构及工作原理，熟知本次任务实施的内容和组织方式，确保本次任务实施的效果。

3. 上井口罐笼的使用

组织学生到实习矿井副井上井口，由现场教师强调现场安全注意事项，之后讲解和观察副井罐笼提升人员、装卸载矿车和设备的方法与过程，特别注意讲解和观察装卸大而长的物料的方法；观察井口摇台的结构组成，注意观察摇台的操作和工作过程；观察罐笼的基本结构组成，注意钢丝绳连接装置、罐耳、阻车器等的结构形式。

4. 下井口罐笼的使用

组织学生到实习矿井副井下井口，由现场教师强调现场安全注意事项，之后讲解和观察副井罐笼下放人员、装卸载矿车和设备的方法与过程，特别注意讲解和观察装卸大而长的物料的方法；观察井口摇台的结构组成，注意观察摇台的操作和工作过程；在乘坐罐笼时，注意观察罐笼的组成，特别注意对罐耳、罐道的观察，感受罐笼加速、匀速、减速时的运行过程；观察井底车场的布置情况。

5. 现场工作实施的班前会

学生分组，参加运行车间的班前会，注意领会值班领导对安全的要求和重点强调的内容，听取值班领导的任务分配。之后参加矿井试验组或矿井维修的验罐组工作分配和工作过程方法等研讨，随矿井试验组或矿井维修的验罐组跟班学习，由指定现场技师带领，现场讲解，开始维修检查工作并做好维修检查记录。

6. 缓冲器的调整

缓冲器一般按平均荷重进行调整，运煤罐笼的重量大致为运矸罐笼和空罐笼的平均值，罐笼受到减速度大小为重力加速度 g 时，缓冲器的拉力按运煤罐笼重量的 2 倍进行调整。

先卸去制动钢丝绳的张力，将载有煤车的罐笼轻轻放在井口覆盖物木垛上，抽出罐笼连接装置的固定销，手动驱动防坠器弹簧动作使抓捕器滑楔接触钢丝绳，用其他起重器将罐笼罐体提起 700~800mm，然后慢慢放下，直到罐笼卡在制动绳上为止。将提起罐体的钢丝绳放松 150~200mm，再将缓冲器上部螺杆松开，慢慢松开下部螺杆，直到缓冲钢丝绳稍有滑动，立即将下部螺杆稍拧紧，然后将上部螺杆拧紧到与下部螺杆一样的程度，此时缓冲器的制动力刚好等于煤车罐笼重量的 2 倍。为保证调整操作的安全，在伸出缓冲器缓冲钢丝绳上一定距离装上 2~3 个绳卡，以防止调整过程中缓冲钢丝绳下滑太多。另外，在井口覆盖物上铺上封闭缓冲物，以使罐笼底部距覆盖物 100~200mm 为宜，以防止蹾坏罐笼。缓冲器调整好后，将制动钢丝绳按要求的张力固定好，缓冲器内充满稠油，封闭进出钢丝绳孔。

7. 拉紧装置的维护与安装

检查拉紧装置的所有螺栓是否牢固，所有拉紧装置及钢丝绳端部的备用段均需涂上不易脱落的油，以防生锈。

拉紧装置的安装过程如图 2-6 所示，先将绳卡 5 与角钢 6 固定在制动钢丝绳的某一位置上，然后装上张紧螺栓 2、压板 4 及张紧螺母 3，拧动张紧螺母。当制动绳的拉力大约为 10kN 时用可断螺栓 7 固定好，最后将张紧螺栓、压板及张紧螺母卸下即可。

8. 防坠器的维护与试验

由于防坠器在矿井提升运输安全生产中担负的任务很重要，在井筒中运转条件较差，而且经常处于备用状态，一旦发生断绳事故要求其动作灵活可靠。因此，正确地维护和检查以保证防坠器的可靠性十分重要。

（1）对立井防坠器的要求

1）保证在任何条件下，无论提升速度和终端载荷多大，都能平稳可靠地制动住下坠的罐笼。

2）在制动下坠的罐笼时，为了保证人身和设备的安全，在最小终端载荷时（空罐只乘 1 人）制动减速度不应大于 50m/s^2，延续时间不超过 $0.2 \sim 0.5\text{s}$，在最大终端载荷时（承载矸石矿车的罐笼）制动减速度不应小于 10m/s^2。

3）结构简单，动作灵活，便于检查和维护，不误动作，质量小。

4）防坠器的空行程时间，即从断绳到防坠器发生作用的时间不大于 0.25s。

5）防坠器每天要有专人检查。

（2）防坠器的维护

1）抓捕器的维护。冬季井筒必须保温，防坠器应使用防冻润滑油，以防止抓捕器系统被淋水冻结，失去工作能力。每天检查一次抓捕器，检查所有零件的完好情况。每周利用放松主提升钢丝绳的办法，检查所有零件的动作情况（罐笼放在罐座上或井口覆盖钢梁上）。每月详细检查一次抓捕器，测量磨损部位及磨损情况，零件强度降低 20% 时必须更换。抓捕器上面的导向套若每边磨损量超过 3mm，则必须更换。

2）制动钢丝绳与缓冲钢丝绳的维护。制动钢丝绳与缓冲钢丝绳的检查方法与检查罐道绳相同。如发现有断丝，应将断丝切掉，并加以修整。钢丝断裂部位可以在邻近的罐道梁上作出标记，并将测量情况记入提升设备检查簿中。对使用罐座的矿井，对井上下靠近出车平台的一段制动绳，必须特别注意检查，因为这一段制动钢丝绳当罐笼停在罐座上时经常被抓捕器抓住。制动钢丝绳每捻距内断丝数达到总丝数的 5% 时，应更换制动钢丝绳。长期使用过的制动钢丝绳如有很大磨损，表面钢丝直径磨损达 50% 时，须将其中一根制动钢丝绳取下，从各部（上、中、下）截取三段进行拉断试验，若其破断强度小于原强度的 80%，则第二根钢丝绳也须更换。

（3）防坠器的试验　《煤矿安全规程》规定，使用中的防坠器每半年应进行一次不脱钩检查性试验，每年应进行一次脱钩试验。对新安装或大修后的防坠器，必须进行脱钩试验，合格后方可使用。现以钢丝绳罐道防坠器的试验为例进行说明。

1）试验前的准备。对防坠器应进行全面的仔细检查，通常依次对井架、缓冲钢丝绳、制动钢丝绳、悬挂装置、抓捕器、驱动弹簧及制动钢丝绳拉紧装置等进行检查。检查记录要作为技术档案存档。要及时更换不符合要求的零件，并将此情况记入检查记录中。

2）检查性试验。将罐笼放在罐座或井口覆盖物上，放松提升钢丝绳，检查抓捕器动作情况，在驱动弹簧的作用下拨叉应抬起滑楔并将制动绳卡住。此时测量滑楔垂直行程，不符合要求时应进行调整。罐笼检查性试验不应少于三次，动作可靠后，再进行下一步的试验。

3）静负荷试验。抽出连接装置的固定销，此时驱动弹簧动作使抓捕器的滑楔接触制动绳。然后把罐笼上提 600～700mm 停住。对旧罐笼可通过保险链上提，对新罐笼没有保险链可用其他装置直接将罐笼罐体与提升钢丝绳相连实现上提。再下放罐笼，抓捕器在制动钢丝绳上滑行一段距离后，制动钢丝绳被滑楔夹住，其下滑距离不得超过 40mm。这种试验应进行三次。每次提升高度要大于前一次，以免在同一地点抓捕制动钢丝绳。静负荷试验时，缓冲钢丝绳不得在缓冲器中拉动，如有拉动现象，必须调整缓冲器。

4）脱钩试验。静负荷试验合格后，方可进行脱钩试验。脱钩试验的步骤如下：在封闭井口钢梁上铺上枕木，枕木上再放些软质材料，罐笼内部四角用木柱支承补强；将连接装置与主拉杆之间连上脱钩器；将罐笼提升到井口封闭物上 1 500mm 处，将脱钩器打开，抓捕器抓住制动绳，制动住下坠的罐笼。脱钩试验要求抓捕器沿制动绳下滑距离不得超过 150mm，否则应调整后重做试验。罐笼对井架的降落高度不得超过 400mm。脱钩试验应进行三次，一次空罐笼，一次用相当于满载人员的负荷进行试验，最后一次用最大负荷试验。

表 2-4 为某矿老副井罐笼防坠器脱钩试验的试验方法和标准，该井为木罐道。

表 2-4 防坠器脱钩试验的试验方法和标准

井 别	试验项目	试验周期	试 验 标 准	试 验 方 法
老副井	脱钩试验	12 个月	抓捕动作灵活、可靠；自由下落距离不超过 400mm；刺破长度不超过 150mm	卡绳，捞绳井口搪罐，吊罐后安装脱钩器，松吊罐稳车后，拉掉脱钩器，罐笼自由落体，防坠器起作用，抓捕器尖端的齿插入木罐道，罐笼停止下落，测量下滑距离和刺破深度并作记录
	不脱钩试验	6 个月		将任一钩罐笼停在下井口，用绳扣将罐笼固牢在井口锁口梁上，开绞车使主绳松弛，这时防坠器起作用，插抓靠近罐道并卡住，保证插抓动作灵活，测量下滑距离并作记录

9. 罐笼的维护

罐笼的日常维护一般包括以下内容：

1）罐体侧盘体立柱与上、下横梁的铆接和焊接部位的连接良好，不得有开裂和过大间隙，缝隙部位不得有过大的锈蚀。

2）罐笼内轨道固定牢固，无变形和过重锈蚀。

3）阻车器动作灵活，阻车状态可靠，各部连接牢固，弹簧正常。

4）淋水棚无变形和破损，不得有漏雨现象。罐盖完整无变形，开启自如，关闭牢固，罐笼顶无杂物。

5）主拉杆无变形、无锈蚀，与主绳连接的绳环各部无变形，润滑充分无锈蚀，楔形块位置正确无松动异常。圆柱销无变形、锈蚀，润滑良好，无明显磨损，各处间隙正常。对连接装置各主要受力部件进行无损探伤并符合要求，了解探伤要求及其方法、过程。

6）罐帘连接完好，上下推动灵活，固定部分牢固，整体强度大。

7）橡胶滚轮罐耳、套管罐耳和稳罐罐耳无变形、松动、锈蚀，磨损正常，滚轮旋转灵活平稳，橡胶滚轮表面完整。新安装罐耳与罐道之间的间隙为：钢丝绳罐道的罐耳滑套直径与钢丝绳直径差不得大于 5mm；滚轮罐耳组合罐道的辅助滑动罐耳，每侧间隙应保持 10~15mm。

罐道和罐耳的磨损量达到下列程度时必须更换：

1）钢轨罐道轨头任一侧磨损量超过 8mm 或轨腰磨损量超过原有厚度的 25%；罐耳的任一侧磨损量超过 8mm 或在同一侧罐耳和罐道的总磨损量超过 10mm，或者罐耳与罐道的总间隙超过 20mm。

2）组合罐道任一侧的磨损量超过原有厚度的 50%。

3）钢丝绳罐道与滑套的总间隙超过 15mm。

10. 摇台的维护

摇台的日常维护一般包括以下内容：

1）摇台摇臂无变形、无锈蚀，与罐笼轨道搭（对）接位置合适，保证进出车顺畅。

2）动力缸动力正常，运动速度均匀，外伸位置准确，效率高。

3）各部转动部位润滑充分、运转灵活，位置或角度准确，无锈蚀，磨损正常。

4）手动操纵杆活动正常。

5）配重合适。

6）信号闭锁正常。

【工作任务考评】　（见表2-5）

表2-5　任务考评

过程考评	配 分	考评内容	考评实施人员
素质考评	12	生产纪律	专职教师和现场教师结合，进行综合考评
	12	遵守生产规程，安全生产	
	12	团结协作，与现场工程人员的交流	
实操考评	12	理论知识：口述提升罐笼的结构，防坠器的作用、结构，摇台的结构等	
	12	工具使用或任务实施过程	
	12	手指口述：提升罐笼各部组成、作用，提升罐笼附属装置的结构；缓冲器调整，防坠器维护和试验、罐笼的日常维护	
	12	完成本次工作任务，效果良好	
	16	按工作任务实施指导书完成学习总结，总结反映出的工作任务完整，信息量大	

【思考与练习】

1. 简述矿井提升罐笼的结构组成及各部分的作用。

2. 简述防坠器的作用和要求，以及防坠器的维护。

3. 缓冲器的作用是什么？简述其调整方法及过程。

4. 简述摇台的作用及其组成结构。

课题二　提升箕斗的使用与维护

【工作任务描述】

矿井提升箕斗是煤矿主井用提升容器，用来直接装盛煤炭，完成煤炭的井上、下提升的运输生产。由于现代化矿井煤炭产量都已很大，主井箕斗提升运输量大，工作压力大，其安全运行是保证矿井提升运输生产的重要环节。本课题主要对矿井提升箕斗的结构和特点作详细分析。通过本课题的实施，使学生对矿井提升箕斗及其附属装置有较深入的认识。在此基础上，随现场工人参与提升箕斗及其附属装置的日常维护，明确日常维护的内容和方法。

【知识学习】

一、立井箕斗

箕斗是用于矿物或矸石的提升容器，根据卸载方式的不同，箕斗有翻转式、侧壁下部卸载式和底卸式三种，现在我国新建矿井多采用平板闸门底卸式箕斗。

箕斗的导向装置可以采用钢丝绳罐道，也可以采用钢轨或组合罐道。采用钢丝绳罐道时，除应考虑箕斗本身的平衡外，还要考虑装煤后仍维持平衡，所以，在斗箱上部装载口处安设了可调节的溜煤板，以便调节煤堆顶部中心的位置。

我国使用的立井单绳箕斗为 JL 型或 JLY 型；多绳箕斗为 JDS、JDSY 和 JDG 型。标准的立井单绳箕斗的主要参数见表 2-6，标准的立井多绳箕斗主要参数见表 2-7。

平板闸门底卸式箕斗如图 2-8 所示，由斗箱 4、框架 2、连接装置 12 及闸门 5 等组成。采用曲轨连杆下开折页平板闸门的结构形式。其卸载过程是：当箕斗提到地面煤仓时，井架上的卸载曲轨使连杆 6 转动轴上的滚轮 7 沿箕斗框架上的曲轨运动，滚轮 7 通过连杆的锁角等于零的位置后，闸门 5 就借助于煤的压力打开而卸载；在箕斗下放时，以相反的过程关闭箕斗闸门。这种闸门与老式扇形闸门相比有以下优点：

1）闸门结构简单、严密。

2）关闭门的冲击力小。

3）卸载时撒煤少。

4）由于闸门是向上关闭的，对箕斗存煤有向上捞回的趋势，故当煤未卸完（煤仓已满）时产生卡箕斗而造成断绳坠落事故的可能性小。

5）箕斗卸载时闸门开启主要借助煤的压力，因而传递到卸载曲轨上的力较小，从而改善了井架的受力状态。

6）过卷时闸门打开后，即使脱离卸载曲轨，也不会自动关闭，因此可以缩短卸载曲轨的长度。

表 2-6　标准的立井单绳箕斗的主要参数

型　号	JL3	JL4	JL6	JL8
名义载重/t	3	4	6	8
有效容积/m³	3.3	4.4	6.6	8.8
提升钢丝绳直径/mm	31	37	43	43
钢丝绳罐道　直径/mm	32~50（根据提升高度确定）			
钢丝绳罐道　数量	4			
刚性罐道　规格型号	38kg/m 钢轨			
刚性罐道　数量	根据提升高度确定			
箕斗质量/kg	3 800	4 400	5 000	5 500
最大终端载荷/N	80 000	95 000	120 000	145 000
最大提升高度/m	500	650	700	500
箕斗总高/mm	7 780	8 560	9 450	9 250
箕斗中心距/mm	1 830	1 830	1 870	2 100
适应井筒直径/m	4.5	4.5	4.5, 5.0	5.0
适应提升机型号	2JK2.5	2JK2.5　2JK3	2JK3　2JK3.5	2JK3.5

型号标记示例：

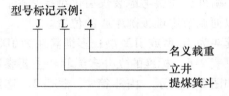

这种闸门的缺点主要是：箕斗运行过程中由于煤重力的作用，使闸门处于被迫打开的状态。因此，箕斗必须装设可靠的闭锁装置（两个防止闸门自动打开的扭转弹簧 10）。如果闭锁装置失灵，闸门就可能会在井筒中自行打开，打开的箕斗闸门将会撞坏罐道、罐道梁及其他设备。因此，必须经常认真检查闭锁装置。为克服平板闸门底卸式箕斗的缺点和提高箕斗一次提升容量，可采用插板式和带圆板闸门的底卸式箕斗，由专设的卸载站和外设气缸来开闭闸门，该方法的优点如下：

1）在重力作用下不会自行打开，即使打开，也不会超出箕斗平面投影尺寸，不会引发严重事故。

2）结构简单、坚固、质量小，箕斗上的易损件少。

3）不用卸载导轨，箕斗爬行阶段时间短，井架受力好。

插板式和带圆板闸门的底卸式箕斗的缺点是：设专用气缸，箕斗与煤仓之间有间隙，闸门开启行程大，开闭时间长。

表2-7 标准的立井多绳箕斗的主要参数

| 多绳提煤箕斗型号 | | | 有效容积/m³ | 提升钢丝绳 | | 箕斗自身质量/t |
| 钢丝绳罐道 | | 刚性罐道 | | 数量 | 绳间距/mm | |
同侧装卸式	异侧装卸式	同侧装卸式				
JDS4/55×4	JDSY4/55×4	—	4.4	4	200	6.5
JDS6/55×4	JDSY6/55×4	—	6.6	4	200	7.0
JDS6/75×4	JDSY6/75×4	—		4	300	7.5
JDS9/110×4	JDSY9/110×4	—	10	4	300	10.8
JDS12/110×4	JDSY12/110×4	JDG12/110×4	13.2	4	300	12
JDS12/90×6	JDSY12/90×6	—		6	250	12.5
JDS16/150×4	JDSY16/150×4	JDG16/150×4	17.6	4	300	15

型号标记示例：

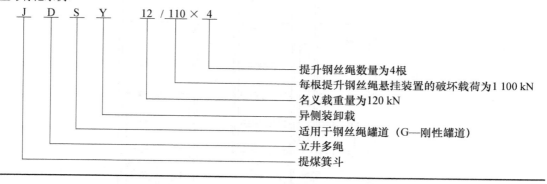

型号标记示例：

J D S Y 12 / 110 × 4

提升钢丝绳数量为4根
每根提升钢丝绳悬挂装置的破坏载荷为1 100 kN
名义载重量为120 kN
异侧装卸载
适用于钢丝绳罐道（G—刚性罐道）
立井多绳
提煤箕斗

二、箕斗装载设备

1. 定量输送机式装载设备

采用箕斗提升时，必须在井底设置装载设备，我国新的箕斗装载设备采用预先定量的装载方式，其洒煤量可以大大降低，一般仅为提煤量的1‰，最大不过3‰。定量装载方式有利于实现提升自动化，提高生产率，保证提升正常进行。

目前，国内外广泛采用的定量装载设备有定量输送机式和定量斗箱式两种。图2-9所示为定量输送机式装载设备的示意图。输送机2安装在称重装置（负荷传感器）6上。在给箕斗装载前，输送机2先以0.15～0.3m/s的速度通过煤仓闸门7向自身胶带面装煤，当装煤量达到规定重力时，由负荷传感器发出信号，煤仓闸门7关闭，输送机停止运行，等待给箕斗装载。待空箕斗到达装煤位置时，输送机以0.9～1.2m/s的速度开动，将胶带上的煤全部快速装入箕斗，完成一次装载过程。定量输送机式装载设备的优点是：

1）不需在井筒附近开凿较大的硐室，基建费用低，工期短。

2）减少装倒次数，因而可减少煤的破碎量。

3）输送机向箕斗连续匀速装载，装载量均匀，可减少提升钢丝绳的冲击负荷。

4）装载时间不受煤质变化的影响，有利于实现提升自动化。

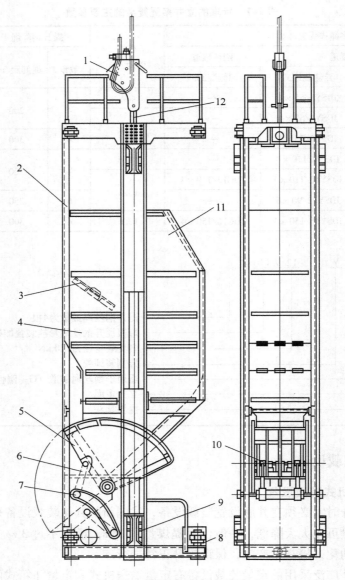

图 2-8 平板闸门底卸式箕斗

1—楔形绳环　2—框架　3—可调节溜煤板　4—斗箱　5—闸门　6—连杆　7—卸载滚轮
8—套管罐耳（用于绳罐道）　9—钢轨罐道罐耳　10—扭转弹簧　11—罩子　12—连接装置

2. 定量斗箱式装载设备

图 2-10 所示为定量斗箱式装载设备的示意图。这种装载设备主要由斗箱、溜槽、闸门、控制缸和测重装置等组成。在给箕斗装载前，由煤仓给煤机先将斗箱 1 装满，其装载量由压磁测重装置 6 来控制，当箕斗到达井底装煤位置时，通过控制元件开动控制缸 2，将闸门 4 打开，斗箱 1 中的煤便沿溜槽 5 全部装入箕斗，完成一次装载过程。

定量斗箱式装载设备具有结构简单、环节少、装载时不用其他辅助机械等优点，在我国已定为标准装载设备。定量斗箱装载设备的缺点如下：

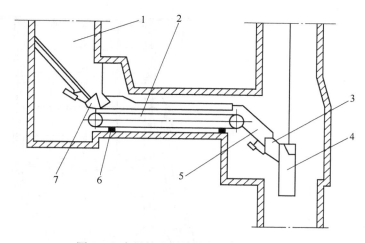

图 2-9 定量输送机式装载设备的示意图

1—煤仓 2—输送机 3—活动过渡溜槽 4—箕斗 5—中间溜槽 6—负荷传感器 7—煤仓闸门

1) 需要在井筒附近开凿较大的硐室，基建费用高，工期长。

2) 装倒次数多，碎煤量大。

3) 由于瞬时装载量大，对钢丝绳的冲击负荷较大。

4) 装载时间随煤质和水分的不同而变化。

三、容器导向装置

为保证提升容器在井筒中运行安全、平稳、准确，提升容器在井筒内需设导向装置，提升容器的导向装置（即罐道）可分为刚性和挠性两种。挠性罐道采用钢丝绳，刚性罐道的形式有钢轨罐道和用型钢焊接而成的矩形组合罐道，老矿井也有用方木罐道的。刚性罐道固定在型钢或专门制造的钢筋混凝土罐道梁上。钢轨罐道容易获得，其结构简单，安装简便，成本低；主要缺点是侧向刚度小，易造成容器横向摆动，采用刚性罐耳时磨损太大。所以，钢轨罐道一般用于提升速度和终端载荷都不大的提升容器。

1. 刚性组合罐道

刚性组合罐道的截面是空心矩形，一般由槽钢焊接而成，国外也有采用整体轧制型钢的。其主要优点是侧向弯曲和扭转强度大，罐道截面系数大、刚性强，可配合使用摩擦因数较小的一组橡胶滚轮罐耳（参见图 2-1 立井单绳罐笼结构图）。这种罐道使容器运行平稳，罐道与罐耳磨损小，因此服务年限长。近年来，国内新建矿井基本都使用这种罐道，尤其是在终端负荷和提升速度都很大时，使用这种罐道更为合适。

2. 钢丝绳罐道

钢丝绳罐道与刚性罐道相比，具有安装工作量小，建设时间短，维护简便，高速运行平稳，井筒内无罐道梁可适当减小井壁厚度，以及通风阻力小等优点。但使用钢丝绳罐道时，由于钢丝绳罐道的挠性，容器之间及容器与井壁之间的间隙要求较大，以保证足够的安全距离，因此就必须增大井筒净断面积。钢丝绳罐道悬挂于井架或井塔之上，使井塔或井架的荷重增大，这些都限制了钢丝绳罐道的使用。特别是当地压较大，在井筒垂直中心线发生错动，甚至井筒发生弯曲时，不能采用钢丝绳罐道，此时应采用刚性罐道。

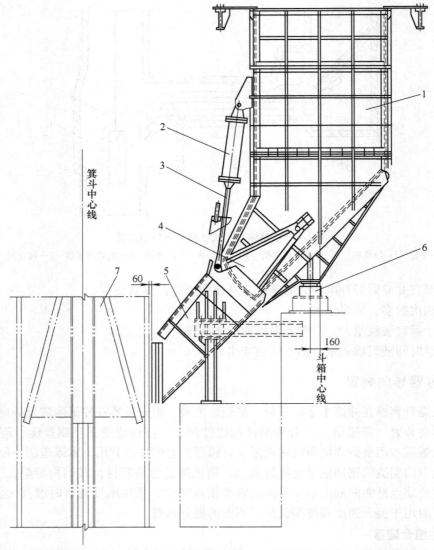

图 2-10　立井箕斗定量斗箱式装载设备

1—斗箱　2—控制缸　3—拉杆　4—闸门　5—溜槽　6—压磁测重装置　7—箕斗

　　每个容器一般采用四根罐道绳。罐道绳应采用刚性大、耐磨和防腐性强的钢丝绳，因此，使用密封式（锁股）钢丝绳较好。在井深较浅、终端负荷不大时，也可以采用三角股和普通圆股钢丝绳。罐道绳上端采用安全可靠、受力条件好且安装方便的双楔块固紧式固定装置将其固定在井架上，下端采用连接装置和重锤拉紧。拉紧重锤的重力根据《煤矿安全规程》规定：每 100m 钢丝绳的张紧力不得小于 10kN，为避免绳罐道共振，每个重锤的重力不相同，各钢丝绳罐道的张紧力差不得小于 5%，内侧张紧力大，外侧张紧力小。

【工作任务实施】

　　1. 任务实施前的准备

　　熟知提升箕斗和定量装载装置的运行、维修检查规定和安全生产要求，对设备运行和维修检查过程有一定了解，以保证本次维修检查任务的顺利完成。

2. 知识准备

明确箕斗、定量装载装置的基本组成部分、工作原理，以及设备在提升系统中的安装位置和作用。

3. 学生工作准备会

学生分组参加运行车间的班前会，注意领会值班领导对安全的要求和所强调的内容，听取值班领导的任务分配。之后，参加矿井试验组或矿井维修的箕斗维修检查组的工作分配和工作过程方法等研讨，随矿井试验组或矿井维修的箕斗维修检查组跟班学习，由指定的现场技师带领，以手指、口述的方式现场讲解，开始维修检查工作并做好记录。

4. 箕斗现场维修检查任务的实施

组织学生到实习矿井主井上井口，由现场教师强调现场安全注意事项，之后讲解和维修检查箕斗并做好记录，其重点维修检查内容是：

1）检查箕斗外观，框架和斗箱无明显变形，各处铆焊部位无松动或开裂。正确调节溜煤板角度，斗箱内壁特别是斗箱下部和底部的磨损量应符合规定。

2）闸门无变形，开启极限位置准确，连杆销轴与闸门连接牢固。

3）连接装置无变形、松动、锈蚀，双面楔块位置正确，锁紧牢固。

4）连杆无变形，销轴和销轴孔磨损符合规定，润滑良好。滚轮转动灵活，润滑良好，磨损正常，卸载滚轮与卸载导轨进入与导向平稳，无冲击。

5）机械闭锁装置动作灵活、可靠，开启或闭锁位置准确无误，扭转弹簧外观无异常，扭力符合要求。

6）罐耳无变形、松动，磨损正常。

7）对外卸载式，注意检查专设卸载站气缸的工作状况，要求缸体固定牢固，气缸伸缩自如，行程足够大，杠杆无变形，无过大噪声和冲击，密封良好，各部润滑良好。

5. 箕斗更换施工

箕斗工作一段时间后，需要更换新的箕斗，下面以某矿主井为例说明施工方案的内容概况。

（1）箕斗更换背景　该主井箕斗分为东、西两钩，于 2005 年 10 月改造完成后投入使用，到 2011 年 10 月已连续使用了六年，随着提升任务的加大，现用箕斗磨损严重，有发生卡罐危险的隐患。根据《煤矿安全规程》规定，对原主井箕斗实施更换工作，为使更换工作顺利完成特制订本施工方案。

（2）新箕斗的主要技术参数　新箕斗的主要技术参数如下：

箕斗型号：JD-9

外形尺寸：长×宽×高　（3 550mm×1 350mm×9 500mm）

箕斗自重：13.5t

（3）施工前的准备　施工前要把各施工设备、材料和零部件等准备齐全并到位，各设备零部件经检验合格。主要工作包括：活动主绳销轴，活动尾绳销轴，尾绳卡保险绳，插捞箕斗绳扣，主井东侧安装起重梁，改新箕斗装煤嘴，组装箕斗滚轮罐耳与底座，焊梯子道和运箕斗平车，准备罐道和滑架螺栓，准备吊罐道，滑架绳扣，支领换箕斗材料，加固西钩井口托梁，由新井运新箕斗到老主井，插吊新箕斗绳扣，安装换箕斗绞车，核对主绳吊具各部尺寸和主尾绳销轴提前探伤合格后备用，改新箕斗北侧两个吊耳，检修楔形卡缆和板卡缆，清洗珠架，拆除东侧大门横梁，准备 M20×65、M16×65 螺栓，接好上井口及 10t 绞车处照明，提前接好上井口与 10t 绞车的联系信号。

（4）施工步骤

1）登东钩箕斗顶部拆除东钩北侧罐道，用手拉葫芦将拆下的罐道吊到不影响新、旧箕斗进出的位置。

2）在箕斗顶部装好拆主绳销轴的工具，装好后由上至下解开绑在井架东侧的两套吊箕斗滑轮组牵引绳，并将牵引绳的出绳绳头用 5t 卸扣与老主井西侧的两台 10t 绞车分别连接。

3）与车房联系，慢提东钩箕斗，两台 10t 绞车同时开车，缠绕滑轮组牵引绳，直到东钩箕斗可摘尾绳的位置停车。将东钩尾绳上卡的保险绳挂在主井中心梁上，挂好后慢松东钩箕斗使保险绳受力，准备拆东钩尾绳绳头。

4）在上井口搭脚手架，拆东钩尾绳绳头，拆下后用一根 $\phi28mm$ 的钢丝绳绳扣将尾绳头套在西侧井架腿上，套好后准备铺设梯子道。

5）在上井口东西方向铺设梯子道并焊接牢固。在梯子道上放好运箕斗专用平车，放好后将平车推到东钩箕斗下方，通知天轮平台人员卡西钩主绳，套东钩主绳，卡套绳完毕后准备用两台 10t 绞车上提箕斗。

6）信号联系两台 10t 绞车慢提东钩箕斗，使主绳松劲到可拆吊具销轴停车。拆吊具销轴后，用绳子将销轴工具运到地面放好。信号联系两台 10t 绞车同时慢松东钩箕斗，将箕斗平稳地放到专用平车上，放好后在东侧起重梁上做好箕斗保险。松两台 10t 绞车，使吊箕斗滑轮组牵引绳松劲，解开牵引绳与箕斗的连接。

7）在东侧梯子道端部分别挂两台 3t 手拉葫芦，用绳扣连接手拉葫芦与平车，将装箕斗的平车牵引到主井东侧大门处。用吊车将箕斗吊离平车到预先停好的平板汽车上放平稳，并用手拉葫芦控制，防止在运输过程中倾倒。

8）用吊车将新箕斗吊到平车上，装好后在东侧起重梁上做好保险。在主井西侧挂两台 3t 手拉葫芦，用绳扣连接手拉葫芦与平车，将平车平稳地牵引到东钩井筒位置，用两套滑轮组牵引绳连接新箕斗，两台 10t 绞车同时开车吊起新箕斗离开平车，离开后，10t 绞车停车并拉出平车。

9）拆除井筒梯子道，在箕斗底部销尾绳绳头，销好后同时开两台 10t 绞车，上提新箕斗使尾绳保险绳松，拆除中心梁上挂的尾绳保险绳。继续上提东钩箕斗到可销主绳的位置停车，将主绳与箕斗主吊杆用销轴连接好，连接好后松两台 10t 绞车，使滑轮组牵引绳松动，解开牵引绳与箕斗的连接。

10）通知天轮平台人员拆卡绳板卡缆和套绳手拉葫芦，拆完后，信号联系主提操作者慢提西钩箕斗 200mm 左右，拆除卡绳楔形卡缆并将套绳工具运到不影响主绳运行的地方。

11）登箕斗顶部安装东钩北侧罐道，安装完毕后在上井口搭脚手架，拆除尾绳上卡保险绳的卡缆。

12）安装箕斗上下南北侧的滚动罐耳并调试好位置。

13）回收脚手板和换箕斗各部位使用的工具，不得有遗漏。拆下东钩挂的滑轮组，回收牵引绳。

14）清理现场，回收所有工具和材料后作箕斗空载试运行，经检查试车无误后方可交付使用。

（5）施工注意事项

1）施工前开班前会，做到每位工作人员职责明确，相互配合关系及交叉工作任务明确，联络信号一致明了，各处联络信号要铃响、灯亮准确无误。

2）穿戴好劳动保护用品，井筒作业系好安全检验合格的保险带，并做到高挂低用。身体不适者严禁上岗作业。

3）施工过程中所有物品和工具的传递严禁抛掷，要拿稳放好，防止坠入井中。

4）施工过程中栓挂手拉葫芦要牢固可靠，使用的钢丝绳要符合安全倍数的要求。

5）施工人员要做好相互保安和自主保安，防止磕手碰脚，避免发生重大事故。施工过程中严禁上下同时作业。

（6）施工劳动组织　本次施工分两大班进行，每班12h，第一班7：00～19：00，1名施工指挥，3名组长，15名施工人员；第二班为19：00～7：00，1名施工指挥，3名组长，12名施工人员。保证两班24小时内完成全部更换任务。

6. 定量运输机装载装置的现场维修检查

组织学生到实习矿井主井下井口，由现场教师强调现场安全注意事项，之后讲解和维修检查运输机装载装置并做好维修检查记录。定量运输机装载装置的重点维修检查内容是：

1）检查装载设备外观，胶带无破损，运行平稳无跑偏，无洒煤，带速符合要求。

2）负荷传感器周边保持清洁，无异物和煤尘。

3）煤仓闸门开闭良好无卡阻，放煤量均匀，关闭严密。

4）过渡溜槽和中间溜槽位置准确，无洒煤，磨损量符合要求。

7. 定量斗箱装载装置的现场维修检查

组织学生到实习矿井主井下井口，由现场教师强调现场安全注意事项，之后讲解和维修检查定量斗箱装载装置并做好维修检查记录。定量斗箱装载装置的重点维修检查内容是：

1）检查斗箱无明显变形，各处铆焊部位无松动或开裂，斗箱内壁特别是斗箱下部和底部磨损量符合规定。

2）测重装置周边保持清洁，无异物和煤尘，位置正确。

3）煤仓闸门控制缸动作灵活，无弯曲变形等外观缺陷，密封和润滑良好，缸座固定牢固，缸底和缸杆铰接销轴部分磨损正常，清洁且润滑良好。煤仓闸门开闭良好无卡阻，放煤量均匀，关闭严密。

4）溜槽部分支承牢固，出煤嘴位置准确，磨损正常，装载时无洒煤。

8. 容器导向装置的维修检查

有条件的矿井，可以分批组织学生随罐道维修检查组学习维修检查罐道的方法。

（1）组合罐道的维修检查

1）轻轻敲击罐道，听其发出的声音并检验其外观，判断罐道是否有开裂、严重锈蚀、变形、严重磨损等缺陷，注意缝隙腐蚀的检验。

2）检验罐道与罐道梁的连接是否牢固，罐道梁是否有变形等缺陷。

（2）钢丝绳罐道的维修检查　钢丝绳罐道的维修检查过程和内容与钢丝绳的检验相同，但钢丝绳罐道检验要特别注意罐道绳上端双楔块固紧式固定装置的维修检查和拉紧重锤的维修检查。对于拉紧重锤，每100m钢丝绳的张紧力不得小于10 000N，各钢丝绳罐道的张紧力差不得小于5%，必须满足内侧张紧力大，外侧张紧力小等要求。

9. 做好检查记录

每检查一个项目和测得一个数据时，都要如实记录，填写规定的各项检查项目和数据，经相关领导审查签字后交值班人员。表2-8为某矿主、副井井筒检查记录表。

表2-8 井筒检查记录表

主井井筒检查记录

___时___分至___时___分　　　　　　　　　　　　　　　　　　　　年　月　日

名　称	箕斗各处紧固螺钉		闸板各处		斗箱铁板		东钩曲轨		西钩曲轨		东钩滑架		西钩滑架	
	东钩	西钩	东钩	西钩	东钩	西钩	东侧	西侧	东侧	西侧	上井口	下井口	上井口	下井口
情况														
检查人														

名称	东钩罐道罐耳		西钩罐道罐耳		东钩滑架罐耳		西钩滑架罐耳		东钩罐道		西钩罐道		东钩吊具	
	南侧	北侧	南侧	北侧	南侧	北侧	南侧	北侧	南侧	北侧	南侧	北侧	绳环	销轴
情况														
检查人														

名称	东钩北上轱辘			东钩北下轱辘			东钩南上轱辘			东钩南下轱辘			西钩北上轱辘			西钩北下轱辘			西钩南上轱辘			西钩南下轱辘			西钩吊具	
	东	中	西	东	中	西	东	中	西	东	中	西	东	中	西	东	中	西	东	中	西	东	中	西	绳环	销轴
情况																										
检查人																										
领导签字																										

副井井筒检查记录

___时___分至___时___分　　　　　　　　　　　　　　　　　　　　年　月　日

名　称	罐笼各处（防坠系统）		北钩罐门		南钩罐门		北钩上井口滑架		南钩上井口滑架		北钩下井口滑架		南钩下井口滑架	
	南钩	北钩	东侧	西侧	东侧	西侧	东侧	西侧	东侧	西侧	上井口	下井口	上井口	下井口
情况														
检查人														

名称	北钩罐道罐耳		南钩罐道罐耳		北钩滑架罐耳		南钩滑架罐耳		北钩罐道		南钩罐道		北钩吊具	
	南侧	北侧	南侧	北侧	南侧	北侧	南侧	北侧	南侧	北侧	南侧	北侧	绳环	销轴
情况														
检查人														

名称	南钩东上轱辘			南钩东下轱辘			南钩西上轱辘			南钩西下轱辘			北钩东下轱辘			北钩东下轱辘			北钩西上轱辘			北钩西下轱辘			南钩吊具	
	南	中	北	南	中	北	南	中	北	南	中	北	南	中	北	南	中	北	南	中	北	南	中	北	绳环	销轴
情况																										
检查人																										
领导签字																										

10. 学生的组织形式

为提高教学质量，以上工作任务的实施可视实际生产组织情况对学生进行分组，注意做好组间轮换。

【工作任务考评】 （见表2-9）

表2-9 任务考评

过程考评	配 分	考评内容	考评实施人员
素质考评	12	生产纪律	专职教师和现场教师结合，进行综合考评
	12	遵守生产规程，安全生产	
	12	团结协作，与现场工程人员的交流	
实操考评	12	理论知识：口述提升箕斗、装载装置、导向装置等设备的分类、结构组成及作用	
	12	工具使用或任务实施过程	
	12	手指、口述：提升箕斗、装载装置、导向装置等设备的结构组成，维修检查过程、内容和方法	
	12	完成本次工作任务，效果良好	
	16	按工作任务实施指导书完成学习总结，总结所反映出的工作任务完整，信息量大	

【思考与练习】

1. 简述矿井提升箕斗的结构组成。
2. 煤矿提升箕斗的类型有哪些？各有何特点？
3. 简述箕斗提升装载装置的类型、结构组成和特点。
4. 简述斗箱定量装载式装置的组成及工作原理。
5. 简述箕斗更换施工的方法和步骤。

【知识拓展】

一、立井提升容器的选择

1. 提升容器的比较及其应用范围

提升容器主要有底卸式箕斗和普通罐笼。箕斗主要用于主井提升，用来专门提升煤炭，有时也用来提升矸石；罐笼可以用于主井也可以用于副井，应视情况合理选择。

（1）箕斗的特点分析 箕斗的优点是：质量小，所需井筒截面积小，装卸载可实现自动化，操作时间短，提升能力大。箕斗的缺点是：井底及井口需要设置煤仓和装卸载设备，只能提升煤炭，不能升降人员、设备和材料，井架较高，需要另设一套辅助提升设备。

（2）罐笼的特点分析 罐笼的优点是：井底及井口不需设置煤仓，可以提升煤炭、矸石，下放材料，升降人员和设备，井架较矮，有利于煤炭分类运输。罐笼的缺点是：质量大，所需井筒截面积大，装卸载不能实现自动化，而且操作时间较长，生产率较低。

（3）箕斗和罐笼的应用比较分析 矿井提升容器是选择箕斗还是选择罐笼，需要根据多方面的技术、经济指标来确定。一般可根据矿井年的产量来确定：年产量为 4.5×10^5 t 以上（含450000t）的矿井可选用箕斗作为主提升设备，罐笼作为辅助提升设备；年产量小于450000t 时，则选用罐笼作为主提升设备，同时完成辅助提升任务。

应当注意，选择提升容器时，还应该考虑矿井同时开采煤的品种，是否需要分类运输，井口煤仓与外运铁路的距离，以及地面工业广场的地形，矿井同时提升水平数，提升设备位于出风井还是进风井，矿井自动化程度等因素，结合国家有关规定作出合理选择。

2. 副井罐笼规格的选择

副井罐笼规格的选择规定如下：

1）根据井下运输使用的矿车名义载重量（主井为箕斗提升时，按辅助运输矿车名义载重量）确定罐笼的吨位。

2）根据运送最大班下井工人的时间是否超过40min 或每班总作业时间是否超过5h 来确定罐笼的层数。一般应先考虑单层罐笼，不满足要求时再选择双层罐笼。

此外，罐笼的选择还应考虑如下因素：

1）升降工人的时间，按运送最大班下井工人时间的 1.5 倍计算。

2）升降其他人员的时间，按升降工人时间的 20% 计算。升降人员的休止时间按下列规定取值：单层罐笼每次升降 5 人及以下时，休止时间为 20s，超过 5 人，每增加 1人增加 1s；双层罐笼升降人员，如两层同时进出人员，休止时间比单层增加 2s 的信号联系时间；当人员只从一个平台进出罐笼时，休止时间比单层增加一倍，同时增加 6s 的换置罐笼时间。

3）普通罐笼进出材料车和平板车休止时间为 40～60s。

4）提升矸石量按日出矸石量的 50% 计算，运送坑木、支架按日需求量的 50% 计算。

5）最大班净作业时间为上述各项提升时间与休止时间之和，一般不得超过 5h。

6）能够运送井下设备的最大和最重部件。

7）对于混合提升设备，每班提煤和提矸石时间均应计入 1.25 的不均衡系数，其提升能力不宜超过 5.5h。

3. 主井箕斗规格的选择

进行提升设备选型设计时，矿井年产量 A_n 和矿井深度 H_s 为已知条件。当提升容器的类型确定后，还要选择容器的规格。在提升任务确定之后，选择提升容器的规格有两种情况：一是选择较大规格的容器，一次提升量较大，则提升次数少。这样，因为一次提升量较大，所需的提升钢丝绳直径和提升机直径较大，因而初期投资较多，但提升次数较少，运转费用较少。二是选择较小规格的容器，情况和上述的相反，初期投资较少，而运转费用则较多。

选择提升容器规格原则是：一次合理提升量应该使得初期投资费用和运转费用的加权平均总和最小。为确定一次合理提升量，从而选择标准的提升容器，可按以下步骤进行计算。

（1）确定合理的经济速度 v_j 确定合理的经济速度 v_j 与一次合理提升量相对应，经研究证明，合理的经济速度 v_j 可用下式计算

$$v_j = (0.3 \sim 0.5)\sqrt{H} \qquad (2-1)$$

式中，H 为提升高度，单位为 m，$H = H_z + H_s + H_x$。其中，H_z 为装载高度，取 18～25m；H_s

为矿井深度；H_x 为卸载高度，取 $15 \sim 25 m$。

（2）估算一次提升循环时间 T'_x　一次提升循环时间 T'_x 的估算式为

$$T'_x = \frac{H}{v_j} + \frac{v_j}{a} + u + \theta \qquad (2-2)$$

式中，a 为提升加速度，单位为 m/s^2，一般取 $a = 0.8 m/s^2$；u 为箕斗低速爬行时间，单位为 s，一般取 $u = 10 s$；θ 为箕斗装卸载休止时间，单位为 s，一般取 $\theta = 10 s$。

（3）计算小时提升量 A_s　小时提升量 A_s（t/h）的计算公式为

$$A_s = \frac{CC_f A_n}{b_r t_r} \qquad (2-3)$$

式中，C 为提升不均衡系数，箕斗提升 $C = 1.15$，罐笼提升 $C = 1.2$，混合提升 $C = 1.2$；A_n 为矿井设计年产量，单位为 t/a；C_f 为提升富裕系数，主井提升设备对第一水平留有 1.2 的富裕系数；t_r 为提升设备每天的工作时间，单位为 h，一般取 $t_r = 14 h$；b_r 为提升设备每年的工作天数，一般为 $b_r = 300 d$。

（4）计算小时提升次数 n_s　小时提升次数 n_s 的计算公式为

$$n_s = \frac{3600}{T'_x} \qquad (2-4)$$

（5）计算一次合理提升量 Q'　一次合理提升量 Q' 的计算公式为

$$Q' = \frac{A_s}{n_s} \qquad (2-5)$$

根据上式求出的一次合理提升量 Q'，选取与 Q' 相等或相近的标准箕斗，其名义装载量可以大于或小于 Q'。在不加大提升机滚筒直径的条件下，应尽量选用大容量箕斗，使提升机以较低的速度运行，从而降低能耗，减少运行费用。

（6）计算一次实际提升量 Q　选取标准箕斗后，根据所选箕斗的有效容积和煤的松散容重计算一次实际提升量 Q

$$Q = \gamma V \qquad (2-6)$$

式中，γ 为煤的松散容重，单位为 kg/m^3；V 为标准箕斗的有效容积，单位为 m^3。

二、提升容器改进

1. 箕斗卸载方式的改进

主井箕斗采用具有外动力（气动、液动）的侧卸式，其结构简单，不会自行打开，减小了卸载时对井架的受力和冲击，同时有利于缩短提升循环时间，有利于使箕斗容量加大。

2. 提升容器采用轻型材料

减小提升容器自身的质量，可直接增加一次提升有益货载。其方法是采用铝合金提升容器，甚至采用塑料提升容器。铝合金的密度只是碳素钢的 35%，而其刚度和耐蚀性均高于碳素结构钢 Q235，实践证明，利用铝合金制造的罐笼比由碳素结构钢制造的罐笼，其质量可减小 40%，箕斗的质量下降 50%，在不改变提升机提升能力的前提下，每次提升有益货载可增加 60%。铝合金提升容器的使用寿命也有大幅提高，其综合经济效益要比传统提升容器好很多。

第三单元

提升钢丝绳的使用与维护

【单元学习目标】

本单元由提升钢丝绳的类型及特点和钢丝绳的使用与维护两个课题组成。通过本单元的学习，学生应能够掌握矿井提升钢丝绳的类型与特点，分辨不同钢丝绳的形式和使用场合，熟知提升钢丝绳的规定和要求。学生与现场维检工人一起工作，掌握钢丝绳维检内容、过程和方法。

课题一　提升钢丝绳的类型及特点

【工作任务描述】

提升钢丝绳是提升系统的重要工具，直接承载着提升容器的动静负荷，直接关系着提升系统的安全运行。通过本课题的实施，使学生对矿井所使用钢丝绳的种类、结构、特点及其使用有初步认识，为提高钢丝绳的选择与使用维护技能打下基础。

【知识学习】

提升钢丝绳的作用是悬吊提升容器并承受提升容器的动静载荷，传递提升力，是矿井提升设备的一个重要组成部分。提升钢丝绳的结构形式直接决定了钢丝绳的力学性能和适应条件。钢丝绳的选择和使用是否合理直接影响提升设备的安全可靠性和经济性，应予以足够的重视。

一、钢丝绳的结构及标记

1. 钢丝绳的结构

钢丝绳的结构指的是组成钢丝绳绳股的数目、捻向、捻距，绳股内的钢丝数目、直径、排列方式等综合参数。这些参数直接影响钢丝绳的性能和使用寿命等。

矿用提升钢丝绳都是先由钢丝捻成绳股，再由绳股捻成绳。在由钢丝捻成股时有一个股芯，在由股捻成绳时有一个绳芯。图 3-1 所示为各种提升钢丝绳的断面图。

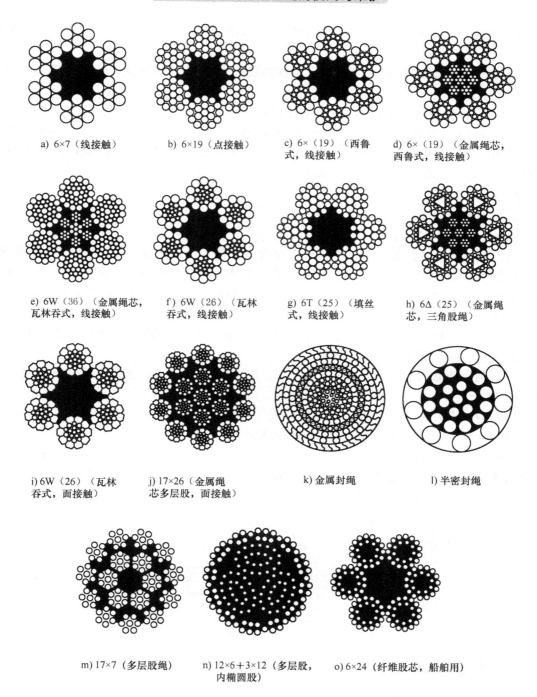

a) 6×7（线接触）　　b) 6×19（点接触）　　c) 6×（19）（西鲁式，线接触）　　d) 6×（19）（金属绳芯，西鲁式，线接触）

e) 6W（36）（金属绳芯，瓦林吞式，线接触）　　f) 6W（26）（瓦林吞式，线接触）　　g) 6T（25）（填丝式，线接触）　　h) 6Δ（25）（金属绳芯，三角股绳）

i) 6W（26）（瓦林吞式，面接触）　　j) 17×26（金属绳芯多层股，面接触）　　k) 金属封绳　　l) 半密封绳

m) 17×7（多层股绳）　　n) 12×6＋3×12（多层股，内椭圆股）　　o) 6×24（纤维股芯，船舶用）

图 3-1　各种提升钢丝绳的断面图

股芯一般为钢丝，绳芯有金属绳芯和纤维绳芯两种，前者由钢丝制成，后者可用剑麻、黄麻或有机纤维制成。绳芯的作用是：

1）支持绳股，减少股间钢丝的接触应力，减小钢丝的挤压和变形，保持一定的断面形状。

2）允许股间或钢丝间相对移动，起弹性垫层的作用，增强其抗冲击和缓和弯曲应力性能，使绳富有弹性。

3）可储存润滑油，防止内部钢丝腐蚀生锈。

提升钢丝绳的钢丝是由优质碳素结构钢冷拔而成，一般直径为 0.3~4mm，公称抗拉强度为 1 370MPa、1 470MPa、1 570MPa、1 670MPa、1 770MPa、1 870MPa 和 2 000MPa。1 370MPa 只用于扁钢丝绳。载荷相同时，抗拉强度大的钢丝绳，其绳径可以选小值，但抗拉强度高的钢丝绳的弯曲性较差。

2. 钢丝绳的标记

钢丝绳的标记规定如下：

（1）钢丝的表面状态 钢丝绳钢丝表面有镀锌和不镀锌之分，镀锌的称为镀锌钢丝，不镀锌的称为光面钢丝，前者的耐蚀能力较强。表面状态标记代号为：光面钢丝，U；A 级镀锌钢丝，A；B 级镀锌钢丝，B；A 级锌合金镀层钢丝，A（Zn/Al）；B 级锌合金镀层钢丝 B（Zn/Al）。

（2）绳芯或股芯 天然或合成纤维芯：FC；天然纤维芯：NFC；合成纤维芯：SFC；钢丝股芯 WSC；独立钢丝绳芯：IWRC。

（3）钢丝横截面 三角形股：V；矩形：R；梯形钢丝：T；椭圆形钢丝：Q；Z 形钢丝：Z；H 形钢丝：H。

（4）股的横截面 三角形股：V；扁形股：R；椭圆形股：Q。

（5）绳的横截面 编织钢丝绳：Y；扁形钢丝绳：P。

此外，还可以用钢丝韧性来标记，分为特号、Ⅰ号和Ⅱ号三种。提升矿物用的钢丝绳可以选用特号或Ⅰ号钢丝来制造；提升人员用的钢丝绳只允许用韧性为特号的钢丝来制造。

钢丝绳的标记示例如下：

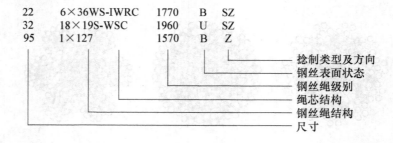

二、**钢丝绳的类型**

提升钢丝绳有很多种，结构不同，性能也不相同。根据不同的特点有不同的分类方法，实际上都是从不同的角度来说明钢丝绳的结构特点，了解这些特点，对于认识不同钢丝绳的性能，正确选择和合理使用钢丝绳都是有益的。

1. 按用途对钢丝绳分类

1）单绳缠绕式提升装置用钢丝绳。

2）摩擦轮式提升装置用钢丝绳。

3）倾斜钢丝绳牵引带式输送机用钢丝绳。

4）倾斜无极绳绞车用钢丝绳。

5）架空人车用钢丝绳。

6）悬挂安全梯用钢丝绳。

7）罐道、防撞、起重用钢丝绳。

8）悬挂吊桶、水泵、排水管、抓岩机等用钢丝绳。

9）悬挂风筒、风管、供水管、注浆管、输料管、电缆用钢丝绳。

10）拉紧装置用钢丝绳。

11）防坠器的制动绳和缓冲绳。

上述钢丝绳中，1）～5）项与矿井提升直接相关，为第一大类，是煤矿重要用途钢丝绳；6）～9）项与矿井悬挂有关，在矿井安全生产中起固定作用，为第二大类；10）和11）项与其他机械的使用有关，为第三大类。

2. 按钢丝绳结构分类

（1）按绳股在绳中的捻向分类　按绳股在绳中的捻向来分，有左捻钢丝绳，即股在绳中以左螺旋方向捻绕；右捻钢丝绳，即股在绳中以右螺旋方向捻绕。

（2）按钢丝在股中和股在绳中捻向的关系分类　按钢丝在股中和股在绳中捻向的关系分类，有同向捻（顺捻）钢丝绳，即股和绳的捻制方向相同；交叉捻（逆捻）钢丝绳，即股和绳的捻制方向相反，如图3-2所示。同向捻钢丝绳比较柔软，表面比较光滑，弯曲应力较小，因而寿命较长，但有较大的恢复力，容易旋转打结；交叉捻钢丝绳则与上述情况相反。习惯上，又把以上两种分类方法结合起来，分为右同向捻、左同向捻、右交叉捻和左交叉捻四种。

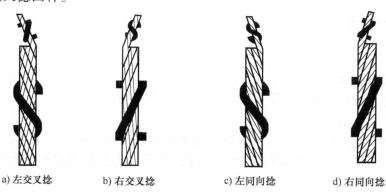

a) 左交叉捻　　　b) 右交叉捻　　　c) 左同向捻　　　d) 右同向捻

图3-2　钢丝绳的捻法

（3）按钢丝在股中的接触情况分类　按钢丝在股中的接触情况分类，钢丝在绳股中的接触形式有点接触、线接触和面接触三种。

1）点接触式钢丝绳。钢丝绳股中内外层钢丝以等捻角、不等捻距（跨越捻）来捻制，一般以相同直径的钢丝来制造，钢丝间呈点接触状态。点接触钢丝绳受力时将出现应力集中和二次弯曲现象，因此易磨损，易断丝，耐疲劳性差。6×19为点接触式普通圆股钢丝绳，如图3-1b所示。

2）线接触式钢丝绳。钢丝绳股中内、外层钢丝以等捻距、不等捻角（等距离）来捻制，一般以不同直径的钢丝来制造，丝间呈线接触状态。与点接触钢丝绳相比，线接触绳比较柔软，无二次弯曲和压力集中现象，寿命较长。6×7、西鲁式6×（19）、瓦林吞式6W（36）、填丝式6T（25）等为线接触式钢丝绳，如图3-1a、c、e、g所示。

3）面接触式钢丝绳。面接触式钢丝绳是为了改善丝间的接触状态，将线接触式钢丝绳的绳股经特殊碾压加工，使钢丝产生塑性变形，使钢丝间呈面接触状态，然后再将其捻制成绳。所有线接触钢丝绳均可制成面接触式钢丝绳。面接触式钢丝绳的结构紧密，表面光滑，与绳轮接触面积大，耐磨性、耐挤压性能好；股内钢丝接触应力小，抗接触疲劳性好，寿命长；金属断面系数大，有效强度大；钢丝绳伸长变形小。但此种钢丝绳的柔软性差。

（4）按绳股断面形状分类　按绳股断面形状分类，最常用的为圆股，这种绳的绳股断面为圆形，如图3-1a～g所示。此外，还有异形股绳，绳股的断面形状为三角形或椭圆形，提升应用最多的是三角绳股（椭圆股则用于制造多层股不旋转绳），三角股绳具有承压面积大、抗磨损、强度大和寿命长等优点，如图3-1h所示。

（5）特种钢丝绳　除了上面介绍的钢丝绳以外，还有一些结构比较特殊的钢丝绳，如多层股不旋转钢丝绳。这种钢丝绳在矿井提升中有应用，由两层或三层绳股捻成，各层捻向相反，因而克服了钢丝绳的旋转性，使用中受载荷后不旋转、不打结，适于做凿井提升绳或生产矿井提升尾绳；密封钢丝绳和半密封钢丝绳，如图3-1k、3-1l所示。这种绳属于单股结构，最外层是用异形钢丝彼此互相锁住（又称锁丝绳），它的特点是密实、表面光滑、耐磨和耐蚀性能好、不旋转、弹性伸长小，但挠性差、制造技术复杂，适于做罐道绳，国外也有用它做提升钢丝绳的；扁钢丝绳是一种扁平钢丝绳，一般为手工编制，生产率低，但这种绳有很大的挠性，不旋转，运行平稳，所以有些矿井用它来做尾绳或凿井提升绳。

【工作任务实施】

1. 任务实施前的准备

熟知提升钢丝绳的结构、分类和特点，保证本次任务实施的效果。

2. 认识提升钢丝绳的结构

学生分组到实训室陈列钢丝绳样品处，熟悉各种钢丝绳的结构，通过观察、手掂、悬垂、弯曲、扭转等方式，直接感受各种钢丝绳的特点，理解形成它们特点的捻制结构的原因。

3. 认识提升钢丝绳的使用情况和使用条件

组织学生到实习矿井主、副井上井口、地面铁路运输编组站，由现场教师强调现场安全注意事项，之后讲解主、副井提升钢丝绳、尾绳、罐道绳、调度牵引钢丝绳等的使用要求，直接感受钢丝绳的使用状况，理解不同条件下对钢丝绳的使用要求，以及钢丝绳能够通过其结构满足各种使用要求的原因，并做好相应记录。

4. 学生组织形式

为提高教学质量，以上任务的实施，可视实际生产组织情况对学生进行分组，注意做好组间轮换。

【工作任务考评】（见表3-1）

表3-1　任务考评

过程考评	配　分	考评内容	考评实施人员
素质考评	12	生产纪律	专职教师和现场教师结合，进行综合考评
	12	遵守生产规程，安全生产	
	12	团结协作，与现场工程人员的交流	
实操考评	12	理论知识：口述钢丝绳的结构、分类和特点	
	12	工具使用或任务实施过程	
	12	手指口述：钢丝绳样品的结构与种类，现场分辨钢丝绳种类	
	12	完成本次工作任务，效果良好	
	16	按工作任务实施指导书完成学习总结，总结所反映出的工作任务完整，信息量大	

【思考与练习】

1. 简述矿井提升钢丝绳的结构组成。
2. 煤矿提升钢丝绳的类型有哪些？各有何特点？
3. 简述提升钢丝绳标记的意义。

课题二　钢丝绳的使用与维护

【工作任务描述】

提升钢丝绳的正确使用直接关系着提升系统的安全运行。通过本课题的学习，学生应明确煤矿生产对提升钢丝绳的有关规定以及不同形式提升钢丝绳的使用场合；掌握提升钢丝绳现场保存、维检、更换的内容、方法和过程；明确更换主井或副井钢丝绳的施工方案的内容、方法和步骤。

【知识学习】

一、提升钢丝绳的选用

1. 按捻向选择钢丝绳

应根据使用条件和钢丝绳的特点来选择钢丝绳。不同结构钢丝绳的主要特点可参考表3-2。我国提升钢丝绳多用同向捻钢丝绳，至于是左捻还是右捻，选择原则是：

1）绳的捻向与绳在提升机卷筒上的缠绕螺旋线方向一致。我国单绳缠绕式提升机多为右螺旋缠绕，故应选右捻绳，目的是防止钢丝绳松捻。

2）多绳摩擦提升为了克服绳的旋转性对容器导向装置造成磨损，一般选择左、右捻各一半的钢丝绳作为提升主绳。

表3-2 各种钢丝绳的主要特点

钢丝绳结构	优　点	缺　点	主要用途
圆形股钢丝绳 6×7、6×19、6×（19）、6W（19）、6T（25）等	易于用眼检查断丝情况，有相当大的挠性，制造简单，价格低	随载荷变化有旋转趋势，外部钢丝易磨损	提升钢丝绳、尾绳、罐道绳、制动绳、缓冲绳
三角股钢丝绳 6△（21）、6△（24）、6△（30）、6△（36）等	易于用眼检查断丝情况，相同条件下，比圆股绳强度大，寿命长，抗挤压性能好，外层钢丝比圆股绳耐磨	随载荷变化有旋转趋势，挠性比圆股绳差	提升钢丝绳、罐道绳
多层股不旋转钢丝绳 18×7，34×7 等	旋转性小，有相当大的挠性	内部钢丝不易检查	尾绳、凿井提升钢丝绳
密封、半密封钢丝绳	不旋转，耐磨、耐蚀性能好，相同条件下强度最大，弹性变形小	内部钢丝不易检查，直径大时断面易变形，挠性小；制造复杂，价格高	罐道绳、提升钢丝绳
扁绳	不旋转，易于检查，某一方向上有很大的挠性	易磨损，手工生产效率低、价格高	尾绳、凿井提升钢丝绳

2. 按使用条件选择钢丝绳

除了按捻向选择钢丝绳外，在选择钢丝绳时还应考虑以下因素：

1）在井筒淋水大，水的酸碱度较高且处于出风井中的提升钢丝绳，因腐蚀严重，应选用镀锌钢丝绳。

2）以磨损为主要损坏原因时，如斜井提升，采区上、下山运输等，应选用外层钢丝较粗的钢丝绳，如6×7、6×（19）或三角股等。

3）以弯曲疲劳为主要损坏原因时，应优先选用线接触式或三角股钢丝绳，如6T（25）、6W（19）等。

4）高温和有明火的地方，如煤矿、矸石山等，应选用金属绳芯钢丝绳。

需要特别注意的是，选用提升钢丝绳时，必须符合《煤矿安全规程》规定的安全系数要求，钢丝绳安全系数的最小值见表3-3。

表3-3 钢丝绳安全系数最小值

用　途　分　类			安全系数[①]的最小值
单绳缠绕式提升装置	专为升降人员		9
	升降人员和物料	升降人员时	9
		混合提升时[②]	9
		升降物料时	7.5
	专为升降物料		6.5

（续）

用 途 分 类			安全系数①的最小值
摩擦轮式提升装置	专为升降人员		$9.2 \sim 0.000\ 5H$③
	升降人员和物料	升降人员时	$9.2 \sim 0.000\ 5H$
		混合提升时	$9.2 \sim 0.000\ 5H$
		升降物料时	$8.2 \sim 0.000\ 5H$
	专为升降物料		$7.2 \sim 0.000\ 5H$
罐道绳、防撞绳、起重用的钢丝绳			6
防坠器的制动绳和缓冲绳（按动载荷计算）			3

① 钢丝绳的安全系数等于实测的合格钢丝绳拉断力的总和与其所承受的最大静拉力（包括绳端载荷和钢丝绳自重所引起的静拉力）之比。

② 混合提升指多层罐笼同一次在不同层内提升人员和物料。

③ H 为钢丝绳悬垂长度（m）。

二、提升钢丝绳的使用与维护

正确合理地使用和维护钢丝绳，不但可以延长其使用寿命，同时更关乎煤矿的安全生产，关乎企业和工作人员的财产和生命安全。钢丝绳的使用和维护必须符合《煤矿安全规程》中的相关规定。

1. 提升钢丝绳的保管

矿井主要提升装置必须有检验合格的备用钢丝绳，对钢丝绳的保管必须遵守以下规定：

1）新到货的钢丝绳，应先由检验单位进行验收检验，合格后妥善保管备用，防止其损坏和锈蚀。

2）对每卷钢丝绳必须保存有包括出厂厂家合格证、验收证书等完整的原始资料。

3）保管时间超过一年的钢丝绳，在悬挂前必须再进行一次检验，合格后方可使用。

2. 提升钢丝绳直径的选择

1）必须符合规定的绳轮直径和绳径比，以控制钢丝绳的弯曲疲劳强度。

2）绳槽直径要符合要求。绳槽过小，会引起钢丝绳过度挤压而出现过早断丝的现象；绳槽过大，会使钢丝绳在绳槽中的有效支承面积减小，接触应力增大，容易导致绳与绳槽的磨损加快，寿命缩短。

3. 提升钢丝绳润滑的要求

钢丝绳在使用中必须做好润滑工作，《煤矿安全规程》规定：对使用中的钢丝绳应根据井巷条件及锈蚀情况，至少每月涂油 1 次。定期、良好的润滑对延长钢丝绳使用寿命，提高安全性有着极大的作用。

1）保护钢丝绳外部钢丝不受腐蚀。

2）加强钢丝绳的润滑，减小钢丝绳股间、丝间的磨损，并可补充绳芯中的油量。

3）阻止水分浸入绳内。

对钢丝绳的润滑，我国采用专用钢丝绳油，使用中要与钢丝绳制造厂家所使用的润滑油相适应，对钢丝绳润滑油的要求如下：

1）粘稠性能好，保证钢丝绳振动不脱落，井筒淋水不被冲刷掉。

2）有较好的粘温性能，低温不硬化而形成龟裂，高温不因流动性过大而流失掉。

3）防腐性能好，不含碱性，有一定的透明度，以便在维检中容易分析磨损和断丝情况。

4）缠绕式提升机用钢丝绳必须定期涂润滑油，润滑油要符合钢丝绳制造厂提出的要求。摩擦提升用钢丝绳只准涂、浸专用的钢丝绳油（增摩脂），对不绕过摩擦轮部分的钢丝绳，必须涂防腐油。

5）严禁用布条之类的东西捆在钢丝绳上作提升深度指示标记，以防该处的钢丝绳得不到良好的润滑而发生腐蚀断丝。

6）钢丝绳的运送、存放和悬挂都应严格按要求进行。

4. 钢丝绳的定期试验

为确保钢丝绳的使用安全，防止断绳事故的发生，对钢丝绳要进行定期的检查和试验：

1）提升钢丝绳、罐道绳必须每天检查1次，对提升钢丝绳必须以0.3m/s的速度进行认真检查，对易损坏和断绳或锈蚀较多的一段应停车详细检查，断丝的突出部位应在检查时剪下并修平整，将检查结果记入钢丝绳检查记录簿。

《煤矿安全规程》规定：对于升降人员或升降人员和物料用的钢丝绳在一个捻距内，断丝断面积与钢丝总面积之比达到5%时必须更换；专为升降物料用的钢丝绳、平衡钢丝绳、防坠器的制动钢丝绳和缓冲绳在一个捻距内，断丝断面积与钢丝总面积之比达到10%时必须更换；对罐道钢丝绳，断丝断面积与钢丝总面积之比达到15%时必须更换。以钢丝绳标称直径为准计算的直径减小量，提升钢丝绳或制动钢丝绳达到10%、罐道钢丝绳达到15%时必须更换。

2）钢丝绳遭受卡罐或突然停车等猛烈拉伸时，必须立即停车检查，如果发现钢丝绳严重扭曲或变形，或断丝和直径减小量超过前述规定，或遭受冲击拉伸的一段长度增加超过0.5%以上，或在钢丝绳使用期间断丝突然增加或伸长突然加快，必须立即更换新绳。钢丝绳的钢丝有变黑、锈皮、点蚀麻坑等损伤时，不得用来升降人员。

3）多层缠绕时，下层转到上层的一段绳由于磨损严重，必须加强检查，并且每季度要错绳1/4圈。

4）新绳在使用之前均须进行试验。

5）除摩擦式提升用钢丝绳和尾绳，以及在倾角小于30°的斜井中专门用来升降物料的钢丝绳外，提升钢丝绳在使用过程中必须定期切下一段做试验，以验证使用中的钢丝绳性能是否符合要求。升降人员或升降人员和物料的钢丝绳，自悬挂之日起每6个月试验一次；专门升降物料的钢丝绳，自悬挂之日起一年后进行第一次试验，以后每6个月试验一次。

5. 钢丝绳的张力平衡

在多绳提升中，各钢丝绳的张力往往难以保持一致，其原因如下：

1）各绳的物理性质不一致，弹性模量不等。

2）各绳槽的深度不等。

3）钢丝绳的长短不一。

4）各钢丝绳的滑动不等。

5）钢丝绳的蠕动。

改善各根钢丝绳张力不平衡的措施如下：

1）为了消除因钢丝绳物理性质不同而引起的张力差，最好使用连续生产的钢丝绳。当采用四绳提升时，为消除扭转的影响，应右捻和左捻各用两根，右捻和左捻的两根钢丝绳都应分别从一根钢丝绳中截取，并且从两截段中间截下一小段送交试验。

2）为了改善各钢丝绳张力不平衡的状况，通常设置平衡装置，各种平衡装置如图3-3所示。图3-3a、b所示为杠杆式平衡装置，此种平衡方式受到调整范围的限制，仅用于不深的矿井中。图3-3c所示为弹簧式，此种平衡方式简单轻便，但因调整量有限，常用于电梯中，在矿山中较少见。图3-3d所示为液压式，有螺旋液压式调绳装置和垫块式液压调绳装置，可达到钢丝绳张力的完全平衡。螺旋液压式调绳装置的结构如图3-4所示，它主要由楔形绳环1、螺旋液压调绳器2、连接板4、拉杆5、活塞杆6、液压缸9和螺母11等组成。调绳时，向各液压缸同时注入液压油，根据连通器原理使各绳张力趋于平衡。将此位置由螺母11固定后，将液压缸内的油液放出，以免正常工作时泄漏。调绳装置的行程有400mm和500mm两种，超过此距离时，可用楔形环1窜绳调整绳长来解决。

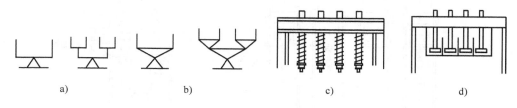

图3-3 各种平衡装置示意图

a）、b）杠杆式 c）弹簧式 d）液压式

3）设有车槽装置，定期、及时车削绳槽。

4）定期调整钢丝绳的张力差，主要的调整装置为垫块式调绳装置和螺旋调绳器。

5）采用弹性摩擦衬垫。当某根钢丝绳的张力增大后，该钢丝绳压向衬垫的压力增大，因而压缩弹性衬垫，使其绳槽直径减小，钢丝绳张力也随之减小，自动调整各根钢丝绳的张力达到平衡。

【工作任务实施】

1. 任务实施前的准备

熟悉提升钢丝绳的结构、种类和特性；了解《煤矿安全规程》对钢丝绳的各项规定、要求；掌握各部位钢丝绳的维检要点和过程，明确运行车间对钢丝绳维检的规定和安全生产要求；做好本次任务实施的自主保安。

2. 任务的实施

学生分组参加运行车间的班前会，注意领会值班领导对安全的要求和强调的内容，听取值班领导的任务分配。之后，参加矿井提升钢丝绳维检组的工作分配和工作过程、方法、内容等的研讨，随提升钢丝绳维检组跟班学习，由指定现场技师带领，用示范口述的方式进行现场讲解，开始维检工作并做好维检记录。

（1）钢丝绳的检查制度 提升钢丝绳必须每天检查一次，平衡钢丝绳和井筒悬吊钢丝绳至少每周检查一次，对易损坏和断丝锈蚀较多的一段应停车作详细检查。检查的主要内容有：一个捻距内的断丝情况、钢丝绳的直径变化情况、突然停车或卡罐等遭受猛烈拉力时钢

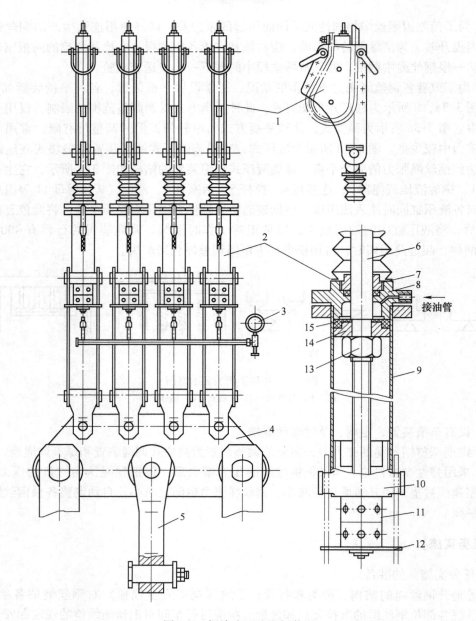

图 3-4　螺旋液压式调绳装置

1—楔形绳环　2—螺旋液压调绳器　3—压力表和液压管路　4—连接板　5—拉杆　6—活塞杆　7—填料压盖
8—液压缸盖　9—液压缸　10—底盘　11—螺母　12—导向盘　13—螺母　14—活塞　15—密封环

丝绳的变化情况及钢丝绳的锈蚀情况等。各检查内容必须达到《煤矿安全规程》中的相关规定。

（2）钢丝绳连接装置检查　检查钢丝绳与罐笼、箕斗的连接装置。

（3）手工验绳　提升机钢丝绳以 0.3m/s 的速度运行，用手撸绳，注意手形和手握钢丝绳的间隙，感觉钢丝绳对手的摩擦作用，同时注意用眼睛仔细观察钢丝绳的表面状态，感知钢丝绳的主要外观缺陷：断丝、跳丝、缺丝、钢丝交错、股或丝松紧不均、捻制不良、绳股打结、锈蚀、表面磨损或损伤、绳径明显变化、拉伸弯扭情况、腐蚀及润滑状态、钢丝镀层脱落、镀疤、镀层均匀性等。做好检查记录。如有断丝等问题，注意听取和观察现场工人的处理方法。如遇钢丝绳被猛烈拉伸等特殊情况，应注意现场验绳和处理方法。

钢丝绳的钢丝损坏形式主要有：疲劳断丝、强力拉伸断丝、磨损断丝、扭断断丝和锈蚀断丝。断丝原因不同，断口也不同。疲劳断丝的断口平齐，说明钢丝绳已接近使用后期；磨损断丝，断口两侧斜茬，断口扁平，出现在钢丝绳磨损严重的部位；锈蚀断丝，断口呈钎尖状，锈蚀严重的钢丝绳在使用后期会出现这种情况；当拉力超过强度极限或钢丝绳松弛打结，又突然受到拉力的作用时会出现钢丝扭断，断口呈扭劈斜茬状。图 3-5 所示为不同条件下的钢丝断口形状。

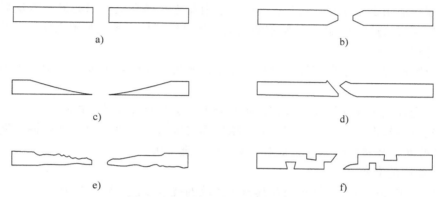

图 3-5　不同条件下的钢丝断口形状

a）疲劳断丝　b）强力拉断断丝　c）磨损断丝　d）扭断断丝　e）光面钢丝锈断　f）镀锌钢丝锈断

由现场技师手指、口述钢丝绳的有关试验方法和过程。矿井提升钢丝绳的试验项目和内容有：在用钢丝绳的外观检测，包括磨损程度的检测，断丝情况及其检测，受损、受扭曲的检测，锈蚀情况的外观检查；钢丝绳的反复弯曲试验；钢丝绳的钢丝扭转试验；钢丝绳的钢丝破断试验；钢丝绳的整绳破断拉伸试验；钢丝缠绕试验。对不同形式、不同使用条件的钢丝绳，所要求的试验结果有不同的标准和要求。

用同样的方法检查钢丝绳罐道和尾绳等。

（4）钢丝绳的润滑　钢丝绳在使用过程中应注意润滑，要定期涂油，以保护钢丝绳不锈蚀，减小磨损量。注意选择适宜的钢丝绳润滑脂，特别注意摩擦轮提升机钢丝绳润滑脂的种类和特性，多绳提升用钢丝绳应涂戈培油或麻芯油，不得使用其他油；单绳缠绕提升用绳要涂表面油或润滑脂。观察钢丝绳涂脂润滑的操作方法和过程并动手实施，严格涂脂量。

钢丝绳的锈蚀检查不仅要检查钢丝的变黑、锈皮和点蚀麻坑等，还要观察是否出现"红油"现象。如果发现钢丝出现"红油"，说明绳芯内已缺油或无油，内部已锈蚀，应及时剁绳或破绳检查内部锈蚀情况。

钢丝绳的涂油方法有以下几种：

1）手工涂油。一般用手逆着钢丝绳方向往上抹油，或用鬃刷向绳上刷油，或在天轮（导向轮）处向绳上浇油。

2）涂油器涂油。这种涂油只能对绳的表面进行涂油，内部进去的油较少。

3）喷油器涂油。它以压力空气为能源，利用离心雾化原理将油雾化，使其均匀地涂到绳的表面。

4）绳芯注油器。该注油器是一种把钢丝绳防腐脂压注进钢丝绳内部同时又能获得表面涂层的设备。

3. 现场验绳的有关规定、标准及验绳方法

煤矿井筒操作为特殊岗位，对钢丝绳检查工安全技术操作有严格的要求，现节录某矿相关规程，以供工作实施时参考和遵守。

（1）对钢丝绳检查工安全技术操作的一般规定

1）钢丝绳检查工必须经有关部门培训、考试合格后，方可上岗操作。

2）钢丝绳检查工不得有心脏病、高血压、精神不正常等病状，班前不得饮酒。

3）本规程适用于对立井、斜井、上山、下山及凿井提升机使用的提升钢丝绳、平衡尾绳、井筒罐道绳、防撞绳、罐笼防坠器制动绳、缓冲绳、架空乘人装置钢丝绳、井筒悬吊钢丝绳等进行检查作业。

4）钢丝绳检查工应掌握钢丝绳的基本知识，熟知《煤矿安全规程》中关于钢丝绳的有关规定。

5）钢丝绳检查工应保持相对稳定，明确分工，实行专人专绳检查制度。

6）对提升钢丝绳、架空乘人钢丝绳、罐道绳必须每天检查一次，平衡钢丝绳、防坠器制动绳、缓冲绳、井筒悬吊钢丝绳必须至少每周检查一次。

（2）作业前的准备工作

1）了解并掌握所负责的钢丝绳及其提升系统的技术参数和质量标准。

2）应对所使用的工具、量具、检验仪器进行认真检查和调整，保证其完好符合要求。

3）在检查之前，应在绳上做好检查起始的标志和检查长度的计算标志，在同一根绳上，每次检查的起始标志应一致。

4）检查工作开始前要与提升机操作者、监护人员及信号工共同确定好检查联系信号，检查期间不得同时进行井筒和提升机的其他作业。

（3）检查作业

1）对使用中钢丝绳进行日常检查时，应采用不大于 0.3m/s 的验绳速度，用肉眼观察和手捋摸的方式进行。

2）验绳时禁止戴手套或手拿棉丝，应用裸手直接触摸钢丝绳，前边的手作为探知是否有支出的断丝，以免伤手，后面的手抚摸可能发生的断丝和绳股凹凸等变形情况。

3）验绳时，应选择适当地点，以便检验全绳，在井口验绳时应系安全带。

4）应利用深度指示器或其他提前确定的起始标志，确定断丝、锈蚀或其他损伤的具体部位，并及时记录，对断丝的突出部位应立即剪下，修平。

（4）主提升钢丝绳管理规定（立井和斜井）　本规定共分三部分：一是钢丝绳的储备和选型；二是钢丝绳的日常维护和检验；三是钢丝绳的检验标准和检验方法。

1）钢丝绳的储备与选型。

① 2m 以上的绞车必须有备用钢丝绳，特别是立井提升用钢丝绳，斜井上、下山提升用钢丝绳，平衡用（镀锌）尾绳。

② 新、老井主提升钢丝绳必须在使用到期（主绳 2 年、尾绳 4 年）前 3 个月向矿业公司主管领导汇报并向上级主管部门提出延期使用申请，并立即与有关部门联系将钢丝绳提前

备用到现场。

③ 牵引用钢丝绳（含平巷、斜巷、立井用绳）的选用与采购由使用的单位技术员，根据使用地点和用途提出规格型号、技术要求（新项目由主管部门按原设计提出），报物管科，由物管科报采购部门采购。

④ 新钢丝绳到货入库前，物管科相关人员会同使用单位及矿有关技术人员组成验收组进行验收。

⑤ 主提升钢丝绳必须有 MA 标志、出厂合格证、质量检验证、性能参数报告、使用资料等合法有效的齐全证件资料。

⑥ 牵引用钢丝绳实行第三方检验制，委托具有相应合法资质的第三方检验取得合格证明。

⑦ 新钢丝绳悬挂前和使用中的检验和更换要按《煤矿安全规程》中的相关规定办理。

⑧ 若主提升钢丝绳使用国外绳，则钢丝绳订货必须在主提升钢丝绳更换前 8 个月提出申请计划，上报有关部门。

⑨ 使用单位对在用的主提升钢丝绳建立档案，注明使用地点和开始投入运行的年、月、日、验绳中发现的问题、停运报废时间、使用年限、钢丝绳牌号、生产厂家等有关内容。

2）钢丝绳的日常维护与检验。

① 检查人员要经过技术培训，并保持相对稳定，不经考试合格者不得担任钢丝绳检验工作。

② 主、副井及斜井绞车钢丝绳必须按时、按规定检验。主提升钢丝绳每天检查一次，每周用游标卡尺测量钢丝绳直径一次。平衡尾绳每星期检查一次。在钢丝绳延期使用期间和发现疲劳断丝发展较快或存在不正常情况时，应缩短检查周期，主提升钢丝绳每周测量钢丝绳直径至少 2 次以上，平衡尾绳每周检查至少 2 次以上，并将检查结果详细填写在维检记录上。

③ 主管提升人员要定期参加检查工作，即技术员每周，主管工程师和主管副科长每半月对验绳工作检查一次，钢丝绳倒头或更换新绳时，上述人员必须到现场指挥，以保证换绳工作准确、安全。

④ 立井、主斜井钢丝绳要求检验全绳（含绳头、保险绳及连接件），并实行日检制，每日填写检验记录。

⑤ 主斜井上山钢丝绳的绳头（含绳头、保险绳及附近易碰轧的适当绳长）、连接件，实行班检制，检查工作由使用单位负责。

⑥ 发现在用提升钢丝绳不符合规程要求时，应立即停用、更换，不准继续使用。

⑦ 对斜井上山绞车钢丝绳的检查，对于易损坏和断丝或锈蚀较多的一段应停车详细检查，断丝突出部分应在检查时剪下，检查结果应记入检查记录本。

⑧ 升降物料用的钢丝绳，自悬挂时起 12 个月时进行第一次检验，以后每隔 6 个月检验一次。

⑨ 提升钢丝绳进行定期检验时，安全系数有下列情况之一的必须更换：升降人员用的小于 7；升降人员和物料用的钢丝绳，升降人员时小于 7，升降物料时小于 6；专为升降物料和悬挂吊盘用的小于 5。

⑩ 新钢丝绳在悬挂前的检验和在用绳的定期检验，必须按《煤矿安全规程》规定执行。

⑪ 钢丝绳锈蚀严重，或点蚀麻坑形成沟纹，或外层钢丝松动时，不论钢丝数多少或绳径是否变化，必须立即更换。

⑫ 钢丝绳不准有打结现象，也不准有扭绕现象。若出现打结、扭绕或钢丝绳在运行中遭受到卡阻、突然停车等猛烈拉力时，必须停车检查，发现下列情况之一者，必须将受力段剁掉或更换全绳：钢丝绳产生严重扭曲或变形；钢丝绳在一个捻距内断丝面积与钢丝总断面积之比副井达到 5% 、主井达 10% ；钢丝绳直径减小量达到 10% ；遭受猛烈拉力的一段的长度伸长 0.5% 以上时；在钢丝绳使用期间，断丝突然增加或伸长突然加快。

⑬ 缠绕式绞车卷筒上的钢丝绳必须排列好，不允许在缠乱的状态下使用。

⑭ 缠绕式绞车使用的钢丝绳一端必须与滚筒固定牢靠。在使用中，滚筒上最少留有三圈绳作为摩擦圈，以防钢丝绳抽出。

⑮ 车房停产检修期间和每年制动性能测试进行的制动试验结束后，必须由专人对钢丝绳及钢丝绳连接装置进行检查。

⑯ 主上山钢丝绳绳头绳夹要求按规定数量不少于 6 副，每副间距不少于 200mm。第一副绳夹尽量靠近套环，绳夹座扣在钢丝绳的工作边，依次均匀分布。绳夹螺钉不得出现松动。做绳头时必须安设套环（桃形环）。

⑰ 对于没有 MA 标志的新主井、副井主绳及老主井、副井主绳，每月由机运科科长组织一次钢丝绳评估工作，对钢丝绳进行全面鉴定，日常检查中出现的钢丝绳绳径、断丝、磨损、锈蚀等变化要及时组织分析，并要有矿业公司主管工程师和副总工参加，写出书面报告并存档。

⑱ 对使用中的钢丝绳，根据钢丝绳的使用条件和锈蚀情况，必须按规定每月对钢丝绳进行涂油，并将钢丝绳的锈蚀等情况详细填写在验绳记录上（注意：摩擦式只准涂、浸专用钢丝绳油，不绕过摩擦轮的涂防腐油）。

⑲ 老副井罐笼的防坠器必须每 6 个月进行一次不脱钩试验；每年进行一次脱钩试验（脱钩试验方法见前述）。

⑳ 立井和斜井使用的连接装置的性能指标和使用前的试验，必须符合《煤矿安全规程》第 414 条的规定。

㉑ 以上规定如与《煤矿安全规程》和其他相关规程规定有冲突，以《煤矿安全规程》和相应规程规定为准。

3）钢丝绳的检验标准和检验方法。

立井、斜井主提升钢丝绳检验标准见表 3-4。

表 3-4 主提升钢丝绳检验标准 （单位：mm）

井　别	钢丝绳规格型号	断丝标准	断丝数量极限	磨损标准	直径磨损极限	检验方法	备注
老主井	6×28T（3+9BR）+12+15+1FC—φ58-1770MPA	捻距内断丝面积5%	φ3.5 14.5根	公称直径的10%	直径达 φ52.2	手撸、目测、卡测绳直径	英国
老副井	6×28T S（3+9BR）+12+15+1FC—φ52-1770MPA	捻距内断丝面积5%	φ3.2 13.2根	公称直径的10%	直径达 φ46.8		英国

（续）

井　别	钢丝绳规格型号	断丝标准	断丝数量极限	磨损标准	直径磨损极限	检验方法	备注
新主井	6×28T S（3+9BR）+12+15+1FC—φ45-1770MPA	捻距内断丝5%	φ2.7 13.88根	公称直径的10%	直径达 φ41.5	手撸、目测、卡测绳直径	英国
新副井	6×28T S（3+9BR）+12+15+1FC—φ50-1770MPA	捻距内断丝5%	φ3.0 13.55根	公称直径的10%	直径达 φ45		英国
-950 主上山	6T×7—φ26-1670MPA	捻距内断丝面积10%	4根	公称直径的10%	直径达 φ23.4		中国

全绳检验方法如下：

① 老主、副井须在上井口活动平台处，从绳头向上至少检验80m；其余钢丝绳的检验需在车房滚筒的出绳平台处进行。验绳采用手撸和目测的方法，对出现的断丝和其他情况必须停车进行仔细观察，确认断丝情况后继续验绳。验绳速度按0.3m/s，最快不得超过0.5m/s。

② 新主、副井须在上井口活动平台处，从绳头向上至少检验约140m，其余钢丝绳的检验需在车房滚筒处进行。验绳采用手撸和目测的方法，对出现的断丝和其他情况必须停车进行仔细观察，确认断丝情况后继续验绳。验绳速度按0.3m/s，最快不得超过0.5m/s。

③ -950主上山的验绳须在上井口第一道绳轮处开始进行，验绳时，要求绞车房采用动力制动的方式开车，绳头挂一空车，速度控制在0.3~0.5m/s之间下放空车。在下放空车的过程中，查验工站在钢丝绳的两侧，用手撸和目测的方法验绳，一手用棉丝擦拭绳上的污垢，一手撸验绳，眼睛要随时观察钢丝绳的运行情况和表面状态。对出现的断丝和其他情况必须及时停车进行仔细观察，确认断丝情况和修整后继续验绳。当空车到达下坡头时停车。这时查验工到车房对滚筒至第一道绳轮之间的剩余钢丝绳进行检验，将空车向上开，查验工在滚筒出绳处进行检验，并保证对全绳检验到位。检验结束后，应详细作好记录。

卡测钢丝绳直径的方法（圆股钢丝绳）：每周测量一次钢丝绳直径，测量时，必须测量全绳最易受冲击载荷的三点，如两钩绳头以上50mm左右的地方、两钩接近交锋处一点。对每一点的测量必须将测量部分擦干净后，用游标卡尺测量钢丝绳对面两股最外钢丝的正角距离，测量几个数，取最小值记录在检查测量要求的表格中。

平衡尾绳的检验更换标准和检验方法见表3-5。因尾绳基本不磨损，所以，要求每周在下井口对尾绳进行外观检查，检查断丝、松股、断股、锈蚀等情况，如因尾绳目失效等原因造成绳线破断、绳股松散时，可用细钢丝编结进行处理；检查尾绳目是否有扭曲变形和折断及严重磨损现象，并按有关标准进行更换。

表3-5　平衡尾绳的检验更换标准和检验方法　　　　　　　　（单位：mm）

井　别	钢丝绳规格型号	断丝标准	断丝数量极限	更换年限	检验方法	备注
老主井	192×31　镀锌扁钢丝绳	捻距内断丝面积10%		4+1=5	目测检查是否有断丝、断股	中国
老副井	160×27	捻距内断丝面积10%		4+1=5		中国
新主井	8×4×14　184×30	捻距内断丝10%	44根	4+1=5		德国
新副井	8×4×19　200×34	捻距内断丝10%	60根	4+1=5		德国

4. 做好检验记录

在任务实施过程中，每检查、测试完一个项目和数据，都要如实记录在规定的记录表格中，填写好规定的各项检查项目和数据，由相关领导审查签字后交值班人员。表3-6为某矿钢丝绳检查记录。

表3-6　钢丝绳检查记录

年　　　月　　　钢丝绳检查记录　　　井

日期	时间	绳号	断丝情况		钢丝绳直径/mm			绳头卡缆吊具	锈蚀情况	检查人签字	领导审查签字
			全绳断丝	捻距断丝	上	中	下				
		1									
		2									
		3									
		4									
		1									
		2									

5. 学生组织要求

为提高教学质量，以上任务的实施，可视实际生产组织情况对学生进行分组，安排好班次，注意做好组间轮换。

【工作任务考评】（见表3-7）

表3-7　任务考评

过程考评	配分	考评内容	考评实施人员
素质考评	12	生产纪律	
	12	遵守生产规程，安全生产	
	12	团结协作，与现场工程人员的交流	
实操考评	12	理论知识：口述《煤矿安全规程》对提升钢丝绳的规定，以及验绳内容和方法	专职教师和现场教师结合，进行综合考评
	12	工具使用或任务实施过程	
	12	手指口述：现场验绳操作，要求方法内容正确；比较与现场技师检验结果的差别，要求应一致或基本一致	
	12	完成本次任务，效果良好	
	16	按任务实施指导书完成学习总结，总结所反映出的工作任务完整，信息量大	

【思考与练习】

1. 简述矿井提升钢丝绳的维检内容及方法。
2. 简述《煤矿安全规程》对提升钢丝绳使用维检的有关规定。
3. 简述《煤矿安全规程》对提升钢丝绳安全系数的有关规定。
4. 简述提升钢丝绳润滑的作用和要求。
5. 提升钢丝绳的选用一般遵循哪些原则？
6. 不同条件下的钢丝绳断口形状如何？

【知识拓展】

一、提升钢丝绳的选择计算

提升钢丝绳的选择计算是提升设备选型设计中的关键环节之一。钢丝绳在运转中会受诸如静应力、动应力、弯曲应力、扭转应力和挤压应力、磨损和锈蚀等多种因素的影响，加之提升钢丝绳的结构复杂，各种因素都考虑到的精确计算是很困难的。目前，国内外都是按静载荷近似计算。我国是按《煤矿安全规程》的规定来对钢丝绳进行设计的，其原则是钢丝绳应按最大静载荷并考虑一定的安全系数来进行计算。

安全系数是指钢丝绳钢丝拉断力的总和与钢丝绳的计算静拉力之比。但是安全系数并不代表钢丝绳真正具有的强度储备，只是表示经过实践证明在此条件下钢丝绳可以安全运行。由于较长的钢丝绳具有较大吸收冲击应力的能力，以及深井提升时终端载荷与钢丝绳本身重力之比减少等因素，许多国家都采用随井深增加而降低安全系数值的方法，我国由于摩擦提升多用于较深的矿井，故也用这种随井深变化的安全系数。

1. 单绳缠绕式（无尾绳）立井提升钢丝绳的选择计算

图 3-6 所示为立井单绳提升钢丝绳计算示意图，由图可见，钢丝绳的最大静拉力作用于 A 点处，其值为

$$Q_{max} = Q + Q_z + pH_c \tag{3-1}$$

式中，Q_{max} 为钢丝绳承受的最大计算静载荷，单位为 N；Q 为一次提升货载的重力，单位为 N；Q_z 为容器自身重力（包括与钢丝绳的连接装置），单位为 N；p 为钢丝绳每米重力，单位为 N/m；H_c 为钢丝绳悬垂长度，单位为 m，$H_c = H_j + H_s + H_z$，H_j 为井架高度，在井架高度未确定之前可按下面的数值选取：罐笼提升 $H_j = 15 \sim 25m$，箕斗提升 $H_j = 30 \sim 35m$；H_s 为矿井深度 m；H_z 为容器装载高度，罐笼提升时 $H_z = 0$，箕斗提升时 $H_z = 18 \sim 25m$。

设 σ_b 为钢丝绳的抗拉强度，单位为 N/m²；S_0 为钢丝绳中所有钢丝断面积之和，单位为 m²。

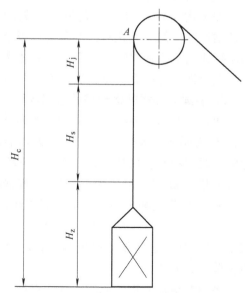

图 3-6　立井单绳提升钢丝绳计算示意图

根据《煤矿安全规程》的规定，必须满足下式

$$\frac{\sigma_b S_0}{Q + Q_z + pH_c} \geq m_a \qquad (3\text{-}2)$$

式中，m_a 为新钢丝绳的安全系数（见表3-3）。

上式中的 p 和 S_0 为未知数，为了求解上式，必须首先求出 p 和 S_0 的关系。用 γ_0 表示钢丝绳的密度，单位为 N/m^3，$\gamma_0 = \beta\gamma_g$，此处 γ_g 为钢的密度，其值为 $78 \times 10^3 N/m^3$；β 是一个大于1的系数，它是考虑因捻绕关系，每米钢丝绳中所用钢丝的长度大于1m。一般钢丝绳的平均比重近似取 $90 \times 10^3 N/m^3$，于是有下式

$$p = \gamma_0 S_0 \qquad (3\text{-}3)$$

将式（3-3）代入式（3-2）并化简整理得

$$p \geq \frac{Q + Q_z}{\dfrac{\sigma_b}{\gamma_0 m_a} - H_c} \qquad (3\text{-}4)$$

代入 γ_0 的值后，得出选择每米钢丝绳重力的公式为

$$p \geq \frac{Q + Q_z}{11 \times 10^{-6} \dfrac{\sigma_b}{m_a} - H_c} \qquad (3\text{-}5)$$

由上式计算出 p 值后，可从钢丝绳规格表中选取每米钢丝绳重等于或稍大于 p 值的钢丝绳。由于实际所选钢丝绳的 γ_0 值不一定是 $90 \times 10^3 N/m^3$，因此，所选绳是否满足安全系数的要求必须根据实际所选每米绳重按下式进行验算，即所选绳的实际安全系数验算公式为

$$m_a = \frac{Q_q}{Q + Q_z + pH_c} \qquad (3\text{-}6)$$

式中，Q_q 为所选钢丝绳所有钢丝拉断力之和，单位为 N；p 为所选绳的每米长度重力，单位为 N/m。

如果式（3-6）不能满足安全系数的要求，则必须重选钢丝绳，但应首先考虑选取大一级公称抗拉强度的钢丝绳或改变钢丝绳结构类型，最后才考虑选大一级直径的钢丝绳，并验算其是否满足安全系数要求。

2. 多绳摩擦提升钢丝绳的选择计算

图 3-7 所示为多绳摩擦提升钢丝绳计算示意图。图中，H_0 为尾绳最大悬垂长度。h_0 为容器卸载位置与天轮中心线的距离，可按下式计算：$h_0 = H_j - H_x$，H_j 为井架（井塔）高度，单位为 m；H_x 为容器卸载高度，单位为 m。H_h 为尾绳环高度，可按下式计算

$$H_h = H_g + 1.5S \qquad (3\text{-}7)$$

式中，H_g 为过卷高度，单位为 m；S 为两容器的中心距，单位为 m。

多绳摩擦提升钢丝绳的计算要点如下。

（1）提升钢丝绳主绳数与单绳缠绕式不同　多绳摩

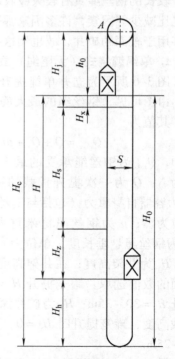

图 3-7　多绳摩擦提升钢丝绳
计算示意图

擦提升有 n 根提升钢丝绳，每根绳承受的终端载荷为 $(Q + Q_z)/n$。

（2）提升钢丝绳尾绳数与单绳缠绕式不同 多绳摩擦提升有 n_1 根尾绳，设每根尾绳每米重力为 q（N/m），根据主、尾绳每米重力的不同，有等重尾绳（$np = n_1q$）、轻尾绳（$np > n_1q$）和重尾绳（$np < n_1q$）之分。一般多采用等重尾绳，重尾绳有时也有采用，轻尾绳则很少采用。因此，下面就等重尾绳和重尾绳两种情况进行分析：

1）等重尾绳的计算。计算方法和单绳无尾绳相同，只需注意有 n 根主钢丝绳，且主钢丝绳最大悬垂长度 $H_c = H_j + H_s + H_z + H_h$。则计算式为

$$p \geqslant \frac{\dfrac{1}{n}(Q + Q_z)}{11 \times 10^{-6} \dfrac{\sigma_b}{m_a} - H_c} \tag{3-8}$$

安全系数的验算公式为

$$m_a = \frac{Q_q}{\dfrac{1}{n}(Q + Q_z) + pH_c} \tag{3-9}$$

2）重尾绳的计算。设主、尾绳每米重力差为 Δ（一般 $\Delta = 1.5 \sim 2\text{N/m}$），即 $np + \Delta = n_1q$，由图 3-7 可知，当容器位于卸载位置时，主绳在 A 点有最大静拉力，其值为

$$Q_{max} = \frac{1}{n}(Q + Q_z + \Delta H_0) + p(h_0 + H_0) \tag{3-10}$$

因为

$$h_0 + H_0 = H_c$$

所以

$$Q_{max} = \frac{1}{n}(Q + Q_z + \Delta H_0) + pH_c \tag{3-11}$$

因为可以把 ΔH_0 也看作主提升钢丝绳终端载荷的一部分，所以其计算就与等重尾绳的计算方法一样，计算公式为

$$p \geqslant \frac{\dfrac{1}{n}(Q + Q_z + \Delta H_0)}{11 \times 10^{-6} \dfrac{\sigma_b}{m_a} - H_c} \tag{3-12}$$

安全系数的验算公式为

$$m_a = \frac{Q_q}{\dfrac{1}{n}(Q + Q_z + \Delta H_0) + pH_c} \tag{3-13}$$

在计算过程中，Δ 和 p 按所选钢丝绳的实际值计算。

二、提升钢丝绳的更换

1. 换绳前的准备工作

（1）新绳的验收 确定符合使用要求的新绳，领取新绳时应严格检查钢丝绳的结构、直径、长度是否符合所规定的要求，并索取该绳的出厂合格证和验收试验单，保证各项指标符合要求。

（2）新绳的倒绳　倒绳就是将新钢丝绳由厂家装绳的木轮上倒到换绳时用的木轮或铁轮上。倒绳时一方面可检查钢丝绳的质量，另一方面可测量尺寸。

如图3-8所示，将原缠新绳的出厂装绳木轮1和倒绳用木轮或铁轮2架好，在两轮中间垫上木板，防止钢丝绳与地面接触而损伤钢丝绳。将做好的绳环固定在轮2上的外侧面，钢丝绳可搭放在木轮挡绳板的凹槽里，转动轮2使钢丝绳缠绕在木轮的滚筒上，此时轮1也随之转动。倒绳时一边仔细检查外观质量，一边准确测量尺寸。新绳倒好后，将绳尾固定好，然后把已倒空的绳轮放在提升机房下出绳口20m左右处架好，用来缠绕旧绳。

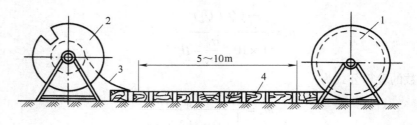

图3-8　倒绳示意图

1—出厂装绳木轮　2—倒绳用木轮或铁轮　3—钢丝绳　4—木板

2. 双滚筒缠绕式提升机钢丝绳的更换

（1）固定滚筒的换绳　固定滚筒的换绳步骤如图3-9所示，具体操作如下：

1）搪罐。将固定滚筒侧的提升容器乙提至上井口出车位置，用工字钢搪好，或用绳扣将容器锁在井口的罐道梁上。

2）打开离合器。在离合器未打开之前，先将游动滚筒用地锁锁牢，打开深度指示器传动轴的离合器，然后打开提升机离合器。

3）拆除绳环。将提升容器乙的绳环拆除，为防止绳环扭动，用棕绳将绳环系好拉至井口平地处，用铁丝在第一道绳卡上将提升绳捆扎好，以免气割时绳股松散，再气割割断旧的提升钢丝绳。

4）用旧绳将新绳带进机房。将气割后的旧绳头与新绳用绳卡或铁丝连接在一起，以检修时检验绳的速度起动提升机，将新绳绕过天轮带入提升机房，并临时把新绳头固定在机房内。

5）拆除旧绳。起动提升机，把旧绳从机房下出绳口拉出，绕在事先准备好的木绳轮6上。剩最后两圈绳时停车，拆除旧绳根的绳卡，然后继续开车把旧绳拉出。

6）缠新绳。把新绳头穿入固定滚筒绳眼，到适当的位置用绳卡固定好，然后起动提升机转动，缠新绳。

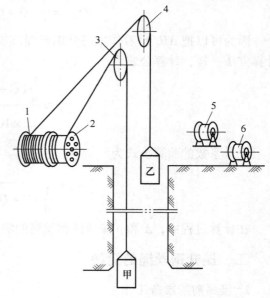

图3-9　双滚筒提升机换绳示意图

1—固定滚筒　2—活滚筒　3、4—天轮

5、6—木绳轮　甲、乙—提升容器

7）连接提升容器，合上离合器。将已做好的新绳环从木轮上取下，装在提升容器乙上，装好后即可稍微上提抽出搪罐梁。将容器乙提升一段距离以备钢丝绳伸长（一般为井深的 0.4%）。合上离合器，同时把游动滚筒的地锁拆除和解除制动，准备试车。

8）试车。先以慢速提升一次，无问题后方可全速提升 2 ~ 3 次，如仍无问题，再重罐试验 8 ~ 10 次，以备新绳伸长后调绳。

9）调整新绳。将一提升容器放在井下卸载位置，观察上口容器与卸载位置的高度差，若影响装卸载，应打开离合器调绳。

（2）游动滚筒的换绳　游动滚筒的换绳方法与上述相似，所不同的是离合器要离合多几次。

3. 多绳摩擦式提升机钢丝绳的更换

（1）换绳前的准备

1）清除钢丝绳表面的油脂（如果钢丝绳出厂时注明绳表面所涂的防护油脂为戈培油或增摩脂，则不要清洗），清洗方法有柴油清洗法或蒸汽清洗法。

2）准备换绳设备、工具和材料。

3）备好新绳。在换绳前根据换绳方案的要求，把已试验合格的绳缠到井口的专用慢速绞车或专用设备上，并把新绳头拉至机房内。

（2）换绳　现以一台四绳提升机换绳为例介绍多绳摩擦提升机的换绳方法，如图 3-10 所示。

1）将四根新绳分别缠到慢速绞车 6、7、8、9 上，通过滑轮 1、2、3、4 把绳头拉至主导轮 5 以下暂时与工字梁固定好。将提升容器 a 用井口的起重小绞车 10、11 吊住，将井下口的提升容器 b 用工字钢梁 20 搪牢。

2）将新绳头与转向接头 18 事先连接好，之后将旧绳与转向接头 18 连接好。逐根气割旧绳，待四根旧绳与四根新绳和转向接头全部连接好后，再气割井下容器的旧绳。

3）组织好井下口辅助人员拉旧绳。待一切准备好，检查无误后开始放绳。起动慢速绞车以 6m/s 的速度向井下放绳，井下口的辅助人员将旧绳盘在事先准备好的矿车 15、16 内。

4）待新绳放完后，在井上口将新绳用绳卡临时固定在工字钢梁上。井下口拆除转向接头，并把新绳的绳头与容器连接好，再将井上口临时用绳卡固定的新绳绕过主导轮 5 后与提升容器 a 连接，待连接好后再拆除新绳的临时绳卡，拆除提升容器 a 起重小绞车的滑轮组 14 和 19。井下口将搪提升容器 b 的工字钢梁抽掉。

5）钢丝绳平衡的调整。将绞车等施工临时设施及工具全部收回，检查各钢丝绳与容器的连接无误，起动提升机以验绳速度将提升容器 a 下放到与容器交汇处，进行平衡装置的液压缸充油调绳。将四绳的张力调均匀后，进行慢速运行，检查绳的拉紧及伸缩；再将两容器运行至交汇位置停住，然后进行一次四绳张力的微调，接着将液压缸螺母固定，准备正常提升。

4. 更换钢丝绳时的注意事项

1）更换钢丝绳是多人、多工种联合作业，必须事先做好组织工作。

2）换绳前，应由专人检查施工所用的设备、工具、材料是否有不安全因素存在。

3）搪梁要有足够的长度和强度。

4）拆绳头时，应注意将拉紧装置用棕绳拴好，使其随松绳缓缓倒下，防止突然倒下

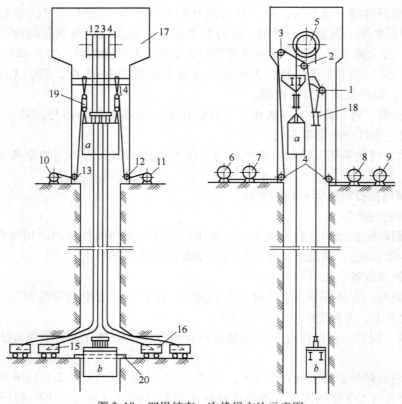

图 3-10 四绳绞车一次换绳方法示意图

1、2、3、4、12、13—滑轮 6、7、8、9—慢速绞车 5—主导轮 10、11—起重小绞车 14、19—滑轮组

15、16—矿车 17—绞车房 18—转向接头 20—工字钢梁 a、b—提升容器

伤人。

5）连接新、旧绳卡一定要按要求上紧，分布均匀。

6）从滚筒上向外出绳时，应设专人监视滚筒下部的松绳是否正常，防止打结，放绳速度应与木轮缠绳的速度一致。

7）换新绳过程中，应避免与其他硬物相碰撞。向滚筒上缠绕新绳时，出绳口应有专人指挥。

8）双滚筒提升机在打开离合器之前，必须挂好地锁。

9）换绳时，一定要有规定的井上、下的联络信号，严禁井上、下口同时作业。

第四单元
提升机的结构与使用

【单元学习目标】

本单元主要介绍矿井提升设备中最核心的设备——提升机的结构与使用，由缠绕式提升机的结构与使用、多绳摩擦式提升机的结构与使用两个课题组成。通过本单元的学习，学生应掌握矿井提升机的主要结构组成，各类型提升机的结构特点、适用范围和提升机完好标准；明确提升机维护保养内容、方法和过程；能够和现场工人一起对提升机进行现场正常工作维护，保证提升机的正常运行。

课题一　缠绕式提升机的结构与使用

【工作任务描述】

缠绕式提升机是煤矿现场应用较早、应用最多的提升机。由于矿井提升机的核心地位，其正常使用和维护是煤矿机电系统最重要的工作之一。本课题主要对缠绕式提升机的结构作较详细且全面的介绍，学生在掌握有关提升机结构知识的基础上，进行现场跟班学习，牢固掌握提升机使用和维护的内容和方法。通过本课题的实施，学生应能够对提升机进行日常维护，保证提升机的正常运行。

【知识学习】

一、矿井提升机的类型

矿井提升机根据工作原理和结构的不同，可分为如下类型：

下面着重介绍单绳缠绕式提升机和摩擦式提升机。

（1）单绳缠绕式提升机　单绳缠绕式提升机是较早出现的一种提升机。此种提升机工作可靠、结构简单，但仅适用于浅井及中等深度的矿井，且终端载荷不能太大。当深井且终端载荷较大时，提升钢丝绳和提升机卷筒的直径很大，从而造成体积庞大、质量增加，使得提升钢丝绳和提升机在制造、运输和使用上都有诸多不便。因此，在一定程度上限制了单绳缠绕式提升机在深井条件下的使用。

（2）摩擦式提升机　摩擦式提升机的出现及其发展在一定程度上解决了单绳缠绕式提升机在深井条件下所出现的问题。但是，摩擦式提升机一般采用尾绳平衡，以减小两端张力差，提高运行的可靠性。因此，在容器与提升钢丝绳连接处的钢丝绳断面上，静应力将随容器的位置变化而变化。当容器位于井口卸载位置时，尾绳的全部重力及容器的重力均作用在该断面上；当容器抵达井底装载位置前，该断面仅承受容器的重力。也就是说，在整个提升过程中，与容器连接处的提升钢丝绳断面中要承受一个静应力变化，矿井越深，静应力的波动越大。因此，摩擦式提升机在深井的使用也受到了一定的限制。

二、缠绕式提升机的结构和工作原理

1. 单绳缠绕式提升机的结构和工作原理

单绳缠绕式提升机在我国矿山中使用较为普遍，主要以 JK 型为主，是一种圆柱形卷筒提升机。根据卷筒的数目不同，单绳缠绕式提升机可分为双卷筒和单卷筒两种。

（1）单绳缠绕式双卷筒提升机的组成及工作原理　单绳缠绕式双卷筒提升机在提升机主轴上装设了两个卷筒。图 4-1 所示为单绳缠绕式双卷筒提升机总体布置示意图。两个卷筒中的一个通过楔形键或热装与主轴固接在一起，称为固定卷筒；另一个卷筒滑装在主轴上，通过离合器与主轴连接，称为游动卷筒。该提升机主要由主轴装置、动力装置、制动系统、深度指示器、操纵系统、润滑系统等组成。其工作原理是：将两根提升钢丝绳的一端以相反的方向分别缠绕并固定在提升机的两个卷筒上；另一端绕过井架上的天轮分别与两个提升容器连接。这样，通过电动机改变卷筒的转动方向，可将提升钢丝绳分别在两个卷筒上缠绕和松放，以达到提升和下放容器的目的，完成提升任务。

单绳缠绕式双卷筒提升机的特点是：在矿井生产过程中，提升钢丝绳在终端载荷的作用下产生弹性伸长，或者在多水平提升中提升水平的转换，需要两个卷筒之间能够相对转动以调节绳长，使得两个容器分别对准井口和井底水平。另外，双卷筒容绳量大，终端载荷大，生产率较高，适合较高生产量且较深的矿井，但其结构复杂、体积庞大。

（2）单绳缠绕式单卷筒提升机的组成及工作原理　单绳缠绕式单卷筒提升机的结构与双卷筒的差别在于主轴装置上只有一个卷筒，将钢丝绳的一端固定于卷筒的一侧，另一端悬挂提升容器。卷筒作不同方向转动时，钢丝绳在卷筒上作缠绕或松放，实现提升容器在井筒中的升降，达到运输的目的。如果单卷筒提升机用作双钩提升，则要在一个卷筒上固定两根缠绕方向相反的提升钢丝绳，提升机运行时，一根钢丝绳向卷筒的一侧上缠绕，同时，另一根钢丝绳自卷筒的另一侧上松放，实现两提升容器的上提和下放。反向旋转时，提升容器的运行方向互换。

单绳缠绕式单卷筒提升机的优点是：卷筒容绳表面得到了充分的利用，从而使提升机的体积和重力较小，结构简单。其缺点是：用作双钩提升时，两个容器在井口和井底水平的位

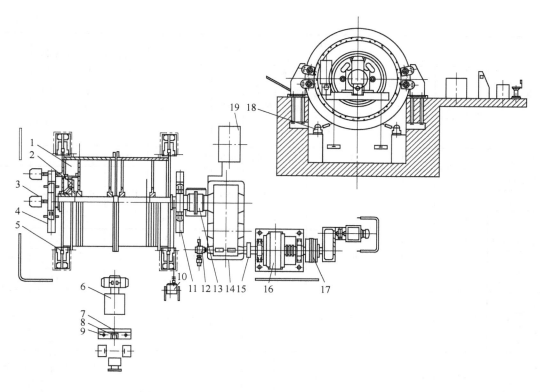

图 4-1　单绳缠绕式双卷筒提升机总体布置示意图

1—主轴装置　2—径向齿块离合器　3—多水平深度指示器传动装置　4—左轴承座　5—盘形制动器　6—液压
站　7—操作台　8—粗针指示器　9—精针指示器　10—牌坊式深度指示器　11—右轴承座　12—测速发电机
13、15—联轴器　14—减速器　16—电动机　17—微拖装置　18—锁紧器　19—润滑站

置不易调整。由于这种提升机只有一个卷筒，容绳量小，因此，适用于井深较浅且提升能力
较小的场合。

国产单绳缠绕式提升机 JK 系列的卷筒直径为 2～5m，其规格列于表 4-1 中，主要用于
地面立井提升工作。

表 4-1　JK 系列井下提升机的基本参数

| 型　号 | 卷　筒 | | | | 钢绳最大静张力/t | 两根钢丝绳最大静张力差/t | 最大钢丝绳直径/mm | 提升高度① | | | 减速器速比 | 电动机转速/(r/min) | 提升速度②/(m/s) | 机器旋转部分变位质量/t | 质量/t |
	个数	直径 D/m	宽度 B/m	两卷筒中心距 L/mm				一层缠绕/m	二层缠绕/m	二层缠绕/m					
JK2/20	1	2	1.5		6	6	24.5	290	610	950	20	1 000	5	5.9	23
JK2/30											30			6.8	
JK2.5/20	1	2.5	2		9	9	31	400	810	1 290	20	750	5	13.7	37
JK2.5/30											30			14.2	

（续）

型 号	卷 筒				钢绳最大静张力/t	两根钢丝绳最大静张力差/t	最大钢丝绳直径/mm	提升高度①			减速器速比	电动机转速/(r/min)	提升速度②/(m/s)	机器旋转部分变位质量/t	质量/t
	个数	直径D/m	宽度B/m	两卷筒中心距L/mm				一层缠绕/m	二层缠绕/m	二层缠绕/m					
JK3/20	1	3	2.2		13	13	37	460	960	1 500	20	750	6		
2JK2/11.5	2	1	1	1 130	6	4	24.5	170	380	600	11.5	1 000	7.4		27
2JK2/20											20		6.6	7.9	
2JK2/30											30			8.7	
2JK2.5/11.5	2	2.5	1.2	1 350	9	5.5	31	220	500	790	11.5	750	8.5	11.3	37
2JK2.5/20											20			12.3	
2JK2.5/30											30			13.6	
2JK3/11.5	2	3	1.5	1 640	13	8	37	290	650	1 000	11.5	750	10	18.0	53
2JK3/20											20			19.2	
2JK3/30											30			19.3	
2JK3.5/11.5	2	3.5④	1.7	1 840	11.5	43	340	750			11.5	750	12	23.5/28.5③	74/95③
2JK3.5/20											20			24.6	74
2JK4/11.5	2	4	2.1	2 260	14	47.5	450	930			11.5	600	12		
2JK4/20											20				
2JK5/11.5	2	5	2.3	2 240	18	52	590				11.5	600	14		

① 提升高度为给定下，使用最大钢丝绳时的概算值。
② 按卷筒名义直径，一层缠绕时的概算值。
③ 分子表示带双级减速器（单电动机），分母表示带单级减速器（双电动机）。
④ D=3.5 的提升机为保留老产品。

2. 单绳缠绕式单卷筒提升机的主轴装置

图 4-2 所示为 JK 系列单绳缠绕式单卷筒提升机主轴装置示意图。固定卷筒 1 的右侧上端焊接制动盘 12，其内侧通过焊接形式连接并支承到左、右辐板 9 上，卷筒表面敷设工业塑料衬层。辐板 9 通过高强度精制配合螺栓连接到左、右固定支轮 8、11 上，固定左支轮 8 通过两半轴瓦（QT700-2）7 滑装于主轴 2 上，固定右支轮 11 与主轴做过盈连接，通过过盈装配力传递转矩，整个主轴装置由左、右两个双列向心滚子轴承支承于左、右轴承座底架 3 上。辐板侧面设有压绳板 15。

3. 单绳缠绕式双卷筒提升机主轴装置

图 4-3 所示为 JK 系列单绳缠绕式双卷筒提升机主轴装置结构图，图 4-4 所示为其外形图。单绳缠绕式双卷筒提升机主轴装置主要由固定卷筒 13 和游动卷筒 7、固定左支轮 10 和固定右支轮 14、液压调绳离合器 4、分体游动支轮 5、主轴 2、两半轴瓦 6 和 12、塑衬 8、轴承座 3 和 15、轴承座底架 I 和 II、压绳板 17 等组成。卷筒为焊接结构，其上焊有制动

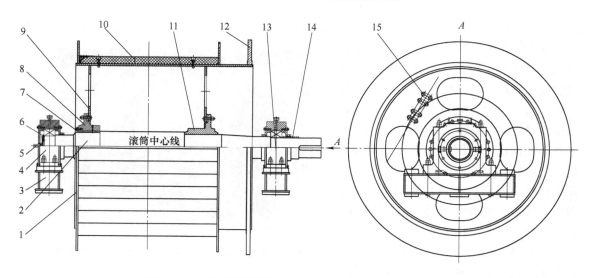

图 4-2　JK 系列单绳缠绕式单卷筒提升机主轴装置示意图

1—固定卷筒　2—主轴　3—轴承座底架　4—轴承座Ⅰ　5—连接轴　6—压板　7—两半轴瓦　8—固定左支轮
9—辐板　10—塑衬　11—固定右支轮　12—制动盘　13—轴承座Ⅱ　14—轴套　15—压绳板

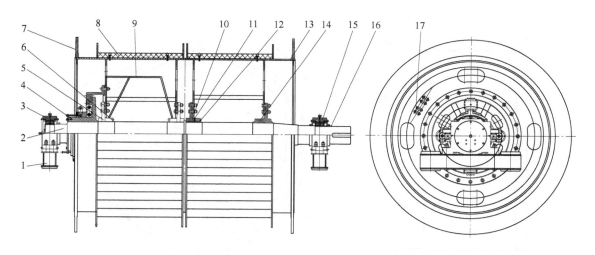

图 4-3　JK 系列单绳缠绕式双卷筒提升机主轴装置

1—轴承座底架　2—主轴　3—轴承座底架Ⅰ　4—液压调绳离合器　5—分体游动支轮　6—两半轴瓦
7—游动卷筒　8—塑衬　9—油管　10—固定左支轮　11—油杯　12—两半轴瓦
13—固定卷筒　14—固定右支轮　15—轴承座底架Ⅱ　16—轴套　17—压绳板

盘，内部两侧焊接并支承到辐板上，辐板由高强度螺栓与支轮连接，固定卷筒的右支轮通过过盈配合支承在主轴上，并通过过盈装配力传递卷筒工作转矩，实现卷筒缠放绳。左支轮轮毂内装设有两半轴瓦，滑装于主轴上，为避免磨损或与主轴咬死，须加入充足的润滑脂。游动卷筒同样焊有制动盘和辐板，辐板通过高强度螺栓与左、右支轮连接，左、右支轮轮毂内均装设有两半轴瓦，滑装于主轴之上，故该卷筒称为游动卷筒。游动卷筒通过齿块式齿轮离合器与主轴相连接，离合器处于合上状态时，主轴回转通过离合器带动游动卷筒回转，实现缠放绳；离合器处于打开状态时，主轴回转只是带动固定卷筒回转，游动卷筒应被闸住而不能旋转，实现提升机的调绳。调绳离合器轮毂与主轴为过盈配合，通过热装装于主轴上。整个主轴装置由左、右两个双列向心滚子轴承支承于左、右轴承座底架上。两卷筒辐板侧面均设有压绳板以固定提升钢丝绳。筒壳外边一般均设有塑衬。在单层缠绕时，塑衬上车有螺旋绳槽，以使钢丝绳规则地排列，并减少钢丝绳的磨损。装配塑衬时，应尽可能使其与筒壳接触良好，否则会造成应力分布不均；塑衬在使用磨损后应及时更换，否则也会影响钢丝绳的使用寿命。

图 4-4　JK 系列单绳缠绕式双卷筒提升机主轴装置外形图

　　（1）缠绕式提升机卷筒　缠绕式提升机的卷筒为焊接结构，图 4-5 所示为 JK 型提升机固定卷筒示意图。它由支承环 1、制动盘 2、加强环 3、挡绳板 4、轮辐 5 和卷筒 6 等组成。

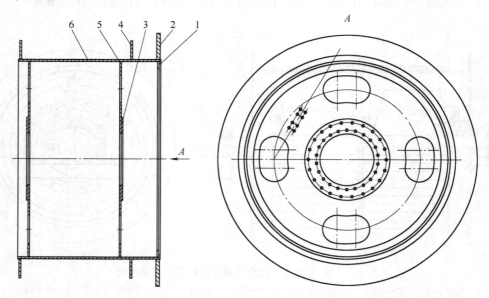

图 4-5　JK 型提升机固定卷筒示意图

1—支承环　2—制动盘　3—加强环　4—挡绳板　5—轮辐　6—卷筒

　　卷筒的主要结构材料为 Q345 钢，其强度大，刚度好，厚度小，总体质量小。卷筒焊接后进行高温退火，退火后滚筒的径向跳动和挡绳板偏摆均不大于 3mm。除挡绳板外，对接焊缝经探伤检查，达到 3 级。制动盘表面质量高，两端面偏摆量不大于 0.2mm。滚筒轮辐与支轮连接处采用铰制孔螺栓，轮辐人孔按四个均布制作。

　　（2）制动盘　单绳缠绕式卷筒提升机的制动盘为整体结构，通过焊接方式装设到卷筒上，称为固定闸盘。根据使用盘形制动器副数的多少，可在卷筒侧面焊有一个或两个制动盘，大型提升机一般用双制动盘。图 4-6 所示为 JK 系列某型号提升机制动盘的示意图。闸盘用 Q345 钢制造，与卷筒焊接后进行精加工，装置盘形制动器的部位要进行较高精度的加工，表面粗糙度 Ra 值小，达到 $1.6 \sim 3.2\mu m$，与轴线的垂直度不大于 0.05mm。

（3）支轮 双卷筒缠绕式提升机的支轮有固定卷筒的固定支轮和游动卷筒的游动支轮两种，固定卷筒的右侧支轮通过热装固定到主轴上，左侧固定支轮轮毂内装设轴瓦。游动卷筒支轮均滑装于主轴上。图 4-7 所示为固定卷筒的右侧固定支轮示意图。支轮采用铸钢材料 ZG 270-500 制造，铸造时保证铸件不得有气孔、砂眼、夹渣等铸造缺陷。由于轮毂与主轴靠热装连接，所以轮毂内孔的加工精度高，表面粗糙度 Ra 值为 $1.6\mu m$，尺寸精度达到热装要求，精加工后须进行着色探伤检查。支轮辐板的垂直度要求较高，为 0.03mm，与卷筒辐板连接处的表面粗糙度 Ra 值为 $3.2\mu m$，支轮辐板上的螺栓孔与固定卷筒螺栓孔配铰，并打上明显的相对位置标记，以保证螺栓的连接质量。

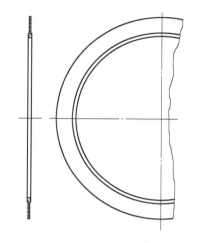 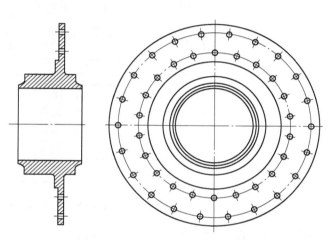

图 4-6 制动盘示意图　　　　　　　图 4-7 固定卷筒的右侧固定支轮示意图

（4）卷筒衬层 缠绕式提升机的卷筒上要装置衬层，较早产品的衬层材料是木衬层，由于木衬层磨损快，寿命短，目前已普遍采用耐磨工程塑料衬层，其结构如图 4-8 所示。长度方向与卷筒宽度内尺寸相同，按钢丝绳的缠绕方向和直径加工出绳槽，用沉头螺栓将衬层固定到卷筒表面。工程塑料衬层的特点如下：

1）耐磨性能好，在相同运转工况下，比木衬层的寿命高 3 倍以上。

2）许用接触比压大，抗压强度比木衬层高 7 倍，不会发生绳槽压碎、错平等现象，抗弯强度达 61.5MPa，抗压强度达 68.5MPa。

3）抗干裂，不吸水，耐潮湿，不腐烂。

4）可模压一次成形绳槽，使绳槽排列整齐，可降低钢丝绳在工作过程中的咬绳程度，且安装省时、省力。

（5）缠绕式提升机主轴 图 4-9 所示为 JK 系列单绳双卷筒提升机主轴示意图。主轴是提升机主轴装置中的重要零件，它承受整个主轴装置的重量、外载，传递全部转矩。为加大提升机的提升能力，提高提升速度、安全性和可靠性，提升机主轴材料采用 45 钢，采用整体锻造结构，经超声波探伤保证内部无缺陷；其力学性能应达到较高要求，如抗拉强度大于 570MPa，屈服强度大于 285MPa，伸长率大于 15%、断面收缩率等于 35%，经热处理硬度

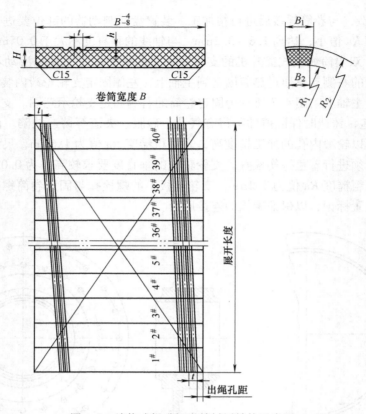

图 4-8　缠绕式提升机卷筒衬层结构示意图

达 163 ~ 217HBW。主轴外形结构采用多阶梯结构，中间最大凸缘为两滚筒定位，与支承轮热装配合轴段表面精度和尺寸精度高，以保证满足热装要求；由于没有与卷筒连接的键槽，避免了轴的应力集中，保证了轴的可靠性。轴的右端留有键槽与齿轮联轴器相连。

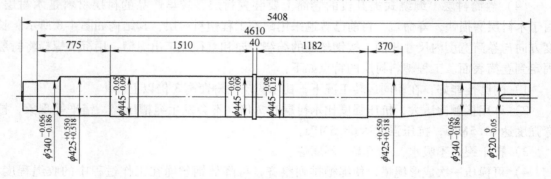

图 4-9　JK 系列单绳双卷筒提升机主轴示意图

（6）调绳离合器

1）调绳离合器的作用。调绳离合器的作用是使活动卷筒与主轴连接或脱开，以便在调节绳长或更换水平时，能调节两个容器的相对位置。

2）调绳离合器的类型。调绳离合器可分为三种类型：齿轮离合器、摩擦离合器和蜗轮蜗杆离合器。目前应用较多的是齿轮离合器。

3）调绳离合器的结构及工作原理。图4-10所示为轴向移动齿轮离合器示意图，该形式的离合器为JK系列提升机较早使用的调绳离合器，离合结构采用内、外齿啮合的形式，液压控制。活动卷筒的轮毂3通过键2与主轴1相连接，在活动卷筒左支轮上沿圆周的三个孔中放入调绳液压缸4，调绳液压缸的另一端插在齿轮6的孔中。这样，当齿轮6与固定在卷筒轮辐9上的内齿轮8相啮合时，调绳液压缸便相当于用三个销将轮毂3与齿轮6连接在一起，并起到传递力矩的作用。调绳液压缸的左端盖连同缸体一起用螺钉固定在齿轮6上，而齿轮6则滑装在活卷筒的左轮毂上。活塞通过活塞杆和右端盖一起固定在轮毂上。因此，当液压油进入液压缸时，活塞不动，缸体沿缸套移动，当液压缸左腔接液压油，右腔接油箱时，缸体便在液压油的作用下，连同齿轮6一起向左移动，使齿轮6与内齿圈8脱离啮合，活动卷筒与主轴脱开。与此相反，当向右腔供液压油而左腔回油时，离合器接合，活动卷筒与主轴连接。调绳离合器在提升机正常工作时，左、右腔均无液压油。

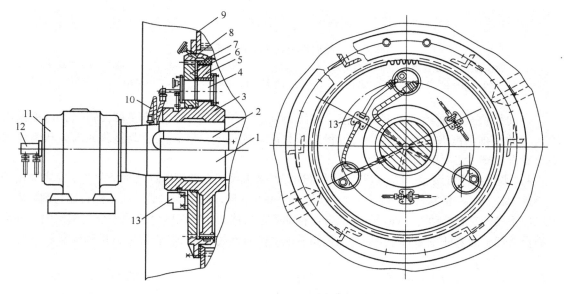

图4-10　轴向移动齿轮离合器示意图

1—主轴　2—键　3—轮毂　4—液压缸　5—橡胶缓冲垫　6—齿轮　7—尼龙瓦
8—内齿圈　9—卷筒轮辐　10—油管　11—轴承座　12—密封头　13—闭锁阀

轴向移动齿轮离合器的缺点是对齿稍困难，需反复操作，一般调绳一次需用10～15min。由于制造精度的原因，特别是在提升工作中的冲击、振动等的作用下，齿轮轮齿易磨损，导致调绳离合器的齿轮轮齿有时不能保证全部处于完全啮合状态，严重时甚至会出现较大间隙而不能正常工作。

为克服上述调绳离合器存在的问题，现在JK系列提升机调绳离合器已改用径向齿块式调绳离合器，图4-11所示为径向齿块式调绳离合器示意图。径向齿块式调绳离合器装置主要由液压缸1、联锁阀2（联锁阀Ⅰ和联锁阀Ⅱ）、联锁阀支架3、油管4和5、压板6和13、轮毂7、油嘴8、拨动环9、移动毂10、调绳内齿11、导向平键12、齿块体14、销轴15和17及连板16等组成。其中，调绳内齿11固定在活动卷筒的辐板上，齿块体14通过移动毂10、销轴15、17和连板16的带动与调绳内齿11啮合或脱开，移动毂由传动液压缸1的活塞杆推动，实现齿块与调绳内齿的啮合，从而传递转矩。

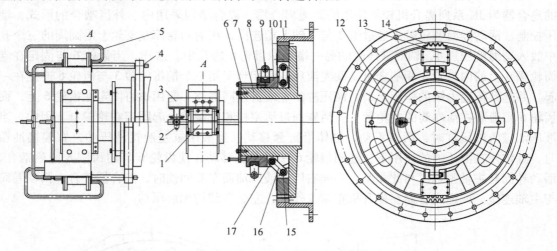

图 4-11　径向齿块式调绳离合器示意图

1—液压缸　2—联锁阀　3—联锁阀支架　4、5—油管　6、13—压板　7—轮毂　8—油嘴　9—拨动环
10—移动毂　11—调绳离合器内齿　12—导向平键　14—齿块体　15、17—销轴　16—连扳

　　径向齿块式调绳离合器对齿方便，调绳时间短，结构简单，能传递较大转矩，可根据齿轮齿块的磨损情况改变移动的轴向位置来调整齿块的径向位置，从而调整调绳内齿与齿块的啮合状况，避免出现间隙。

　　4）调绳液压缸装置。图 4-12 所示为径向齿块式调绳离合器液压缸装置示意图。它主要由盖1、密封圈2和6、活塞杆3、防尘圈4、O形密封圈5和液压缸7等组成。活塞杆右端与调绳离合器压板相接，左右移动时，即可带动离合器移动毂左右移动，实现离合器的离合或调整内、外齿的啮合状态。活塞杆左端固定压板与互锁阀实现机械与电气的闭锁，保证提升机调绳安全。

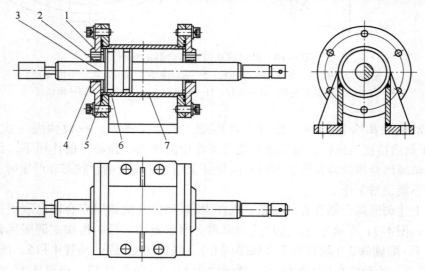

图 4-12　调绳液压缸装置示意图

1—盖　2、6—密封圈　3—活塞杆　4—防尘圈　5—O形密封圈　7—液压缸

5）齿块体。图 4-13 所示为 JK 系列某型号提升机的离合器齿块体示意图。齿块体由 45 钢制成，经调质处理硬度为 241～286HBW，共有四齿，模数为 14mm，齿形角为 20°。

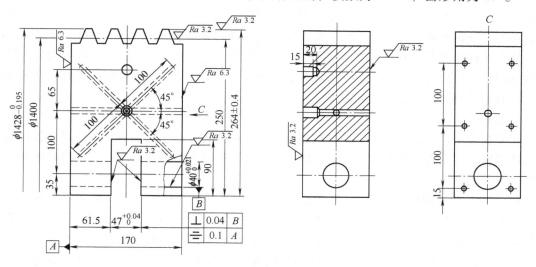

图 4-13 齿块体示意图

（7）主轴承装置 图 4-14 所示为主轴右侧轴承座示意图，该轴承座主要由轴承底座 1、轴承盖 2、毛毡密封圈 3、轴承 4、油杯 5 和半盖 6 等组成。轴承座底和盖由铸钢材料 ZG 270-500 铸造而成，轴承采用双列向心滚子轴承，自动调心性能好，拆卸方便，安全可靠。采用油杯油脂润滑方式，润滑结构简单，维护保养方便，装配时，滚动轴承油脂填充量为壳体空间的 2/3，两半盖开口槽与轴承盖的槽对齐，并压紧滚动轴承外侧，保证轴向定位。

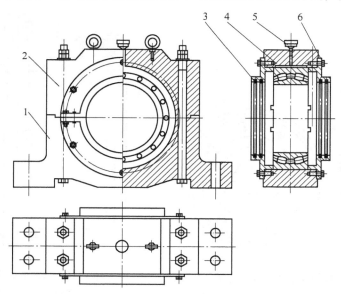

图 4-14 主轴右侧轴承座示意图

1—轴承底座 2—轴承盖 3—毛毡密封圈 4—轴承 5—油杯 6—半盖

主轴承装置是承受整个主轴装置自重和钢丝绳上全部载荷的支承部件。采用调心滚子轴承，允许绕轴承中心的微量转动，以补偿由于轴受力而带来的角位移。采用滚动轴承较滑动轴承效率高，体积小，干油润滑、维护简单，使用寿命长。一端滚动轴承由两轴承端盖压紧，不允许有轴向窜动；另一端滚动轴承外圈两端面与端盖止口之间留有 1～2mm 的间隙，以适应因主轴受力弯曲和热胀冷缩而产生的轴向位移。每侧轴承端盖上、下都有油孔，供清洗轴承时注、放油使用，清洗完毕后油孔用螺塞堵上，防止脏物侵入。有些提升机的轴承端盖上设有轴承测温元件，当轴承温度过高时会发出报警。

4. 联轴器

矿井提升机主传动系统采用的联轴器主要有三种：弹性棒销联轴器、齿轮联轴器和蛇形弹簧联轴器。在主电动机与减速器输入轴间，上述三种联轴器都有采用，主轴与减速器输出轴间一般采用齿轮联轴器。

（1）弹性棒销联轴器　图 4-15 所示为弹性棒销联轴器结构示意图。它主要由减速机端制动轮 1、挡板 2、螺栓 3、弹垫 4、棒销 5、电动机端半联轴器 6 等组成。较新的 JK 系列提升机装设电动机工作制动，制动轮就是弹性棒销联轴器的减速机端半联轴器外圆筒。由于采用了弹性棒销，因此具有良好的减振性和吸振性，可以适量补偿两轴安装时的偏斜和不同心。弹性棒销在疲劳损坏后，电动机轴和减速器输入轴仍能保持连接在一起，所以，联轴器传动平稳，噪声小，寿命长，安全可靠。

（2）齿轮联轴器　JK 系列提升机主轴与减速器输出轴采用齿轮联轴器连接，其结构如图 4-16 所示。它主要由主轴端和减速机端外齿轴套 1 和 6、挡板 2、内齿挡盖 3、内齿圈 I 和 II、骨架油封 7 等组成。齿轮联轴器安装时要严格保证两齿轮间隙，使用中注油孔要定期加油。

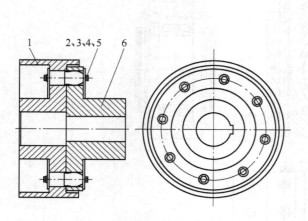

图 4-15　弹性棒销联轴器结构示意图
1—减速机端制动轮　2—挡板　3—螺栓　4—弹垫
5—棒销　6—电动机端半联轴器

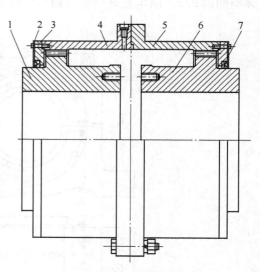

图 4-16　齿轮联轴器结构示意图
1—主轴端外齿轴套　2—挡板　3—内齿挡盖
4—内齿圈 I　5—内齿圈 II
6—减速机端外齿轴套　7—骨架油封

齿轮联轴器可以减小由于两轴之间不同心所造成的不利影响,补偿两轴间的安装误差和轴向跳动。其外齿轴套的轮齿制成球面形,齿厚由中部向两端逐渐减小,啮合中齿侧间隙较大,可以自动调位。

5. 减速器

减速器是矿井提升机系统中一个很重要的组成部分,它的作用是传递运动和动力。它不仅将电动机的输出转速转化为提升卷筒所需的工作转速,而且将电动机输出的转矩转化为提升卷筒所需的工作转矩。

根据矿井提升机的应用特点,单绳缠绕式矿井提升机的速比要求一般为 10 ~ 35,多绳摩擦式矿井提升机减速器的速比要求一般为 7 ~ 15;减速器传递转矩一般为 30 ~ 800kN·m。不同的矿井提升机对减速器有不同的要求,而且不同时期的减速器设计制造技术也不同。由于不同形式的矿井提升机有不同的特点,因此,在实际使用中,某一形式的减速器可以与不同的提升机配套使用。各种形式减速器与提升机的配套关系见表4-2。

表 4-2　减速器与提升机的配套关系

减速器形式	减速器型号	速　比	名义输出转矩/kN·m	可配套提升机	说　明
两级平行轴圆柱齿轮减速器	ZL-115	20,30	40	2JK2	软齿面渐开线齿形
	ZL-150		120	JK2.5,2JK3	
	ZLR-200	20	280	2JK3.5,2JK4	软齿面渐开线齿形人字齿
	ZHLR-115	11.5,20,30	40	2JK2	软齿面圆弧齿形人字齿
	ZHLR-130		70	2JK2.5,JK2	
	ZHLR-150		120	JK2.5,2JK3	
	ZHLR-150	11.5,15.5,20	200	2JK3.5	
	PTH710	11.5,20,30	40	2JK2	硬、中硬齿面渐开线齿形
	PTH800	20,30	60	JK2	
	PTH900	11.5,20,30	70	2JK2.5	
	PTH1000		120	JK2.5,2JK3	
	PTH1250	11.5,20	200	JK3,2JK3.5	
	P₂H630	7.35,10.5,11.5	140	JKM (D) 2.8×4	双输入轴、硬齿面渐开线齿形
	P₂H800		228	JKMD3.5×4,JKMD4×2,JKM2.8×4,JKM3.25×4	
	P₂H900		385	JKMD3.5×6,JKM (D) 4×4	
双输入轴、单级平行轴圆柱齿轮减速器	ZD₂R-120	7.35,10.5,11.5	80	JKM1.85×4,JKM2×4,JKM2.25×4	渐开线齿形人字齿
	ZD₂R-120				圆弧齿形人字齿
	ZD₂R-140		228	JKM2.8×4,JKM2.8×6,JKM3.25×4	
	ZD₂R-180	10.5,11.5	280	2JK4	渐开线齿形人字齿
	ZHD₂R-180	7.35,10.5,11.5	360	JKM4×4,JKM3.5×6,2JK3.5,2JK4	圆弧齿形人字齿

（续）

减速器形式	减速器型号	速　比	名义输出转矩/kN·m	可配套提升机	说　明
双输入轴、单级平行轴圆柱齿轮减速器	ZD-2×200	11.5	450	2JK5	渐开线齿形
	ZHD₂R-220		570	2JK6	圆弧齿形人字齿
同轴式功率分流减速器	ZG-70	7.35，10.5，11.5	80	JKM1.85×4，JKM2×4，JKM2.25×4	弹性轴均载，弹簧基础
	ZG-80		140	JKM2.8×4	
	ZG-90		228	JKM2.8×6，JKM3.25×4	
	ZHG-100		360	JKM4×4	
	ZGF-70		140	JKM2.8×4	弹性齿轮均载，弹簧基础
	ZL-140		160	JKM3×4（非标）	
	ZGY630	10.5	140	JKM2.8×4	弹性轴均载，刚性基础
单级派生行星齿轮减速器	ZZDP560	7.35，10.5，11.5	32	JKM1.3×4，JKM1.6×4，JKM2.25×2	硬齿面，底座安装
	ZZDP800		80	JKM1.85×4，JKM2×4，JKM2.25×4，JKM2.8×2，JKM2.25×4	
	ZZDP1000		140	JKM（D）2.8×4	
	ZZDP1120		245	JKM2.8×6，JKMD3.25×4，JKMD3.5×4，JKMD3.5×2，JKMD4×4	
	ZZDP1250		360	JKMD3.5×6，JKMD4×4	
	ZZDP1400	11.5	570	2JK5，2JK6	
两级行星齿轮减速器	ZZL630	20，30	40	2JK2	硬齿面，底座安装
	ZZL710		70	JK2，2JK2.5	
	ZZL900		120	JK2.5，2JK3	
	ZZL1000	20	200	JK3，2JK3.5	
	ZZL1120	20	280	2JK4	

（1）单输入轴、平行轴齿轮减速器　图 4-17 所示为单输入轴、平行轴齿轮减速器结构示意图。单输入轴、平行轴齿轮减速器主要用于单绳缠绕式矿井提升机，一般为两级平行轴齿轮传动，单电动机驱动。随着齿轮设计制造技术的进步，齿轮齿面的硬度、齿轮的承载能力不断提高，单输入轴、平行轴减速器的体积、质量逐渐减小，制造成本也随之降低。单输入轴、平行轴齿轮减速器由软齿面渐开线齿轮减速器发展为软齿面圆弧齿轮减速器、中硬齿面渐开线齿轮减速器和硬齿面渐开线齿轮减速器等。

（2）双输入轴、平行轴齿轮减速器　图 4-18 所示为双输入轴、平行轴渐开线齿轮减速器结构示意图。双输入轴、平行轴齿轮减速器主要用于多绳摩擦式提升机，采用双电动机驱动，一般为单级平行轴齿轮传动。按齿形的不同，双输入轴、平行轴齿轮减速器分为渐开线齿轮减速器及圆弧齿轮减速器两种。与单输入轴、平行轴减速器相比，其减速器的体积、质量较小，制造成本较低，但对电控系统的要求稍高一些。

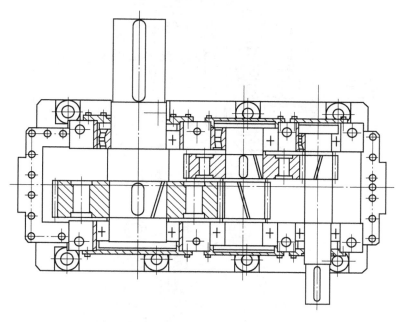

图 4-17　单输入轴、平行轴齿轮减速器

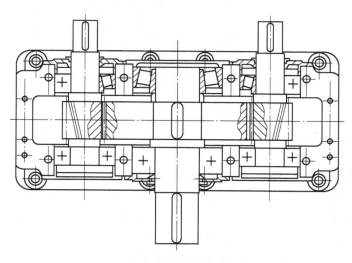

图 4-18　双输入轴、平行轴渐开线齿轮减速器

（3）渐开线行星齿轮减速器　图 4-19 所示为两级行星齿轮减速器结构示意图。渐开线行星齿轮减速器具有体积小、质量小、承载能力大、传动效率高和工作平稳等一系列优点，应用广泛。渐开线行星齿轮减速器用于单绳缠绕式矿井提升机及多绳摩擦式矿井提升机，为单电动机驱动。根据矿井提升机对减速器的速比要求，渐开线行星齿轮减速器的结构形式分为前置一级平行轴齿轮传动的单级派生行星齿轮传动及两级行星齿轮传动两种。

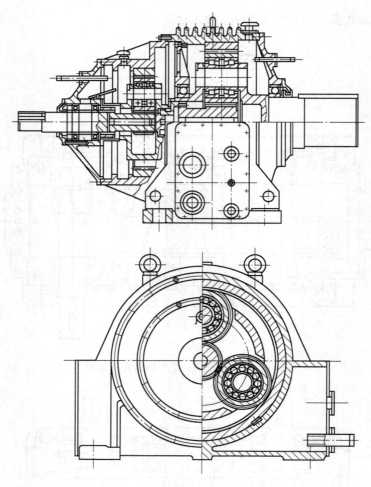

图 4-19　两级行星齿轮减速器

6. 润滑系统

润滑系统的作用是为提升机运动部位提供充足的润滑，保证各运动副间有满足使用要求的润滑油膜，减小提升机各运动副的磨损，保证提升机各零部件的寿命。对于不同的提升机，润滑系统有稀油集中润滑、飞溅润滑、油脂润滑等多种形式。图 4-20 所示为某种提升机润滑系统图。表 4-3 为润滑系统中各部位的名称和保养要求。

表 4-3　润滑系统中各部位的名称和保养要求

	润 滑 部 位	孔 数	油 类	加 油 期	换 油 期
1	主轴轴承	2	锂基润滑油	定期	一个月
2	调绳装置	3			
3	游动支轮	2		每次调绳	
4	深度指示器传动件		锂基润滑油	每天一次	
5	齿轮联轴器	1	锂基润滑油	定期	六个月
6	减速机	1	齿轮油	定期	六个月
7	电动机轴承	2	锂基润滑油	半年一次	

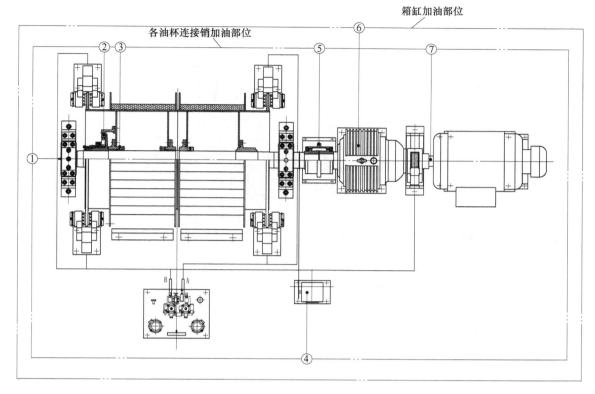

图 4-20 提升机润滑系统图

【工作任务实施】

1. 任务实施前的准备

明确安全生产知识，了解本次任务的安全要点，对人员和设备的危险状态有充分了解，具有较强的安全生产意识和思想重视程度。

2. 知识要求

掌握缠绕式提升机的组成结构、工作原理，及其主轴装置的组成和其他组成部件的结构及特点，以及提升装置的作用及工作原理。

3. 双卷筒提升机的调绳

为适应提升水平的改变、换绳和钢丝绳伸长等要求，双卷筒双容器提升须进行调绳操作。该操作随现场工人一起进行，操作过程和内容如下：

（1）提升机正常工作阶段 图 4-21 所示为径向齿块离合器传动示意图。在提升机正常工作阶段，齿块和内齿圈处于啮合状态，液压缸的合上腔通过液压站上的电磁阀 G_1 关闭了从液压站进来的油液，处于闭锁状态；而离开腔处于回油状态，其回油路由联锁阀 7 闭锁。联锁阀 7 的柱销锁入活塞杆的凹槽中，提升机正常运行。

（2）调绳准备阶段 将操纵台上的调绳转换开关置于调绳位置，此时安全电磁阀断电，提升机处于安全制动状态。再使电磁阀 G_1、G_2 通电，高压油即可将联锁阀 7 的柱销从活塞

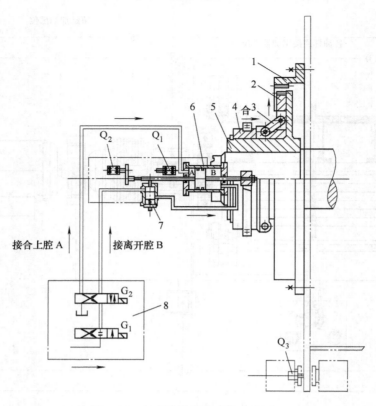

图 4-21　径向齿块离合器传动示意图

1—内齿圈　2—外齿块　3—连板　4—滑动毂　5—轮毂　6—液压缸
7—联锁阀　8—液压站　Q_1、Q_2、Q_3—行程开关

杆的凹槽中移出并对调绳液压缸解锁，油液通过联锁阀 7 进入调绳液压缸的离开腔 B，推动调绳液压缸活塞外移，使齿块与内齿轮脱离啮合，游动卷筒与主轴连接脱开。为调绳操作做好准备。

（3）调绳操作阶段　使另一个安全电磁阀工作，解除固定卷筒的安全制动，而游动卷筒仍为安全制动状态。起动提升机使固定卷筒慢速运转，调节钢丝绳至合适长度或更换提升水平至要求位置，达到调绳的目的。

在调绳操作过程中，如果离合器从原来的离开位置向合上位置移动，行程开关 Q_2 随即动作，固定卷筒立即安全制动，避免离合器打齿事故发生；在调绳操作过程中，一旦发生误操作，导致游动卷筒突然松闸，则行程开关 Q_3 动作，提升机立即安全制动，以确保调绳全过程的安全，实现调绳安全联锁。

（4）离合器合上恢复工作阶段　钢丝绳调绳完毕后，恢复固定卷筒的安全制动，然后将电磁阀 G_2 断电，液压缸离开腔的高压油回油箱，泵站来的高压油即可进入液压缸的合上腔 A，驱动调绳液压缸活塞向里移动，使齿块与内齿圈重新啮合。同时，活塞杆碰压行程开关 Q_1，操纵台上的指示灯显示出"合上"的信号后，方可将电磁阀 G_1 断电，并复位调绳转换开关。此时调绳液压缸的离开腔处于回油位置，调绳操作全部结束，提升机恢复正常工作制动状态。

（5）调绳操作注意事项 调绳操作为提升机使用中的重要操作内容，关系到提升系统的安全，操作前应严格检查离合器和制动系统各部分的工作状态，确认无误后方能进行下一步工作；将游动卷筒拖动的容器上提到井口停车位置，并锁住游动卷筒，操纵固定卷筒进行绳长调节至满足要求；由于游动卷筒轮毂与主轴间镶装合金轴瓦且注满润滑脂，所以允许它们之间有相对回转运动，但运动速度不要过高，相对运动距离不要过长，防止轴瓦与主轴间咬死；调绳工作为团队协调工作，各部位人员要联络畅通，工作配合协调默契。

4. 调绳离合器故障和处理措施

（1）调绳离合器常见故障和处理措施

1）调绳操作时，离合器离开动作缓慢。其原因是空心管内右端两个 O 形密封圈损坏，造成液压缸合上腔充油状态漏油，此时应更换密封圈。

2）离合器打不开。主要原因是联锁阀中小活塞的别卡阻力大，或者小活塞上端弹簧的预压力大，小活塞不能上移导致出油口被堵塞，应予以清洗，使其灵活动作。另外，在重载调绳操作中，容易造成调绳液压缸缸体变形致使缸体不能推动，因此，调绳必须在空载下进行。

（2）老式齿轮离合器存在的问题及处理措施

1）离合器合上困难。其原因是卷筒轮毂与轴瓦圆周方向配合间隙偏大，致使游动卷筒的内齿轮相应向下位移，造成外齿轮与内齿轮在水平位置上顶齿。处理措施为：仔细测量轮毂与轴瓦的配合间隙，并加垫调整或更换新的轴瓦（新轴瓦材料应换用锰黄铜）。

2）联锁阀小活塞下端插入槽内部分被别弯或折断。其原因是 3 个联锁阀上移时不同步，应调整 3 个联锁阀的活塞静阻力，使其基本相同，使 3 个弹簧的刚度相近，3 个压缩弹簧的压盖调整尺寸相等。

3）离合器外齿轮自动脱开。其原因之一是联锁阀的小活塞端部未插入保护槽内，因此，应经常检查外观；另一原因是调绳用电磁阀渗油到离合器液压缸的离开腔中，当渗油积聚后形成压力，推动液压缸外移，造成在提升机运行中自动脱离故障。处理措施为：在液压缸离开腔前的管道上加装一个截止阀。

5. 缠绕式提升机日常维护及常见问题处理

学生跟班对提升机进行日常维护，由现场技师讲解提升机日常巡视路线、维护内容和保养要求；介绍和讲解日常检查的重点部位和内容，以及常见问题和处理方法等。

（1）矿井提升机主轴装置完好的标准

1）螺母、螺栓、背帽、垫圈、开口销、护罩等齐全完整，紧固力适当。

2）滚筒无开焊、裂纹及变形，铆钉、键等不松动。活动滚筒离合器和定位机构动作灵活、可靠，衬套润滑良好。滚筒衬层磨损后，距衬层固定螺栓头不小于 5mm，钢丝绳的固定和缠绕符合《煤矿安全规程》中的相关规定。

3）减速器齿轮沿齿长和齿高的啮合痕迹要符合安装调试有关规定：使用若干年后，齿面磨损不得超过原齿厚的 15%；齿面剥落不得超过原齿有效面积的 25%；油、脂符合设计要求，无漏油现象；运转中无异常噪声。

4）联轴器的端面间隙及同轴度误差应符合图样要求；弹性联轴器胶圈外径与孔径差不超过 2mm，齿形联轴器的齿厚磨损不超过 20%，蛇形弹簧联轴器的厚度磨损不超过 10%。

5）主轴轴承和减速器轴的水平度偏差不超过 0.2%；轴瓦无裂纹和剥落，滑动轴承的配合间隙、接触长度、接触角、最大振幅均符合有关规定的要求；滑动轴承的温度不应超过65℃，滚动轴承的温度不应超过75℃。

（2）卷筒的常见故障及处理方法　缠绕式提升机卷筒的常见故障、原因及处理方法如下：

1）卷筒筒壳开裂。提升机卷筒有时会出现卷筒辐板扇形人孔处开裂，其原因是人孔周边切割时表面太粗糙造成应力集中，在提升机卷筒达到一定的工作循环后，在锯齿形尖端形成疲劳核心，由此扩展产生疲劳裂纹。处理措施是：在裂纹发展的前沿钻止裂孔，之后将人孔周边磨光，并沿内孔周边焊上一圈加强板。

2）两半筒壳剖分面沿连接板处开裂。由于两半筒壳连接板在剖分面上由多块短板组成，截面突变处引起的应力集中易造成该处开裂。处理措施是将原连接短板割掉，采用长度为两辐板等距的钢板，接合面加工后用螺栓和定位螺栓紧固，焊到筒壳接合面上，以保持两半卷筒结构。或者将两半筒壳接合面焊死，焊接时应按合理的焊接工艺进行，以免产生焊缝应力集中。

3）卷筒圆周高点处开裂。由于制造问题，部分卷筒的圆度差，呈椭圆形，形成高点，因而遭受较大的外载荷时，易产生尖峰应力，在循环载荷作用下疲劳开裂。处理措施是对开裂处进行焊接后对筒壳外圆整形。

4）固定卷筒左滑动支轮内孔磨损。固定卷筒左支轮与主轴轴颈之间为滑动配合，由于受多种外载荷的作用而产生微动磨损，磨损间隙超出一定量后，卷筒将发生周期性声响，同时制动盘偏摆值增大。处理措施之一是将原支轮割掉，换成两半装配式内孔镶装铜瓦的新支轮；处理措施之二是在保留原支轮不变的状况下，在原支轮两侧各增设一个支承轮，该措施的优点是改造工作量小，停产时间短。

5）游动卷筒铜套紧固螺栓易剪断。紧固螺栓剪断的原因主要是铜套与主轴配合轴颈处缺乏润滑油，而产生较大的摩擦力带动铜套转动致使切断螺栓。造成堵塞润滑油通向配合面的原因是，轮毂内孔中的储油槽及注油管道中的润滑脂干涸堵塞油道。其处理方法是清洗注油管道和轮毂储油槽，改用稀油润滑。另外，铜瓦外径与轮毂内孔配合较松，摩擦力较小，回转切向力几乎全部由螺栓承担，也可造成螺栓断裂故障。

6）游动卷筒铜瓦磨损。铜瓦磨损的主要原因是缺乏润滑油，以及当主轴承轴瓦磨损后，使主轴中心歪斜造成铜瓦内径偏磨。处理措施是加强润滑，调整主轴中心和更换铜瓦。

7）制动盘偏摆超差。制动盘偏摆超差的原因及处理措施有：主轴装置安装时中心歪斜，应调整主轴装置中心，使其符合安装规范所规定的量值；使用中主轴承轴瓦磨损下沉，使主轴中心歪斜，应重新刮瓦，保持主轴的中心符合要求；使用不当，常在闸制动条件下下放重物，致使制动盘发热变形，应增设电气动力制动，并重新加工制动盘；游动卷筒铜瓦磨损间隙偏大致使游动卷筒中心歪斜，应更换铜瓦。制动盘两侧的端面全跳动，当卷筒直径小于4m时，应不大于0.5mm；卷筒直径大于4m时，应不大于0.7mm。若大于规定值，应调整或车削制动盘。制动盘两侧端面的表面粗糙度 Ra 值应不大于3.2μm，超过规定值也应重新车削制动盘。

（3）主轴的常见故障及处理方法

1）主轴与齿轮联轴器，减速器主轴与齿轮联轴器相连接的切向键产生松动。其主要原因是制造单位在装配中未达到设计和工艺的技术要求，造成各接触面之间的接触面积小且不均匀，并存有高点，承载后高点压平产生间隙而松脱。处理措施为：重配切向键，并增设止退螺钉。

2）主轴轴向窜动。其原因是主轴在卷筒缠绕运行中受钢丝绳与天轮间内、外偏角的影响，产生一定的轴向推力，该轴向推力使主轴轴肩与主轴承轴瓦平面贴合，在无油、高速、高压下运转，产生高温，加剧轴瓦巴氏合金层的磨损，造成贴合面间隙增大所致。处理措施之一是在轴瓦两侧各钻一个油孔，对轴瓦贴合面进行循环润滑，以减小摩擦力，避免轴瓦巴氏合金的磨损；处理措施之二是在轴瓦两侧各加一个铜制圆环，在圆环的一侧增设调整垫片，以便安装时或铜环磨损后加垫调整，以保持规定的间隙。

（4）轴承的润滑　提升机在使用中要特别注意对轴承的润滑，轴承润滑的作用是防止滚动体、滚道及保持架之间有直接金属接触，造成磨损及轴承表面腐蚀。因此，根据轴承的使用条件，合理选择润滑脂的种类和牌号至关重要。对于调心滚子轴承，通常选用 2 号和 3 号锂基脂，这种润滑脂具有非常好的防水性和耐蚀性。另外还应注意，使用的油脂一定要清洁，没有尘埃和水分侵入，注入和填入润滑脂时，不能将杂质带入轴承和轴承箱内。润滑脂中的尘埃颗粒等异物会显著降低轴承的寿命，增加轴承的磨损和噪声。润滑脂的填充量应当适量。开始安装时，润滑脂以填满整个轴承和轴承座体空间的 1/3 ~ 1/2 为宜。在使用过程中由于润滑脂的老化，以及受磨粒和灰尘的污染，其润滑性能会逐渐降低，需要补充新的润滑脂或全部更换新的润滑脂。润滑脂补充间隔为：每年全部更新润滑脂一次，使用中每季度补充润滑脂一次。润滑脂的补充量为

$$G_p = 0.005D \times B \tag{4-1}$$

式中，G_p 为润滑脂的注入量，单位为 g；D 为轴承的外径，单位为 mm；B 为轴承的总宽度，单位为 mm。

如果用新的润滑脂全部替换轴承中用过的润滑脂，在正常情况下应填满轴承，并填满轴承壳体空间的 1/3 ~ 1/2。

（5）减速器的使用与维护　减速器必须按如下技术规范使用：

1）使用时应按要求在相关各部位注足规定牌号的润滑油及润滑脂，润滑油油面的高度应符合设计要求。定期检查润滑油中所含杂质、酸度、水分及其粘度变化情况，如发现超标或不合格，应及时对润滑油进行处理或更换新油。换油时应仔细冲洗轴承、油池等。减速器投入使用 3 个月和一年后，应将润滑油抽出过滤一次或更换新油。应随时检查轴承和油池的温升及减速器的噪声，如发现有不正常情况应立即停机，检查产生问题的原因，待故障排除后方可重新开机使用。

2）提升机起动前应检查各连接螺栓是否可靠。各连接螺栓紧固好后，先开动润滑系统一段时间后方可起动主电动机，提升工作结束，提升机完全停止后，方可关闭液压泵电动机。第一次起动后，每 8h 应检查过滤器，并清除脏物。这种检查清理工作一直进行到过滤器比较清洁为止，以后每月清理一次。在运转第一个 24h 之后和以后每 100h，必须检查地脚螺栓及轴承座螺栓是否有松动现象，其他各连接件是否松动。

3）定期对减速器内各齿轮的齿面情况进行检查，若齿面上出现少量离散性的点蚀且发展很慢，则为初期非扩展性点蚀，不是故障。但若有擦伤、胶合、塑变等现象时，应停止使用，待故障原因查清楚且排除后方可继续使用，故障期间要做好原始记录。

4）减速器外表面应保持清洁，以免影响散热。减速器上不得放置任何东西，以免发生意外。

5）润滑油的更换。润滑油的纯度直接影响减速器的寿命及其运行的可靠性。因此，必须保证减速器内润滑油的清洁。应认真执行减速器首次运行后的第一次换油及以后的定期换油制度。减速器首次运行6个月或2 500h后应进行润滑油的检查。用过的油应趁热放出，如果需要，油池应用洗涤油清洗。更换润滑油时，减速器箱体内的残余旧油应该越少越好。不同品牌的润滑油不能混合，绝对禁止用煤油或其他溶剂冲洗减速器内壁。润滑油使用温度平均在80℃时，矿物油的使用期限通常为2年或10 000h；合成油的使用期限通常为4年或20 000h。如果使用温度高于80℃，润滑油的有效期会发生明显变化，总的规律是温度每高10℃，润滑油的有效期将减半。

6）减速器常见故障及处理措施。根据失效统计，在传动装置中，齿轮失效占失效总数的60%左右，其余为轴承失效、润滑油泄漏、箱体的变形及减速器在使用中的振动等。

齿轮的损伤与失效主要有裂纹、断齿、齿面疲劳、齿面损耗、胶合、永久变形等。可通过齿轮修磨、更换齿轮、加强润滑、控制润滑油液污染、控制载荷等措施来处理。

轴承的损伤与失效形式主要有剥离、烧伤、裂纹、保持架破损、擦伤、磨损等，可通过提高箱体加工精度、合理控制游隙、合理润滑、控制润滑污染、控制运行速度和载荷等方法来处理。

润滑油的泄漏不仅会造成润滑油损失，污染减速器周边环境，而且周边环境中的污染物也会进入减速器，造成减速器内不清洁，从而影响齿轮、轴承的正常工作。减速器体的剖分面、轴端盖与减速器体的连接密封都为静密封，减速器体与输入轴、输出轴之间的密封为动密封。静密封润滑油泄漏的处理方法一般为：将原静密封元件清理干净，再对静密封部位重新进行密封。润滑油从动密封中泄漏主要是因为密封设计质量或装配质量不好，或者是由于密封元件质量不好，造成动密封未达到预期寿命而失效，导致润滑油泄漏。动密封润滑油泄漏的处理方法一般为更换密封元件；或者改进动密封结构设计，修改润滑油回路使回油畅通；加大通气孔以减少减速器内的压力，减小润滑油泄漏的动力。

（6）联轴器的使用与维护　联轴器要注意检查其半联轴器与轴的键连接是否牢固，要求无松动且对中情况良好。齿轮联轴器要注意加满润滑脂，保持润滑良好；棒销联轴器注意检查棒销的状况，发现损坏变形等要及时更换。

一般齿轮联轴器和棒销联轴器的故障率较低，只要正常维护一般不会发生故障；蛇形弹簧联轴器的故障率要高一些，较易发生弹簧片折断等故障。其主要原因是超载运转导致弹簧片弯曲应力过大而早期疲劳开裂；传动轮毂上齿槽几何形状和圆角半径太小，而使弹簧片中间产生过大的尖峰应力而导致断裂；提升和下放运行中，系统冲击大和制动频繁等造成对弹簧片过大的冲击负载。常用处理措施是：分析清楚产生故障的具体原因，针对性地改善和调整联轴器的工作条件，排除产生原因后更换弹簧片。如果可能，应将电动机端的联轴器均更换成弹性棒销联轴器。

6. 任务实施的工作记录

按现场要求做好各项检查或维修的记录或日志，要求反应工作实施的全过程和工作内容。记录检查项目真实、客观、准确，并随工人一同向值班领导汇报上交，并做好与下一班的交接工作。班后整理上述内容，形成本次学习的纲要、收获和体会，上交现场教师。

【工作任务考评】（见表4-4）

表4-4 任务考评

过程考评	配 分	考评内容	考评实施人员
素质考评	12	生产纪律	专职教师和现场教师结合，进行综合考评
	12	遵守生产规程情况、安全生产	
	12	团结协作情况、与现场工程人员交流情况	
实操考评	12	理论知识口述：缠绕式提升机主要组成、各部结构，基本工作原理	
	12	任务实施过程注意学习、实际操作和记录，注意实习过程的原始资料积累	
	12	手指口述缠绕式提升机组成及各部分作用正确	
	12	完成本次任务，效果良好	
	16	按任务实施指导书完成学习总结，总结所反映出的任务完整，信息量大	

【思考与练习】

1. 矿井提升机的类型有哪些？适用范围各是什么？
2. 缠绕式提升机的组成部分有哪些？
3. 缠绕式提升机主轴的主要组成零部件有哪些？各自的特点是什么？
4. 矿井提升机调绳的目的是什么？如何进行调绳？
5. 矿井提升机完好的标准是什么？
6. 调绳离合器的常见故障有哪些？如何处理？

课题二 多绳摩擦式提升机的结构与使用

【工作任务描述】

多绳摩擦式提升机是适应中深矿井的提升机，主要有塔式摩擦提升机和落地式摩擦提升机两种。落地式摩擦提升机是目前应用较多的提升机机型。本课题主要学习落地多绳摩擦式提升机的结构组成和基本原理，通过任务实施学习摩擦式提升机的现场维检知识、过程和内容。通过本课题的学习，使学生基本掌握摩擦式提升机的维检方法，具备维检保养摩擦式提升机的能力。

【知识学习】

一、多绳摩擦式提升机的结构特点

由于矿井深度和产量的不断增加，缠绕式提升机的卷筒直径和宽度也随之加大，使得提升机卷筒的体积庞大而笨重，给制造、运输、安装等带来很大不便。为了解决这个问题，

1877 年，法国人戈培提出将钢丝绳搭在摩擦轮上，利用摩擦衬垫与钢丝绳之间的摩擦力带动钢丝绳，以实现提升容器的升降，这种提升方式称为摩擦提升。

与单绳缠绕式提升机相比，由于没有容绳的问题，所以摩擦式提升机摩擦轮的宽度明显减小，而且不会因井深的增加而增大。同时，由于主轴跨度的减小而使主轴的直径和长度均有所减小，整机的质量大大下降。由于提升机回转力矩的减小，使得提升电动机的容量降低，能耗减少。但是，单绳摩擦式提升机只解决了提升机卷筒宽度过大的问题，而没有解决卷筒直径过大的问题。因为全部终端载荷由一根钢丝绳承担，故钢丝绳直径很大，使得摩擦轮直径也很大（$D = 80d$），因此，就出现了用多根钢丝绳代替一根钢丝绳的多绳摩擦提升机。这样，由于终端载荷由 n 根钢丝绳共同承担，使得每根钢丝绳的直径变小，从而使摩擦轮的直径也随之减小。

多绳摩擦式提升机分为井塔式和落地式两种。国产多绳摩擦式提升机主要有 JKM 和 JK-MD 系列，其技术规格见表 4-5、表 4-6。

表 4-5　JKM 系列多绳摩擦式提升机的技术规格

型　号	摩擦轮直径/m	钢丝绳				最大提升速度/(m/s)	旋转部分变位质量（除电动机)/kg	导向轮变位质量/kg	机器质量/kg
		最大静张力/kN	最大静张力差/kN	钢丝绳最大直径/mm					
				有导向轮	无导向轮				
JKM1.85/4（Ⅰ）	1.85	204	60		23	9.7	7 470		29 300
JKM1.85/4（Ⅱ）									34 400
JKM2/4（Ⅰ）	2.0	244	60		25	10.5	7 080		29 500
JKM2/4（Ⅱ）									34 600
JKM2.25/4（Ⅰ）	2.25	210/244	60		25	11.8	6 580	1 360	30 300
JKM-2.25/4（Ⅱ）				22.5	28			1 360	35 400
JKM2.8/4（Ⅰ）	2.8	300	90	22.5	28	11.8	11 530	2 380	49 200
JKM2.8/4（Ⅱ）			95		28		13 450		54 900
JKM2.8/6（Ⅰ）		529	150		28	14.75	16 180	3 400	67 300
JKM2.8/6（Ⅱ）							20 670		71 700
JKM2.8/6（Ⅲ）							8 660		46 300
JKM3.25/4（Ⅰ）	3.25	450	140		28	12	14 080	3 060	65 000
JKM3.25/4（Ⅱ）					32.5		17 670		64 400
JKM3.25/4（Ⅲ）		800	230			13	11 400		55 600
JKM4/4（Ⅰ）	4.0	600	180		35	14	18 060	2 010	83 500
JKM4/4（Ⅱ）					39.5		22 190		95 300

表 4-6 JKMD 系列多绳摩擦式提升机的技术规格

| 型 号 | 摩擦轮直径/m | 天轮直径/m | 钢丝绳 | | | 间距/mm | 最大提升速度/(m/s) | 减速机速比 | 旋转部分变位质量（除电动机和导向轮）/kg | 天轮变位质量/kg | 外形参考尺寸 |
			最大静张力/kN	最大静张力差/kN	最大直径/mm						
JKMD1.6×4	1.6	1.6	105	40	16	250	8		4 000		7.8m×8m×2.0m
JKMD1.85×4	1.85	1.85	160	50	20				6 000	1 100×2	8m×8m×2.2m
JKMD2×4	2.0	2.0	230	65	22				5 700	2 000×2	8m×8m×2.2m
JKMD2.25×2	2.25	2.25	105	25	24		10		4 830	2 200×2	7.4m×8m×2.2m
JKMD2.25×4			210	65					6 500		8m×8m×2.3m
JKMD2.25×4（Ⅲ）									5 620		7m×8.3m×2.7m
JKMD2.8×4	2.8	2.8	335	95	30	300		7.35 10.5 11.5	9 000	3 200×2	8.3m×9m×2.8m
JKMD2.8×4（Ⅲ）											7.5m×9m×2.8m
JKMD3.25×4	3.25	3.25	450	140	34		13		13 360	2 720×2	8.9m×8.9m×2.98m
JKMD3.25×4（Ⅲ）											7.9m×8.9m×2.98m
JKMD3.5×4	3.5	3.5	525	140	38				20 600	6 300×2	10.8m×9.2m×3.15m
JKMD3.5×4（Ⅲ）									18 000		8m×9m×3.2m
JKMD4×4	4.0	4.0	680	180	39.5		14		23 000	9 100×2	11.5m×10m×3.6m
JKMD4×4（Ⅲ）									20 000		8m×9m×3.6m
JKMD4.5×4（Ⅲ）	4.5	4.5	900	220	45	350			29 000	12 500×2	8.5m×9.5m×3.7m

在多绳摩擦式提升机中，若钢丝绳的数目为 n，则钢丝绳直径与单绳提升机钢丝绳直径之间有如下关系

$$d_n = \frac{d_1}{\sqrt{n}} \tag{4-2}$$

同理，摩擦轮直径之间的关系为

$$D_n = \frac{D_1}{\sqrt{n}} \tag{4-3}$$

式中，d_n 为用 n 根钢丝绳时提升钢丝绳的直径；d_1 为单绳提升时钢丝绳的直径；D_n 为用 n 根钢丝绳时提升机摩擦轮的直径；D_1 为单绳提升时提升机摩擦轮的直径。

井塔式摩擦提升机的优点是：布置紧凑，省面积，不需要设置天轮；全部载荷垂直向下，井塔稳定性好，钢丝绳不裸露在雨雪中，对摩擦因数和钢丝绳使用寿命不产生影响。其缺点是：井塔造价较高，施工周期较长，抗震能力不如落地式。井塔式摩擦提升机系统为了保证两提升容器的中心距离和增大钢丝绳在摩擦轮上的围包角，可设置导向轮。但与此同时，也增加了提升钢丝绳的反向弯曲，缩短了提升钢丝绳的使用寿命。

采用多绳摩擦提升，多根提升钢丝绳同时断裂的可能性很小，故安全性较好。多绳摩擦提升的钢丝绳数，通常取偶数（多采用 2～10 根），其目的是利于选用左捻和右捻绳各半，以减少罐耳与罐道之间的摩擦阻力。同时，为了减少钢丝绳因物理性质和力学性质上的差异

而影响各提升钢丝绳的张力分配，故必须在同一批制造的钢丝绳中，选取左、右捻钢丝绳各一根，然后根据提升钢丝绳的绳数分别在已选取的左、右捻钢丝绳上截取。

二、摩擦式提升机的结构和工作原理

1. JKM 系列摩擦式提升机的结构和工作原理

图 4-22 所示为 JKM 系列摩擦式提升机布置图。整个提升装置布置于井塔之上，主要由主轴装置 2、盘形制动装置 3、导向轮 13、液压站 4、精针发送装置 5、测速发电机装置 1、万向联轴器 6、深度指示器 7、操作员椅 8、操纵台 9、齿轮联轴器 10、减速器 11、弹性联轴器 12 等组成。钢丝绳搭放在主滚筒上，靠钢丝绳与滚筒间的摩擦力传递提升力，使钢丝绳上、下运动，将其终端的提升容器提升或下放。导向轮用于改变钢丝绳与卷筒间的围包角以增大摩擦力。

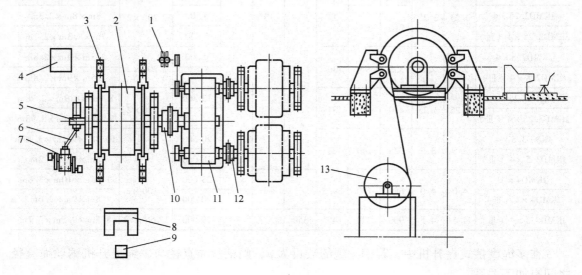

图 4-22　JKM 系列摩擦式提升机布置图

1—测速发电机装置　2—主轴装置　3—盘形制动装置　4—液压站　5—精针发送装置　6—万向联轴器
7—深度指示器　8—操作员椅　9—操纵台　10—齿轮联轴器　11—减速器　12—弹性联轴器　13—导向轮

2. JKMD 系列摩擦式提升机的结构和工作原理

图 4-23 所示为 JKMD 系列摩擦式提升机布置图。整个提升装置布置于地面之上，钢丝绳与井架呈斜拉关系，所以又称为落地斜拉式摩擦提升机。此摩擦式提升机主要由主轴装置 3、盘形制动器 4、工作制动器 10、深度指示器传动装置 1、深度指示器 15、齿轮联轴器 6、润滑站 8、减速机 9、弹性联轴器 11、电动机 12、电控装置及操作控制台 16 等组成。绕过主轴滚筒的钢丝绳，通过井架上的两组天轮悬挂于井筒中，钢丝绳两端分别吊挂容器，钢丝绳与滚筒间通过摩擦力来传递牵引力，使提升容器沿井筒上、下运动，实现对提升容器的提升。

落地摩擦式提升机的优点是：摩擦轮落地安装，抗震能力强，安装维修方便，钢丝绳围包角大，两容器中心距易调整，井架轻便。

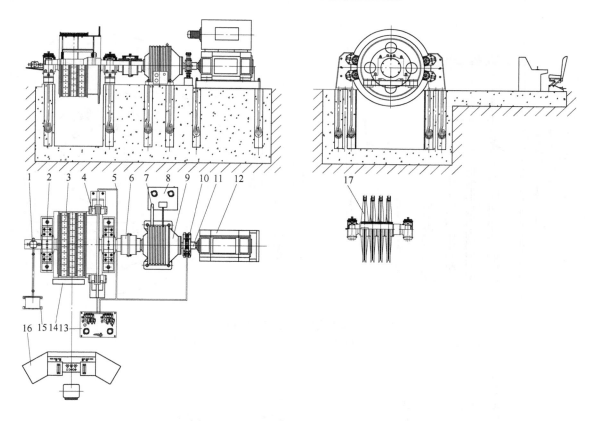

图 4-23　JKMD 系列摩擦式提升机布置图

1—深度指示器传动装置　2—地脚螺栓　3—主轴装置　4—盘形制动器　5—液压管路系统　6—齿轮联轴器
7—润滑管路系统　8—润滑站　9—减速机　10—工作制动器　11—弹性联轴器　12—电动机
13—液压站　14—卷筒护罩　15—深度指示器　16—电控装置及操作控制台　17—天轮装置

（1）提升机主轴装置　图 4-24 所示为 JKMD 系列多绳摩擦提升机主轴装置示意图。主轴装置是提升机的工作机构，也是提升机的主要承载部件，它承担了提升机的全部转矩，同时也承受着摩擦轮上两侧钢丝绳的拉力。多绳提升机主轴装置主要由挡板 1、轴承 2 和 10、轴承座 3 和 9、主轴 4、固定板 5 和 8、卷筒 6、摩擦衬块 7 及高强度螺栓组件等组成。多绳摩擦式提升机的主轴装置由于拖动方式、传动方式等因素的不同而有多种结构形式。如果主轴与电动机之间采用减速器传动，主轴轴端配有两对切向键，利用齿轮联轴器与减速器相连。当采用行星齿轮减速器时，为Ⅰ型提升机；当采用平行轴减速器时，为Ⅱ型提升机；如果为单伸轴不带减速器，采用低速直联电动机拖动，电动机转子直接悬挂在提升机主轴上，为Ⅲ型提升机；采用两台低速直联电动机拖动，两台电动机转子分别位于摩擦轮两侧，与提升机主轴同轴并直接悬挂在主轴两端时，为Ⅳ型提升机。

（2）摩擦式提升机的滚筒　摩擦式提升机的滚筒又称摩擦轮，多采用整体全焊接结构，图 4-25 所示为 JKMD 系列某型号摩擦轮结构示意图。它主要由连接板 1 和 5、辐板 2、筒体 3、加强板 4、钢板 6、制动盘 7 等组成。滚筒由 Q345 钢板卷制而成，中、小直径滚筒采用整体结构，少数大规格提升机由于受运输吊装等条件的限制或安装于井下的缘故，需要做成两半剖分式结构，在结合面处用定位销及高强度螺栓固紧。图 4-25 所示滚筒采用双法兰、

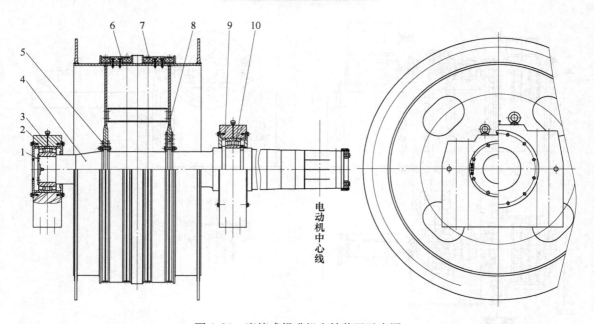

图 4-24　摩擦式提升机主轴装置示意图

1—挡板　2、10—轴承　3、9—轴承座　4—主轴　5、8—固定板　6—卷筒　7—摩擦衬块

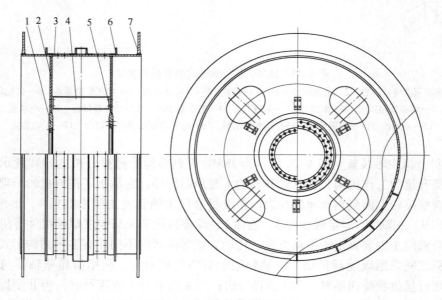

图 4-25　摩擦轮结构示意图

1、5—连接板Ⅰ、连接板Ⅱ　2—辐板　3—筒体　4—加强板　6—钢板　7—制动盘

双夹板、双面平面摩擦连接，靠两夹板与摩擦轮主轴间的摩擦力传递转矩，由于装配工艺的需要，摩擦轮左、右轮毂的内孔与主轴法兰的外圆采用间隙配合。摩擦轮直径较大的大型多绳提升机多采用此结构。该结构的特点是装拆方便，特别是大型提升机，由于受运输、包装和使用现场吊装条件的限制，摩擦轮与主轴必须在现场组装。对于直径较小的摩擦式提升机滚筒，则多采用单法兰、单面摩擦连接，即主轴法兰端面与摩擦轮的传动侧轮毂端面间采用

高强度螺栓单摩擦面连接，靠两端面间的摩擦力传递转矩，两个轮毂内孔与主轴采用过盈配合，左轮毂带有油孔和密封圈，以便组装时用高压油扩张轮毂内孔。摩擦轮直径较大的提升机，可在提升机筒壳内设置支环，以增加其刚度；摩擦轮直径较小的提升机则不带支环，以简化结构，方便制造。轮辐采用整体辐板式，仅开几个人孔。

（3）主轴　图4-26所示为JKMD系列某型号多绳摩擦式提升机主轴示意图。主轴材料为45钢，整体锻造结构。为保证摩擦滚筒与主轴的连接，在主轴上直接锻造出两个法兰盘，为便于安装，左侧法兰盘直径较小，右侧法兰盘直径较大，经加工后通过双摩擦面形式与滚筒连接。滚筒直径较小的提升机则为一个法兰盘结构，安装滚筒的两法兰长度方向尺寸与卷筒配作，其允许误差为±0.065mm。由于主轴承载大，传递全部转矩，运转工况复杂，因此，对其力学性能要求较高，需进行正火处理，硬度为187～217HBW，抗拉强度大于549MPa，屈服强度大于276MPa，伸长率大于14%，冲击吸收功大于245kJ/m²。必须进行探伤检验，不允许有影响强度的疏松、夹渣、裂纹等缺陷。轴的右端为锥面和油沟结构，以便与电动机轴相连接和拆卸，左端则与深度指示器和光电编码器相连。

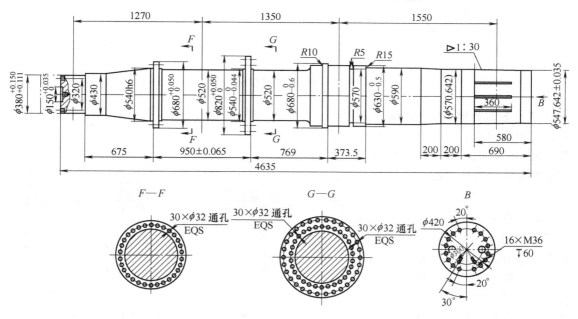

图4-26　摩擦式提升机主轴示意图

（4）制动盘　图4-27所示为多绳摩擦式提升机制动盘结构示意图。制动盘用Q345钢制造，多绳摩擦式提升机的制动盘可做成整体结构或分体焊接结构，图中制动盘为两分体焊接结构，焊后作射线探伤，焊缝内不应有任何裂纹、未熔合和未焊透现象。制动盘焊接于滚筒上，称之为固定闸盘，与滚筒焊接后，要对装设盘形制动器的部位进行精加工。根据使用盘形制动器副数的多少，可以焊有一个或两个制动盘，大型提升机多采用双制动盘形式。制动盘与摩擦轮之间采用可拆组合式连接，即制动盘做成两半，用高强度螺栓与摩擦轮连接，成对地装在摩擦轮上，采用大平面摩擦副来传递转矩。制动盘与摩擦轮之间有配合止口作径向定位，两半制动盘合口面之间用键作轴向定位，并设有少量精制螺栓，以提高定位精度，增强局部刚性。可拆式制动盘的优点主要是便于运输并可以更换。

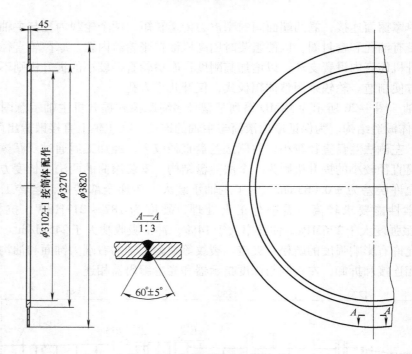

图 4-27　摩擦式提升机制动盘

（5）滚筒摩擦衬垫　多绳摩擦式提升机滚筒表面均装设有摩擦衬垫，图 4-28 所示为 JKMD 系列某型号摩擦式提升机摩擦衬垫安装示意图。摩擦衬垫安装于滚筒表面，由滚筒挡板限位，通过梯形压块 1 将摩擦衬垫 2 固定，不允许在任何方向上活动。压块采用非金属的酚醛材料压制而成，其强度和尺寸不受浸水影响，适合矿山环境使用。井塔式多绳提升机的摩擦衬垫为单绳槽结构，而落地多绳提升机则采

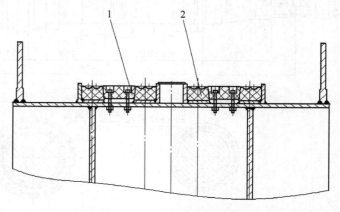

图 4-28　摩擦式提升机摩擦衬垫安装示意图
1—梯形压块　2—摩擦衬垫

用双绳槽摩擦衬垫，可交替使用，延长了衬垫的使用寿命。

提升机摩擦滚筒安装摩擦衬垫的目的，一是保证衬垫与钢丝绳之间有适当的摩擦因数，以保证传递一定的动力；二是有效地降低钢丝绳张力分配不均；三是对钢丝绳起一定的保护作用。摩擦衬垫作为摩擦式提升机的关键部件，除承受钢丝绳比压、张力差之外，还承受着两侧提升钢丝绳运行时的各种动载荷与冲击载荷，所以必须有足够的抗压强度。同时，它与钢丝绳之间必须具有足够的摩擦因数以满足设计生产要求，并防止提升过程中钢丝绳滑动。摩擦衬垫的使用性能直接影响提升机的性能参数、提升能力及运行的安全可靠性，因此，要求摩擦衬垫具有以下性能：

1）与钢丝绳之间必须有较大的摩擦因数，且摩擦因数受水、油等的影响较小。

2）具有较高的比压和抗疲劳性能。

3）具有较好的耐磨性能，磨损时粉尘对人和设备无害。

4）在正常温度变化范围内，能保持其原有性能。

5）具有一定的弹性，能起到调整一定的张力偏差的作用，并减少钢丝绳之间蠕动量的差值。

上述性能中最主要的是摩擦因数，提高摩擦因数，可以提高设备的经济性和安全性。目前，国内主要采用聚氨酯衬垫和高性能摩擦衬垫，其摩擦因数分别为 0.2、0.23 和 0.25。特别是高性能摩擦衬垫，它能确保设计允许摩擦因数达到 0.25 甚至更高，同时具有较高的热稳定性和耐磨性。一般衬垫的使用寿命主要取决于下列因素：

1）衬垫自身的耐磨性高。

2）设备使用参数选用合理，安装质量好。

3）合理使用维护，如合理车削绳槽，合理调整钢丝绳长度，保证衬垫在良好的外界环境下工作等。

（6）主轴轴承装置　摩擦式提升机主轴轴承装置如前述缠绕式提升机的轴承装置。对于大型低速直联多绳提升机，靠近电动机侧的轴承可采用圆柱内孔和圆锥内孔两种调心滚子轴承，后者除了具有普通圆柱孔调心轴承的优点外，还具有装拆方便，间隙可调的优点，对提升机更换轴承十分有利。图 4-29 所示为 JKMD 系列某型号摩擦式提升机轴承装置，主要由铸钢 ZG270-500 制造的轴承底座 1、透盖 2、销子 3、轴承盖 4、热电偶 5、油杯 6 和吊环螺钉 7 等组成。热电偶可实现对轴承温度的在线监测。

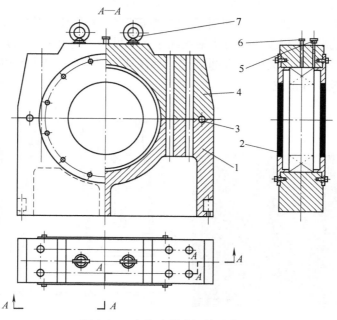

图 4-29　摩擦式提升机轴承装置

1—轴承底座　2—透盖　3—销子　4—轴承盖

5—热电偶　6—油杯　7—吊环螺钉

（7）主轴连接装置 对于采用减速器的摩擦式提升机，主轴与减速器输出轴的连接装置、减速器输入轴与电动机轴的连接装置与前述缠绕式提升机联轴器类似；对于不采用减速器的低速直联电动机，其转子与主轴的连接则是一个非常重要的环节，它必须具备安全可靠，结构简单，便于加工制造和检验，装拆维护方便等特点。其采用的连接方式有锥面过盈连接、双夹板连接和键连接三种，而键连接和双夹板连接方式由于种种原因已很少采用。

目前，应用较多的是锥面过盈连接，如图 4-24 和图 4-26 所示。这是一种比较理想的连接方式，其主要优点是装拆方便，维护量小，结构紧凑；但它对加工制造和测量技术的要求相对较高。电动机转子与主轴圆锥面过盈连接，是指电动机转子支架内孔为锥孔，主轴轴端为锥轴，转子直接装在提升机主轴上，依靠锥面配合的摩擦力传递转矩。此种连接方式的关键是要保证圆锥结合面的接触面积及过盈量，圆锥面过盈连接的过盈量是根据所需传递的转矩来计算确定的，通过控制电动机转子与主轴的轴向位移来实现过盈量的调整。因此，既要保证圆锥面能够安全地传递外载转矩，又要保证装配和拆卸电动机转子顺利进行。电动机转子在主轴上的装拆采用液压扩孔法。

（8）车槽装置 为使各钢丝绳槽直径差不超过规定值，以保持各钢丝绳张力均衡一致，当磨损使绳槽直径差达到一定的程度时须重新车制绳槽。对新更换的摩擦衬垫也要车出绳槽。在紧急制动后，当各钢丝绳张力不平衡引起各绳槽磨损不同而使直径不等时，也应重新车绳槽。为此，摩擦式提升机设置了车槽装置，如图 4-30 所示。车槽装置位于摩擦轮下方，可实现径向进给的刀架装置固定在支承架上，并可沿支架作横向移动以车削不同绳槽，车刀装置的结构与普通车床的尾座基本相同，转动车刀装置手轮，即可调整车刀相对摩擦滚筒的位置，实现吃刀动作，开动摩擦滚筒即可实现绳槽的切削。

（9）拨绳装置 对落地摩擦式提升机的摩擦滚筒装置采用双绳槽摩擦衬垫，当同时使用的一组绳槽磨损到一定程度后，可将钢丝绳搭放至另一组绳槽中，交替使用以增加衬垫的使用寿命。改变工作绳槽需要使用拨绳装置，如图 4-31 所示。它主要由挡板 1 和 4、拨绳板 2、手把 5、垫板 6 等组成。

图 4-30　车槽装置及车槽示意图

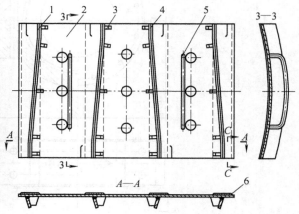

图 4-31 拨绳装置

1—挡板Ⅰ　2—拨绳板　3—筋板

4—挡板Ⅱ　5—手把　6—垫板

【工作任务实施】

1. 任务实施前的准备

明确安全生产知识，了解本次任务的安全要点，对人员和设备的危险状态有充分了解，具有较强的安全生产意识和思想重视程度。

2. 知识要求

掌握摩擦式提升的组成结构、工作原理及其主轴装置的组成和其他组成部件的结构及特点。

3. 摩擦式提升机的日常保养

摩擦式提升机主体部分的润滑保养等与缠绕式提升机基本相同，具体可参照上一课题的内容。

4. 挂绳、拨绳及摩擦衬垫相关操作

（1）落地多绳摩擦式提升机的挂绳要求　落地多绳摩擦式提升机每一根钢丝绳都有两个绳槽可以使用。在挂绳时如果是 4 根钢丝绳，应将提升中心线左侧的两根钢丝绳分别放在各自左边的绳槽内，将提升中心线右侧两根钢丝绳分别放在各自右边的绳槽内，或者全部反向操作。这样既不产生轴向力，又可以方便地使用拨绳装置将钢丝绳从一个绳槽换到另一个绳槽内。

（2）拨绳操作过程　当需要改变钢丝绳工作绳槽时，应使用拨绳装置进行拨绳操作。拨绳装置分由外向里和由里向外拨绳两种结构形式，应据实际工作状况正确选择，以适应落地多绳摩擦式提升机滚筒改变绳槽的要求。

如图 4-32 所示的拨绳操作是将在外侧工作的两组钢丝绳拨换至内侧工作。拨绳操作时，将拨绳装置固定到摩擦滚筒对应绳槽的位置上，起动提升机滚筒按顺时针方向缓缓转动，直至钢丝绳改变绳槽，待拨绳装置转出钢丝绳后停车将拨绳装置卸下，并固定好摩擦衬垫。

图 4-32　拨绳操作示意图

（3）摩擦衬垫的更换　《煤矿安全规程》规定，摩擦衬垫磨损后最小剩余厚度不得小于钢丝绳直径，绳槽磨损深度不得超过 70mm，检查方法是在绳槽圆周的三等分点上测量平均深度，超过规定时要更换衬垫。

衬垫的更换可在不拆卸钢丝绳的情况下进行。首先更换摩擦轮未被钢丝绳覆盖部分的摩擦衬垫，然后慢慢转动摩擦轮使钢丝绳位于新衬垫上，再更换另一部分未被覆盖的摩擦衬垫，依次进行至全部更换完毕。

更换摩擦衬垫时的注意事项为：摩擦衬垫应与摩擦轮紧密接触，如果出现与挡绳板焊缝干涉的情况，应对衬垫倒角进行修正；摩擦衬垫间应相互靠紧，不应有缝隙，每圈最后一块衬垫应按实际尺寸大小修配，不同圆周上的接头应错开。

（4）绳槽的车削　提升机挂绳前或磨损后须利用车槽装置将摩擦轮摩擦衬垫上的钢丝绳槽车削至符合要求。塔式提升机车槽装置一般安装在不影响提升钢丝绳工作的位置，即提升机下部。落地式多绳提升机的车槽装置一般安装在滚筒下方，车槽时应用拨绳装置将钢丝绳自绳槽移开，再进行车槽。

摩擦衬垫在以下情况下需进行车削：当紧急制动后各钢丝绳张力不平衡引起各绳槽磨损不同，而使直径不等时；新更换的摩擦衬垫。

车槽工作要求为：

1）当衬垫材料为聚氯乙烯时，车削线速度以 $0.5 \sim 0.7 \mathrm{m/s}$ 为宜；衬垫材料为聚氨酯橡胶时，车削线速度以小于 $0.5 \mathrm{m/s}$ 为宜。

2）车刀的前角要大些，以保证车出的摩擦衬垫绳槽光滑。车削绳槽的深度不得大于绳槽半径。

3）车槽时，应注意以摩擦轮挡绳板外圆为基准，借助平尺对刀进行车削，尽量使各绳槽的直径偏差达到最小值。

4）直径偏差的检查方法是将两提升容器置于井筒的中部附近，在钢丝绳的同一水平面上，作四个标记。起动提升机，将有标记一侧的容器下放，转动几圈后停车测出各标记的高低差值 Δ，标记最高的那根钢丝绳的绳槽直径最小，相应地调整其他几把车刀的吃刀量 a_p，使 $a_p = \Delta / (2\pi n)$，计算调整吃刀量后再车削。

（5）衬垫磨损较快的原因分析及处理　影响衬垫磨损的因素及处理方法主要有：

1）钢丝绳与衬垫之间周期性蠕动所导致的磨损，这种磨损属于正常磨损，无法避免；提升机加、减速时钢丝绳与衬垫滑动所导致的磨损，可通过提高衬垫摩擦因数来减小提升机加、减速时钢绳的滑动，从而减小衬垫的磨损。

2）车槽精度不够导致某圈衬垫磨损速度加快，可通过重新车槽来保证精度。

3）由于钢丝绳张力不平衡而导致某圈衬垫磨损速度加快，应及时测定钢丝绳的张力并进行调整，如磨损严重应车槽修正。

4）紧急制动时，钢丝绳与衬垫产生剧烈摩擦。

（6）摩擦衬垫使用中的注意事项　摩擦衬垫在现场使用中，应经常检查衬垫固定螺栓的拧紧力是否达到要求，不足的应用扭力扳手拧紧到规定值；摩擦衬垫和钢丝绳必须保持干净，不允许使用规定之外的油脂或油液。

5. 制动闸盘轴向窜动的处理

提升机运行中若发现制动盘有轴向窜动，应仔细检查，可能的原因如下：

1）主轴承是否损坏或松动，主轴承座是否固定牢固。

2）零件变形，连接部位失效等，须查明原因后及时处理。

6. 任务实施工作记录

按生产现场要求做好各项检查或维修的记录或日志，要求反映工作实施的全过程和工作内容，记录检查项目和数据真实、客观、准确，随工人一同向值班领导汇报、上交，并做好与下一班的交接工作。班后整理上述内容，形成本次学习的纲要、收获和体会，上交现场教师。

【工作任务考评】（见表4-7）

表4-7 任务考评

过程考评	配 分	考评内容	考评实施人员
素质考评	12	生产纪律	专职教师和现场教师结合，进行综合考评
	12	遵守生产规程，安全生产	
	12	团结协作，与现场工程人员的交流	
实操考评	12	理论知识：口述摩擦式提升机的主要组成、各部结构，基本工作原理	
	12	任务实施过程注意学习、实际操作和记录，注意实习过程的原始资料积累	
	12	手指口述摩擦式提升机的结构组成及作用	
	12	完成本次工作任务，效果良好	
	16	按工作任务实施指导书完成学习总结，总结所反映出的工作任务完整，信息量大	

【思考与练习】

1. 摩擦式提升机分为哪几部分？它与缠绕式提升机相比有何异同？

2. 对摩擦式提升机中摩擦衬垫的要求是什么？简述摩擦衬垫的更换方法及过程，以及影响衬垫磨损的主要因素。

3. 简述摩擦式提升机的主轴结构及特点。

4. 简述落地摩擦式提升机拨绳操作过程。

5. 简述绳槽切削过程及要求。

6. 比较摩擦提升机与缠绕式提升机在维护保养方面的异同？

【知识拓展】

一、单绳缠绕式提升机的选择计算

提升机的直径和宽度是缠绕式提升机的基本参数，选择提升机时以这两个参数为主要依据。

1. 卷筒直径的选择计算

选择提升机卷筒的原则是钢丝绳在绕经卷筒时产生的弯曲应力不能过大，以保证钢丝绳有一定的承载能力和使用寿命。钢丝绳弯曲应力的大小及寿命取决于卷筒和钢丝绳的直径比。直径比 D/d 越大，弯曲应力越小。《煤矿安全规程》规定，对于安装于地面的提升机要求同时满足以下两式

$$D \geqslant 80d \tag{4-4}$$

$$D \geqslant 1200\delta \tag{4-5}$$

对安装于井下的提升机要求同时满足以下两式

$$D \geqslant 60d \tag{4-6}$$

$$D \geqslant 900\delta \tag{4-7}$$

式中，D 为卷筒直径，单位为 mm；d 为钢丝绳直径，单位为 mm；δ 为钢丝绳钢丝的最粗直径，单位为 mm。

依据上述计算值选取标准卷筒直径。

2. 卷筒宽度的选择

（1）卷筒所需宽度分析　卷筒宽度 B 由所需容纳的钢丝绳长度计算选定。在卷筒表面需容纳以下几部分钢丝绳：

1）提升高度对应的钢丝绳长度，大小为 H。

2）钢丝绳试验长度。按规定钢丝绳每半年剁绳头 5m，钢丝绳寿命以 3 年计，则试验长度为 30m。

3）卷筒表面钢丝绳要留有 3 圈摩擦圈，以减小钢丝绳在卷筒上固定处的固定力。

（2）钢丝绳作单层缠绕时卷筒宽度计算　钢丝绳作单层缠绕时，卷筒容绳所需宽度为

$$B = \frac{H + 30 + 3\pi D}{\pi D}(d + \varepsilon) \tag{4-8}$$

式中，B 为卷筒容绳宽度，单位为 m；H 为提升高度，单位为 m；D 为卷筒直径，单位为 m；ε 为钢丝绳在卷筒上缠绕时的间隙，以不咬绳为原则，一般取 2～3mm。

（3）钢丝绳作多层缠绕时卷筒宽度计算　钢丝绳作多层缠绕时，为避免钢丝绳总是在同一个地方跨层，每个季度要将钢丝绳错动 1/4 圈。所以，钢丝绳作多层缠绕时，卷筒容绳所需宽度为

$$B = \frac{H + 30 + 3\pi D + n'\pi D}{K\pi D_p}(d + \varepsilon) \tag{4-9}$$

式中，K 为钢丝绳在卷筒上的缠绕层数；n' 为错绳圈数，$n' = 2 \sim 4$ 圈；D_p 为卷筒直径，其公式为

$$D_p = D + \frac{K-1}{2}\sqrt{4d^2 - (d + \varepsilon)^2}$$

根据计算得到的 D、B 值选用标准的提升机参数，同时确定提升机减速比 i，协调匹配卷筒直径 D、电动机转速 n 及选定的最大提升速度 v_{max} 等参数，$i = \dfrac{\pi D n}{60 v_{max}}$。选定提升机后，还要核算提升机强度是否满足以下要求

$$(Q + Q_z) + pH \leqslant F_{jm} \tag{4-10}$$

$$Q + pH \leqslant F_{jc} \tag{4-11}$$

式中，Q 为一次提升量，单位为 N；Q_z 为容器重量，单位为 N；p 为钢丝绳每米重量，单位为 N/m；F_{jm} 为提升机最大静张力，单位为 N；F_{jc} 为提升机最大静张力差，单位为 N。

二、多绳摩擦式提升机的选择计算

《煤矿安全规程》规定，摩擦轮和导向轮的最小直径与钢丝绳的直径比必须符合以下规定：

1）无导向轮的塔式摩擦提升机，井上 $D \geqslant 80d$，井下 $D \geqslant 70d$。

2）落地式及塔式摩擦提升机，井上 $D \geqslant 90d$，$D_d \geqslant 90d$；井下 $D \geqslant 80d$，$D_d \geqslant 80d$。其中，D_d 为导向轮直径。

　　根据计算得到的 D 值选用标准的提升机参数，验算提升机最大静张力及最大静张力差是否满足要求。还要计算衬垫比压 p_b 是否在允许的范围内

$$p_b = \frac{F_{js} + F_{jx}}{n_1 Dd} \leq [p_b] \tag{4-12}$$

式中，F_{js} 为提升侧钢丝绳静张力，$F_{js} = (Q + Q_z) + n_1 p(H + h_0) + n_2 q H_h$；$F_{jx}$ 为下放侧钢丝绳静张力，$F_{jx} = Q_z + n_1 p h_0 + n_2 q (H + H_h)$；$n_1$、$n_2$ 为主、尾绳数目；h_0 为从卸载位置到摩擦轮中心线（塔式）的距离；p、q 为主、尾绳每米重力，单位为 N/m；$[p_b]$ 为衬垫许用比压，因衬垫材料不同而异，一般对聚氨酯衬垫取 $2 \times 10^6 \text{N/m}^2$，对 PVC 取 $1.4 \times 10^6 \text{N/m}^2$。

第五单元

提升机制动系统的使用与维护

【单元学习目标】

本单元主要介绍矿井提升机制动系统的结构与使用，由制动器的结构及使用、制动系统液压站的使用与维护两个课题组成。通过本单元的学习，学生应能够掌握矿井提升机制动系统的组成、各种形式制动器的组成及基本工作原理、液压站的系统组成及工作原理，在此基础上，随现场运行班组对提升机制动系统进行维护和调整；掌握盘形制动器轴瓦间隙的调整、盘形制动器的拆卸与保养方法，液压站贴闸压力的调整、一级油压的调整等内容；掌握提升机制动系统的维护保养与调整等内容，能够和现场工人一起，对提升机制动系统进行现场维护，保证提升机正常运行。

课题一 制动器的结构及使用

【工作任务描述】

提升机制动系统的关键部件是制动器，制动器的结构形式决定了制动系统的形式和提升机的安全工作性能。目前，提升机制动系统主要应用盘形制动器作为制动执行机构，制动系统性能大为提高，提升机自动化控制程度明显改善。本课题主要对矿井提升机盘形制动器的结构和性能作详细分析，对其的使用、维修和调整作较详细的描述，学生在掌握有关盘形制动器结构知识的基础上，现场跟班学习，牢固掌握盘形制动器的使用和维护内容和方法。通过本课题的实施，学生应能够对盘形制动器进行日常维护，保证提升机的安全运行。

【知识学习】

一、制动装置的结构和工作原理

1. 制动装置的类型

制动装置由制动器和传动装置组成，制动器产生制动力矩，作用于制动盘或制动轮上，实现提升机主轴装置的制动；传动装置传递动力并控制调节制动力矩，实现制动要求。按制动器的结构，提升机制动装置分为块式制动器和盘形制动器；按传动能源分为油压、气压或弹簧制动装置。块式制动器主要有角移式、平移式和复合式三种。

2. 制动装置的作用

制动装置的主要作用如下：

1）在提升机正常操作时，参与提升机的速度控制，在提升终了时可靠地闸住提升机，即通常所说的工作制动。

2）发生紧急事故时，能迅速地按要求减速、制动提升机，以防止事故扩大，即安全制动。

3）在减速阶段参与提升机的速度控制。

4）对于双滚筒提升机，在调节绳长，更换钢丝绳时，能分别闸住提升机活动滚筒及固定滚筒，以便主轴带动固定滚筒一起旋转时，活动卷筒闸住不动（或锁住不动）。

3. 制动装置的结构及工作原理

（1）提升机工作制动装置　提升机工作制动装置的结构及安装位置示意图如图5-1、图5-2所示。提升机工作制动装置为辅助制动系统，装设于提升机主电动机与减速器联轴器上，联轴器外轮缘兼做制动轮。

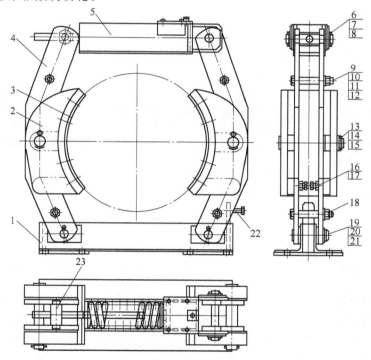

图 5-1　提升机工作制动装置示意图

1—工作制动器支架　2—闸瓦　3—闸带石棉　4—闸臂　5—液压弹簧推动器　6—带孔销

7、11、14、20—平垫圈　8、15、21—开口销　9、22—螺栓　10、17—螺母　12—弹簧垫圈

13—销轴　16—全螺纹螺栓　18—隔套　19—销轴　23—铰接头

提升机工作制动装置主要由工作制动器支架1、闸瓦2、闸带石棉3、闸臂4、液压弹簧推动器5、带孔销6、销轴13和螺栓等组成。提升机开始提升时，工作制动装置与主制动系统都处于松闸状态，当提升机进入减速阶段时，主制动系统开始制动，工作制动器同时靠近制动轮进行制动，以吸收电动机转子的惯性。当提升机进行安全制动时，工作制动器也立即

实施制动，以克服电动机惯性对减速器的冲击载荷。这样，无论是在正常工作，还是在安全制动状态，工作制动装置均可对减速器起保护作用，同时协助主制动系统进行制动。

（2）块形制动器的结构及工作原理

1）角移式制动器。提升机卷筒角移式制动器的结构如图5-3所示。焊接结构的前制动梁9和后制动梁2，经三角杠杆7用拉杆5彼此连接，木制或压制石棉塑料的闸瓦4固定在制动梁上。利用拉杆5左端的螺母3来调节闸瓦4与制动轮6之间的间隙，顶丝8用来支撑制动梁，

图5-2　工作制动器安装位置示意图

以保证制动轮两侧的松闸间隙相同。当进行制动时，三角杠杆7的右端按逆时针方向转动，带动前制动梁9同时经拉杆5带动后制动梁2各自绕其轴承1转动一个不大的角度，使两个闸瓦压向制动轮6产生制动力。

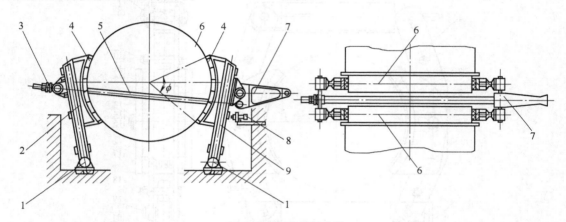

图5-3　角移式制动器

1—轴承　2—后制动梁　3—调节螺母　4—闸瓦　5—拉杆　6—制动轮　7—三角杠杆　8—顶丝　9—前制动梁

角移式制动器的优点是结构比较简单，缺点是围包角较小，所产生的制动力矩也较小，而且由于闸瓦表面的压力分布不够均匀，闸瓦上下磨损也不均匀。角移式制动装置主要用在较早的 KJ 型 2～3m 提升机，该提升机现已停止生产，目前只有少数提升机在使用。

2）平移式制动器。平移式制动器的结构如图5-4所示。后制动梁2由铰接立柱7支承在地基上，后制动梁2的上、下端安设三角杠杆3，用可调节拉杆1保持连接，前制动梁2由铰接立柱7和辅助立柱13支承在地基上，前、后制动梁由三角杠杆3和拉杆4彼此连接，通过立杆8、杠杆9受工作制动气缸10和安全制动气缸11控制。工作制动气缸充气时抱闸，放气时松闸，安全制动气缸的工作情况与之相反。当工作制动气缸10充气或安全制动气缸11放气时，都可使立杆8向上运动，通过三角杠杆3、拉杆4等驱动前、后制动梁上的闸瓦压向制动轮14，实现制动。反之，若工作制动气缸10放气或安全制动气缸11充气，都会使立杆8向下运动，实现松闸，这种制动器的前、后制动梁是近似平移的。因为后制动梁只有一根立柱来支承，很难保证其平移性，所以用顶丝6来辅助改善其工作情况。前制动梁受

立柱 7 和 13 的支承,形成四连杆机构,当其接近垂直位置时(制动梁的位移仅 2mm 左右),基本可保证前制动梁的平移性。

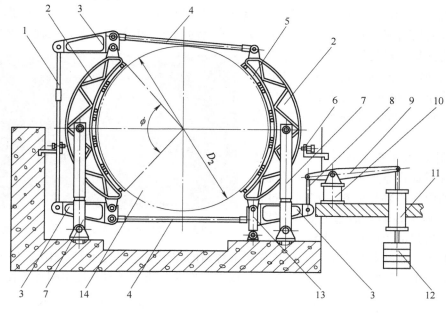

图 5-4 平移式制动器

1—可调节拉杆 2—后制动梁 3—三角杠杆 4—横拉杆 5—闸瓦 6—顶丝 7—铰接立柱 8—制动立柱
9—制动杠杆 10—工作制动气缸 11—安全制动气缸 12—安全制动重锤 13—辅助立柱 14—制动轮

与角移式制动器相比,该制动器的特点是:围包角、制动力矩较大,闸瓦压力及磨损较均匀,但结构复杂。主要用于较早生产的 KJ 型 4~6m 提升机,现已停止生产,目前只有少数提升机仍在使用。

3)综合式制动器。综合式制动器的结构如图 5-5 所示,它由制动梁 8 和 3、活瓦块 1、拉杆 5、三角杠杆 7 等组成。制动梁安装在轴承座 10 上,在制动梁上装有活瓦块 1,活瓦块上装有闸瓦 4,活瓦块在制动梁上可绕销轴 2 转动,从而使闸瓦与制动轮接触均匀,闸瓦磨损均匀。调节螺钉 6 可保证在松闸时,闸瓦与制动轮间隙上下均匀。拉杆 5 的两端为左右螺纹,用于调整松闸时的闸瓦间隙,使其保持在 1~2mm 之间。挡钉 11 的作用是保证松闸时两侧闸瓦间隙相等。立杆 9 上下运动时,带动三角杠杆转动,通过拉杆 5 又带动制动梁,使闸瓦靠近或离开制

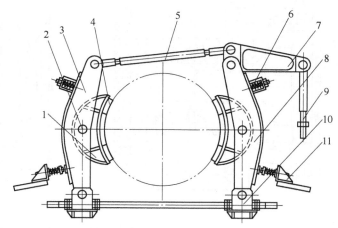

图 5-5 综合式制动器

1—活瓦块 2—销轴 3—后制动梁 4—闸瓦 5—拉杆 6—调节螺钉
7—三角杠杆 8—前制动梁 9—立杆 10—轴承座 11—挡钉

动轮。该种制动器的特点是结构较简单、围包角较小，因而制动力矩较小，闸瓦表面的压力分布均匀，闸瓦磨损均匀。

（3）盘形制动器的工作原理和结构　盘形制动器与块式制动器不同，它的制动力矩是靠闸瓦沿轴向从两侧压向制动盘产生的。为了使制动盘不产生附加变形，主轴不承受附加轴向力，盘闸都是成对使用的，每一对称为一副盘形制动器。根据所要求制动力矩的大小，每台提升机可布置多副制动器。图5-6所示为盘形制动器外形及工作状态示意图。

盘形制动器有液压缸前置和后置之分，液压缸后置式盘形制动器解决了现有技术存在的筒体心轴易断裂，在加工过程中误差大，影响心轴与活塞的装配精度，密封不好，易漏油等问题，图5-7所示为

图5-6　盘形制动器外形及工作状态示意图

其结构示意图。制动器装在支座上，依靠碟形弹簧的作用力把闸瓦体15及闸瓦16压向制动盘产生制动力矩。松闸时，将液压油输入液压缸工作腔，通过活塞及连接螺栓5使碟形弹簧

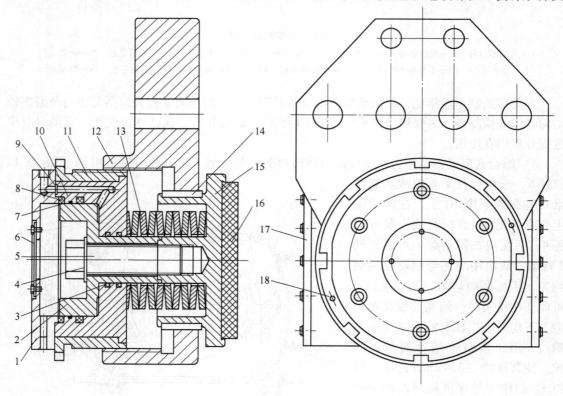

图5-7　盘形制动器结构示意图

1—配油盘　2—活塞　3、8—密封圈　4—止退垫圈　5—螺栓　6—挡板
7、9—O形密封圈　10—液压缸　11—调节螺母　12—支座　13—碟形弹簧
14—导向键　15—闸瓦体　16—闸瓦　17—挡铁　18—顶丝

13 压缩，使闸瓦体及闸瓦拉回，闸瓦离开制动盘。调整调节螺母 11，可以调整闸瓦与制动盘的间隙。盘形制动器靠弹簧制动，液压松闸。当液压缸内的油压最小时，制动盘受最大正压力作用，呈全制动状态；当油压升高时，液压缸产生的推力增大，弹簧力被部分克服，对制动盘的作用力减小，从而降低转动力矩；当工作油压升高到一定数值时，则完全解除制动。

　　盘形制动器的一个特点是：结构紧凑，闸的副数可以根据制动力的大小进行调节，数目可达 6 副或更多。盘形制动器均成对使用，制动盘不承受附加载荷，主轴不承受轴向力。盘形制动器的另一特点是动作快，空行程时间远比块式制动系统时间短，易实现自动控制。

　　盘形制动系统中的盘形制动器可根据卷筒直径大小和制动器副数等要求布置在双制动盘或单制动盘上，如图 5-8、图 5-9 所示。

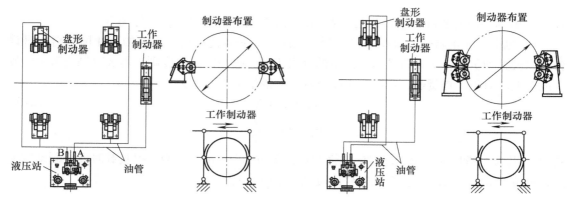

图 5-8　双制动盘布置图　　　　　　　　　　　图 5-9　单制动盘布置图

TP 系列盘形制动器的主要技术参数见表 5-1。

表 5-1　TP 系列盘形制动器的主要技术参数

参数 型号	TP1-25 TP2-25	TP1-60 TP2-60	TP1-63 TP2-63	TP1-63B TP2-63B	TP1-80 TP2-80
额定正压力/kN	25	60	65	65	80
油压/MPa	5.2	6	6	6.5	7
活塞有效面积/mm²	7 884	15 013	15 013	13 700	15 013
最大闸瓦比压/(N/mm²)	7 123	8 400	8 400	8 400	10 600
允许最高摩擦温度/℃	210	210	210	210	210

二、制动装置工作分析和制动力矩的计算

　　制动装置不仅是一个工作机构，同时也是重要的安全机构，为了确保提升工作安全、顺利地进行，《煤矿安全规程》对其提出了一系列要求，归纳起来主要有两点：一是制动器必须给出一个恰当的制动力矩；二是安全制动必须能自动、迅速和可靠地实现。

　　《煤矿安全规程》规定，制动力矩应满足下列要求：

　　1）制动力矩应足够大。例如，对于竖井和倾角在 30°以上的斜井，工作制动和安全制

动的制动力矩不得小于提升系统最大静负荷力矩的 3 倍，即

$$M_z \geq 3M_j = 3\left[Q \pm (n_1 p - n_2 q)H\right]\frac{D}{2} \tag{5-1}$$

式中，M_z 为制动力矩，单位为 N·m；M_j 为提升系统最大静负荷力矩，单位为 N·m；Q 为一次提升货载的重力，单位为 N；H 为提升高度，单位为 m；D 为滚筒直径，单位为 m；p 为主钢丝绳每米重力，单位为 N/m；q 为尾绳每米重力，单位为 N/m；n_1 为主绳根数；n_2 为尾绳根数。

2）双滚筒提升机打开离合器调绳时，制动装置在各滚筒上产生的制动力矩不得小于该滚筒所悬挂提升容器和钢丝绳重力所形成静力矩的 1.2 倍，即

$$\frac{M_z}{2} \geq 1.2M_j' = 1.2\frac{D}{2}(pH + Q_z) \tag{5-2}$$

式中，M_j' 为调绳时的静力矩，单位为 N·m；Q_z 为提升容器自重，单位为 N。

3）制动力矩的数值必须保证安全制动减速度在一定范围内。过大的减速度会对提升设备产生较大动负荷，对设备及运载人员的健康不利；过小的减速度则不能及时制止事故的发生或扩大。对于上提货载，如图 5-10a 所示，力矩平衡方程式为

$$M_d' = M_j + M_z \tag{5-3}$$

$$M_d' = \Sigma m a_z'\frac{D}{2}$$

式中，M_d' 为上提货载安全制动时的惯性力矩，单位为 N·m；a_z' 为上提货载时安全制动减速度，单位为 m/s²；Σm 为提升系统变位质量，单位为 kg。

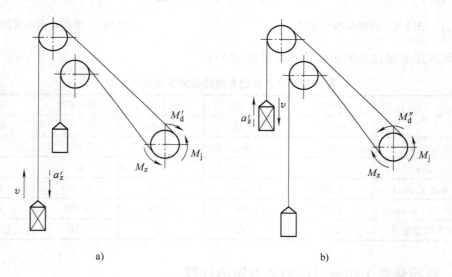

图 5-10 安全制动时的力矩

a）上提货载 b）下放货载

按规定，上提货载时的减速度 $a \leq 5\text{m/s}^2$，由此得出

$$M_z \leq 5\Sigma m\frac{D}{2} - M_j \tag{5-4}$$

同理，对于下放货载（见图 5-10b），力矩平衡方程为

$$M''_d = M_z - M_j \tag{5-5}$$

$$M''_d = \Sigma ma''_z \frac{D}{2}$$

式中，M''_d 为下放货载安全制动时的惯性力矩，单位为 N·m；a''_z 为下放货载时的安全制动减速度，单位为 m/s²。

按规定，下放货载的减速度 $a \geqslant 1.5$ m/s²，所以有

$$M_z \geqslant 1.5\Sigma m \frac{D}{2} + M_j \tag{5-6}$$

由式（5-3）、式（5-5）可以看出，提升系统在同一制动力矩的作用下，上提货载时的减速度比下放货载时的减速度大，这是因为前者的静阻力矩与制动力矩方向一致，有利于制动，而后者则相反。

在确定提升机制动力矩时，要同时兼顾以上三方面对制动力矩的要求；若不能同时满足，安全制动可用二级制动。对于摩擦提升机，工作制动或安全制动所产生的减速度还要受到防滑条件的限制。

三、盘形制动器主要参数的计算

1. 正压力 N

图 5-11 所示为盘形制动器工作原理示意图。盘形制动器由碟形弹簧产生制动力来实现提升机的制动，靠油压克服弹簧力松闸。活塞同时受弹簧作用力 F_2、液压油产生的推力 F_1 和综合阻力 F_3 的作用，处于制动状态时，F_3 的作用方向与 F_2 相反。故压向制动盘的正压力为

$$N = F_2 - F_1 - F_3 \tag{5-7}$$

处于制动状态时，当液压缸内的油压 p 为最小时，液压油产生的推力 F_1 最小，制动盘受最大正压力 N_{max}，制动力矩最大，呈全制动状态。当油压 p 升高时，液压油产生的推力 F_1 增大，弹簧力 F_2 部分被克服，制动盘所受正压力 N 减小，制动力矩减小。当油压进一步升高，油压所产生的推力 F_1 大于弹簧力 F_2 时，则完全解除制动。所以，闸瓦压向制动盘的正压力 N 的大小决定于液压缸内工作油的压力。

图 5-12 所示为正压力 N 与油压 p 的关系。制动液压缸回油，此时油压逐渐减小而制动力逐渐增大。制动缸进油时，油压逐渐升高而制动力逐渐减小，盘闸逐渐打开松闸。由图可以看出：

1）正压力 N 随油压 p 的增大而减小，其变化过程可以近似地看作线性关系。

2）松闸过程和制动过程所得曲线不重合，这是因为在松闸和制动过程中，活塞所需克服的摩擦力的方向不同，松闸时，液压缸壁及密封圈对活塞的阻力与碟形弹簧作用力的方向一致。所以，在油压相同的情况下（与制动过程相比），制动盘正压力较大；反之，在制动过程中，活塞所受摩擦阻力与碟形弹簧作用力的方向不一致，所以制动盘的正压力较低。

3）两条曲线不重合的区域为松闸和制动的不可控区，两条曲线的不重合度较小，说明有较高的控制灵敏性。

制动器在制动盘上产生的制动力矩取决于正压力 N 的数值，其关系式为

$$M_z = 2N\mu R_m n \tag{5-8}$$

式中，M_z 为制动力矩，单位为 N·m；μ 为闸瓦对制动盘的摩擦因数，$\mu = 0.35 \sim 0.4$；R_m 为制动盘的平均摩擦半径，单位为 m；n 为提升机制动器的副数。

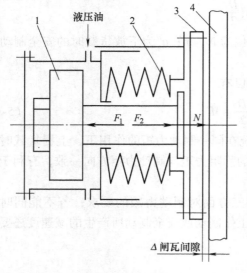

图 5-11　盘形制动器工作原理示意图
1—活塞　2—碟形弹簧　3—闸瓦　4—制动盘

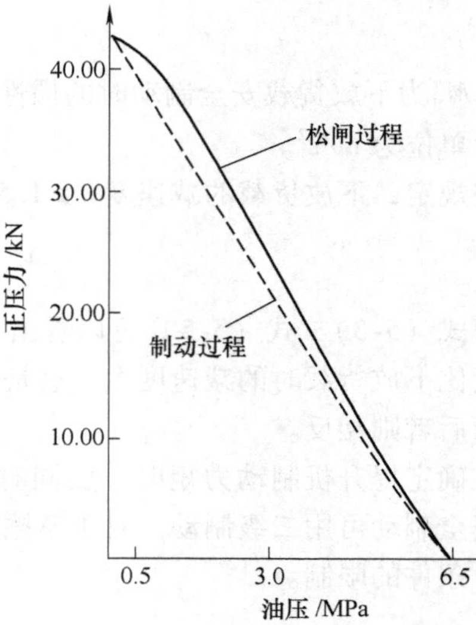

图 5-12　正压力 N 与油压 p 的关系

制动力矩 M_z 应满足 3 倍静力矩 M_j 的要求，所以正压力 N 的值为

$$M_z = 2N\mu R_m n = 3M_j = 3F_c\frac{D}{2} \tag{5-9}$$

$$N = \frac{3DF_c}{4R_m\mu n} \tag{5-10}$$

式中，F_c 为提升机最大静张力差，单位为 N。

2. 实际工作油压 p

在松闸时，液压油作用于活塞上的推力 F_1 要克服碟形弹簧产生的正压力、闸瓦间隙 Δ 压缩量所需的弹簧压缩力及制动器各运动部分的阻力，即

$$F_1 = N + \frac{K\Delta}{n_1} + F_3 \tag{5-11}$$

式中，Δ 为闸瓦最大间隙，单位为 mm，$\Delta = 1 \sim 1.5\text{mm}$；$K$ 为碟形弹簧刚度，单位为 N/mm；n_1 为一组碟形弹簧的片数；F_3 为盘形制动器各运动部分的阻力，可取 $F_3 = 0.1N$。

所以，制动器所需油压与残压之差为

$$p_c = \frac{F_1}{\frac{\pi}{4}(D^2 - d^2)} \tag{5-12}$$

式中，D 为液压缸直径（mm）；d 为活塞小端直径（mm）。

实际工作油压为

$$p = p_c + p_3 \tag{5-13}$$

式中，p_3 为液压缸内残压，约为 0.5MPa。

实际工作油压也可用下式计算

$$p = p_x + C \tag{5-14}$$

式中，p_x 为实际最大静张力差时需要的贴闸油压，单位为 MPa；C 为盘闸各阻力所对应的油压力，单位为 MPa，可按下式计算

$$C = p_1 + p_2 + p_3 \tag{5-15}$$

式中，p_1 为提升机全松闸时，为了保证闸瓦的必要间隙而压缩碟形弹簧之力，折算成油压值为 $p_1 = 0.9$MPa；p_2 为液压缸、密封圈、弹簧阻力，折算成油压值为 $p_2 \approx 0.7$MPa；p_3 为液压站制动状态的残压，按最大残压计算，$p_3 = 0.5$MPa。

【工作任务实施】

1. 任务实施前的准备

明确安全生产知识，了解本次任务的重要性，制动器关系到提升机的运行安全，切不可粗心大意，要在思想上予以重视，任务实施中要细心、耐心，确保完成本次任务。

2. 知识要求

掌握盘形制动器的结构组成、提升制动系统的作用和要求，熟悉本次任务的内容。

3. 盘形制动器的安装调试

（1）制动系统完好的标准

1）制动系统的传动杆件灵活、可靠，各轴销无松动，不缺油，闸轮无磨损、变形，闸瓦与闸轮接触严密。松闸后间隙：平移式制动器不大于 2mm，且上下相等；角移式制动器在闸瓦中心不大于 2.5mm，盘形闸不大于 2mm。油压制动系统不漏油，蓄能器在停机后连续 15min 活塞下降不超过 100mm，风压制动系统不漏风，停机后连续 15min 压力下降不超过正常压力的 10%。

2）盘形闸液压系统的要求是：液压管路不漏油，最大压力能充分松闸，中压液压站残压不大于 0.5MPa，中高压液压站残压不大于 1MPa；液压站压力与操作手柄位置要一致，制动装置的试验符合《煤矿安全规程》等规定的要求。

（2）盘形制动器的拆装步骤　盘形制动器的拆装顺序如图 5-13 所示。轴瓦体由支座右端装入，导向键与支座内导向键槽相配合。在轴瓦体左端内孔装入要求成对的碟形弹簧，注意碟形弹簧的配对方向。将液压缸套装到轴瓦体左端之后装入活塞，然后由大螺栓连接，调整好大螺栓的松紧程度，使碟形弹簧产生需要的预紧力。将调节大螺母装到制动器体孔内，与其上的内螺纹旋动连接，控制大螺母的旋入深度即可调节轴瓦体上轴瓦与制动盘间的距离。在液压缸的左侧装上配油盘，装上油管接头和油管，完成液压缸装配。拆卸顺序与上述装配顺序相反。拆装过程中注意不要对密封元件造成破坏，各密封元件拆下后检验其完好状况，存在问题的要更换。拆卸调节大螺母时可用顶丝。

（3）盘形制动器的安装调试要求

1）盘形制动器中心高 h 误差 $\Delta h = \pm 3$mm。

2）摩擦半径 R_m 的实际安装值不小于理论值。

3）支座两侧面与盘闸两侧面的平行度误差不大于 0.2mm（中心平面）。

4）闸盘表面粗糙度 Ra 不大于 3.2μm，偏摆不大于 0.5mm。

5）同一副制动器的支座端面与制动盘中心线距离偏差不大于 ± 0.5mm。

大螺栓　活塞　导向键

顶丝

配油盘　调节螺母　油缸　弹簧　轴瓦体　支座

图 5-13　盘形制动器的拆装顺序示意图

6）同一副制动器两闸瓦工作面的平行度不应超过 0.5mm。

7）闸盘与闸瓦的接触面积必须大于 60%，为确保闸瓦接触面积以减少贴磨时间，并保证闸瓦与制动液压缸中心安装后垂直，应先将闸瓦取下，以衬板为基准刨削闸瓦，直到刨平为止，然后将其装配到制动器上。

（4）闸瓦间隙的调整要求

1）为避免切断柱塞上的密封圈而产生漏油现象，在安装或检修拆装后第一次调整闸瓦间隙时，必须首先将调整螺栓向前拧入使闸瓦和闸盘贴合，然后分三次进行调整，即每次充入最大工作油压的 1/3，此时闸瓦由于碟形弹簧压缩使之后移。随之将调节螺母向前拧，推动闸瓦与闸盘贴上，第二次充入最大工作油压的 2/3，第三次充入最大工作油压，使闸瓦间隙达到 1mm。

2）闸盘两侧每对盘形制动器的闸瓦间隙应相等，其偏差不应超过 0.1mm。调整螺母拧紧程度应尽量一致，否则将影响制动力。

3）对液压缸前置式制动器，调整闸瓦间隙时要相应地调整返回弹簧，调整时以保证闸瓦能迅速返回为宜，弹簧预压力不宜过大，以避免影响制动力矩。若返回弹簧全部压死，将使制动力矩全部消失。

（5）贴磨各闸瓦　闸瓦与制动盘的接触面积应达到闸瓦全面积的 60% 以上，为保证接触面积达到要求值，闸瓦要进行贴磨，其方法如下：

1）贴磨前，先将制动盘用热肥皂水清洗干净。

2）预测贴闸盘时的油压值。

3）预测各闸瓦（加衬板）的厚度。

4）起动提升机进行贴磨运转，贴磨正压力一般不宜过大，油压值以比贴闸盘时的油压低 0.2～0.4MPa 为宜，并随时注意制动盘温度不超过 80℃。测量最好用电子温度计，以免破坏制动盘表面质量，超温时应停止贴磨，待冷却后再运转。依次断续运转，期间卸开闸瓦检查接触面积，如已达到要求，则重新将闸瓦间隙按 1mm 的规定调整好。

为了防止磨粒磨损而将制动盘磨出沟纹，在贴磨过程中，还应随时注意观察制动盘的表面情况,如发现有金属微粒粘附在制动盘上,必须及时清除并将闸瓦取下检查,如发现有金属颗粒嵌入闸瓦内,也应清除干净。按此方法操作,直到闸瓦贴磨到规定的接触面积为止,这样才能保证在今后制动器正常工作运转中减少制动盘的损伤,否则嵌入闸瓦的金属颗粒将成为磨粒,磨损闸瓦形成恶性循环。

4. 盘形制动器的使用维护,常见故障及处理方法

(1) 盘形制动器使用维护的注意事项

1) 闸瓦不得沾油,使用中闸盘不得有油,以免降低闸瓦的摩擦因数而影响制动力。

2) 在正常使用中,应经常检查闸瓦间隙,如闸瓦间隙超过 2mm,应及时进行调整,以免影响制动力和作用时间。

3) 专门用于重物下放的矿井,不能全靠机械制动,这样会使闸盘发热,一旦出现紧急情况就会影响制动力矩,造成重大事故。因此,应采用动力制动等。

4) 更换闸瓦时应注意将闸瓦压紧,尺寸不符时应修配。

5) 在提升机正常运转时,若发现制动器液压缸漏油,应及时更换密封圈。

6) 修理制动盘时,应将容器卸载后放置于井底或井口的罐座上,或将两容器提升到中间平衡状态进行检修。检修时,要有一两副制动器处于制动状态。

7) 闸盘表面粗糙度值大和闸盘端面偏摆量大都将加速闸瓦的磨损,建议及时检查原因,重车闸盘。

8) 单绳提升机由于主轴承轴瓦磨损引起闸盘轴向窜量大时,将加速闸瓦的磨损,建议检修主轴承轴瓦。

9) 提升机在正常运行中发现松闸慢时应用放气阀放气。

10) 每年或经 5×10^5 次制动作用后,应检查碟形弹簧组。检查方法为:首先使制动器处于全制动状态,再逐步向液压缸加入液压油,使制动液压缸内的压力慢慢升高,各闸就在不同压力下逐个松开。记录下不同闸瓦的松闸压力,其中最高油压与最低油压不超过最大工作压力的 10%,否则应更换其中松闸油压最低的制动器中的碟形弹簧。

(2) 盘闸制动器的常见故障及其处理方法

1) 盘闸制动器不松闸。原因可能是液压站没有油压或油压不足,应检查液压站。

2) 制动器不能制动。原因可能是液压站或制动器损坏、卡住,应检查液压站和制动器并进行修理。

3) 制动时滑行距离长,制动力小。原因可能是超负荷、超速使用,闸瓦间隙太大,制动盘和闸瓦上有油,碟形弹簧有问题等。应找出原因并采取相应的措施。

4) 闸瓦磨损不均匀,磨损太快。原因可能是制动器安装不正,制动盘偏摆太大,窜动或主轴倾斜太大等。需查明原因并进行处理。

5) 松闸和制动缓慢。原因可能是液压系统有空气,闸瓦间隙太大或密封圈损坏。需查明原因并及时处理。

(3) 闸瓦与衬板连接方法的改进 较早生产的闸瓦与衬板的连接采用 6 个沉孔铜螺钉,这不仅减小了闸瓦的接触面积,降低了闸瓦的使用寿命,并且铜螺钉在使用中易松动而容易刮伤闸盘现象,若改为插入式,即将闸瓦刨成止口插入衬板内,如图 5-14 所示,则可避免上述现象。

5. 制动系统的规定和安全要求

为了使制动系统保证提升机安全运行，制动装置的使用和维护应符合《煤矿安全规程》中的相关要求：

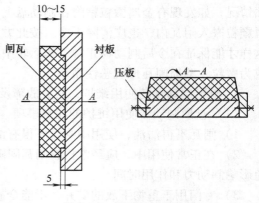

图 5-14　闸瓦与衬板连接

1）提升机必须装设操作工不离开座位即能操作的工作闸和安全闸，安全闸必须能起到自动制动的作用。

当工作闸和安全闸共同使用一套闸瓦制动时，操作和控制机构必须分开。双滚筒提升机的两套闸瓦的传动装置必须分开。对有两套闸瓦而只有一套传动装置的双滚筒提升机，应改用每个滚筒各自有其控制机构的弹簧。提升机除设有机械制动器外，还应设有电气制动装置。

2）保险闸必须采用配重或弹簧式的制动装置，除可由操作者操作外，还必须能自动抱闸，并同时自动切断提升装置电源。常用闸必须采用可调节的机械制动装置。

3）提升机除有制动装置外，还应加设定车装置，以便调整滚筒位置或在修理制动装置时使用。

4）安全闸第一级有保护回路，从断电时起至闸瓦接触到闸轮上的空动时间为：压缩空气驱动闸瓦式制动闸不超过 0.5s；储能液压驱动闸瓦式制动闸不超过 0.6s；盘形制动器不超过 0.3s。对于斜井提升，为了保证上提紧急制动不发生松绳，必须延长制动时间，上提空动时间不受此限制。盘形制动器的闸瓦与制动盘之间的间隙应不大于 2mm。保险闸施闸时，杠杆和闸瓦不得发生显著的弹性摆动。

5）提升机的常用闸和保险闸在制动时，所产生的力矩与实际提升最大静载荷重所产生的旋转力矩之比 K 值不得小于 3。在调整双滚筒提升机滚筒旋转的相对位置时，制动装置在各滚筒闸轮上所产生的力矩，不得小于该滚筒所悬重量（钢丝绳重量和提升容器重量之和）形成的旋转力矩的 1.2 倍。

6）斜井和倾角大于 30° 的倾斜井巷提升装置的保险闸发生作用时，全部机械的减速度必须符合下列规定：下放重载时，不得小于 1.5m/s²；提升重载时的制动减速度不得大于自然减速度。

7）摩擦轮式提升机工作闸和安全闸的制动，必须满足以下防滑要求：

① 在各种载荷（满载和空载）和各种提升状态（上提或下放重物）下，保险闸所能产生的制动减速度的计算值不能超过滑动极限，钢丝绳与摩擦轮间摩擦因数的取值不得大于 0.25，由钢丝绳自重所引起的不平衡必须计入。

② 在各种载荷及提升状态下，当保险闸发生作用时，钢丝绳都不应出现滑动。

③ 严禁常用闸进行紧急制动。

8）制动器的工作行程不得超过全行程的 3/4，必须留有 1/4 作为调整和备用。主提升机操作者操作台上制动把手的移动应灵活，在抱闸位置时应有定位器来固定把手，防止手把从抱闸位置自动向前移动。

9）制动轮的圆度误差在使用中不得超过 0.5~1mm；使用中如超过 1.5mm，应重新车削或进行更换。

6. 任务实施工作记录

按现场要求做好各项检查或维修的记录或日志，要求反应工作实施的全过程和工作内容，记录检查项目真实、客观、准确，随工人一同向值班领导汇报上交，做好与下一班的交接工作。班后整理上述内容，形成本次学习的纲要、收获和体会，上交现场教师。

【工作任务考评】（见表5-2）

表5-2　任务考评

过程考评	配　分	考评内容	考评实施人员
素质考评	12	生产纪律	专职教师和现场教师结合，进行综合考评
	12	遵守生产规程，安全生产	
	12	团结协作，与现场工程人员的交流	
实操考评	12	理论知识：口述盘形制动器的主要组成、各部结构及基本工作原理	
	12	任务实施过程中，注意对学习、实际操作进行记录，注意实习过程的原始资料积累	
	12	手指、口述盘形制动器的布置方式和结构组成	
	12	完成本次工作任务，效果良好	
	16	按任务实施指导书完成学习总结，总结所反映出的任务完整，信息量大	

【思考与练习】

1. 提升机制动装置有哪些类型？各有何优缺点？目前常用的是哪种？
2. 盘形制动器的布置形式有哪些？简述盘形制动器的结构组成和工作原理。
3. 制动装置的作用是什么？
4. 如何维护和调整盘形制动器？
5. 简述盘形制动器的常见故障及其处理方法。
6. 对摩擦式提升机工作闸和安全闸的制动，必须满足的要求有哪些？
7. 简述盘形制动器间隙的调整方法和过程。
8. 简述盘形制动器的拆装过程。

课题二　制动系统液压站的使用与维护

【工作任务描述】

提升机制动系统的液压站是制动系统的动力和控制核心，同时也参与提升机的运行控制，是保证提升机安全运行的重要组成部分。本课题主要对提升机制动系统液压站的作用、组成和工作原理进行较详细的介绍，对其重要液压元件的调整和维护进行详细说明。使学生在掌握液压站基本组成和工作原理的基础上，通过现场跟班学习，掌握提升机液压站的使用和维护方法。

【知识学习】

一、液压站基础知识

1. 液压站的作用

液压站的具体作用如下：

1）按实际提升操作的需要，产生不同的工作油压，调节、控制盘闸的制动力矩，从而实现制动。

2）安全制动时能迅速自动回油，通过液压延时实现二级制动。

3）根据多水平提升换水平的需要，以及钢丝绳伸长后调绳的需要，供给调绳液压缸所需的液压油，控制双筒提升机活滚筒的调绳离合器，实现调绳操作，同时闸住活动滚筒。

2. 二级制动

为满足《煤矿安全规程》对安全制动减速度为 $1.5\mathrm{m/s^2} < a < 5\mathrm{m/s^2}$ 的要求，大型提升机的安全制动都应具有二级制动特性。对于盘形制动器，可将盘形闸分成 A、B 两组，A 组先投入制动，产生第一级制动力矩，其数值大小应保证提升重物时，安全制动减速度不超过 $5\mathrm{m/s^2}$，下放重物时减速度不小于 $1.5\mathrm{m/s^2}$，提升机在此制动力矩作用下减速；B 组滞后一段时间，当提升机速度接近零时再投入，产生第二级制动力矩，以保证在提升终了时可靠地将提升机制动住。二级制动油压变化曲线如图 5-15 所示。安全制动时，盘形闸的高压油自 A 点迅速下降到 B 点，对应的时间为 t_0（空行程时间）；自 B 降至 C，延时 t_1 到 D 点，t_1 为一级制动延时时间；D 点开始投入二级制动，油压由 D 点迅速下降到 E 点。

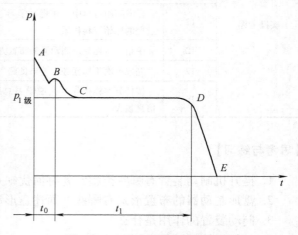

图 5-15 二级制动油压变化曲线

3. 液压站的类型

制动器的液压控制系统是与提升机的拖动类型和自动化程度相配合的。由于提升机的不断更新换代，液压站的结构和性能也在逐渐完善，主要有如下类型：液压延时二级制动液压站、电气延时二级制动液压站和恒减速二级制动液压站。

在直流拖动自动化程度较高的系统中，由于调速性能好，机械闸一般只是在提升终了时起定车作用。在交流拖动系统中，机械闸还要参与提升机的速度控制。现场矿井提升设备当制动系统的制动力调定后，不论每次提升运行的载荷大小有何变化，对卷筒施加不变的制动力，这对钢丝绳和提升机是不利的，对摩擦式提升机安全制动防滑条件也是不利的，为此，可以使用恒减速液压站，要求制动力能在较宽的范围内进行调节，且按规定的减速度实施制动。

我国曾生产多种盘形闸液压站，其中 B157、TE002、$\mathrm{TY_1}\dfrac{S}{D}$、TE130 等适用于单绳双筒提升机；B159、TE003、$\mathrm{TY_3}\dfrac{S}{D}$、TE131 等适用于单绳单筒、多绳和落地多绳提升机；E128、

E128A、E141 等中高压恒减速液压站，适用于 JKM、JKMD 多绳摩擦式提升机。B157、B159、TE130、TE131 等采用电气延时二级制动；TE002、TE003 等采用液压延时二级制动；E128、E128A、E141 等中高压恒减速液压站采用 PLC 控制。

二、常用液压站的组成和工作原理

1. 液压延时二级制动液压站系统的组成及工作原理

（1）液压站工作制动与安全制动工作原理 以 TE002 液压站为例说明其组成、工作原理及功能，该液压站主要用于交流拖动系统。图 5-16 所示为 TE002 液压站液压系统图，表5-3 为 TE002 液压站各电磁铁的工作状态。

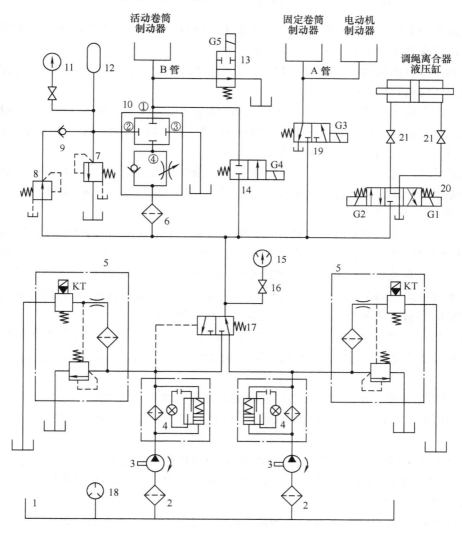

图 5-16 TE002 液压站系统原理图

1—油箱 2—网式过滤器 3—液压泵 4、6—纸质过滤器 5—电液调压装置 7—溢流阀 8—减压阀
9—单向阀 10—延时阀 11—压力表 12—蓄能器 13、14、19、20—电磁换向阀 15—电接点压力表
16、21—截止阀 17—液动换向阀 18—电接点压力式温度计

表5-3　TE002液压站各电磁铁的工作状态

名称标记		G1	G2	G3	G4	G5	KT	D	延时阀
正常工作		−	−	+	+	+	+	+	油路断开
井中紧急制动		−	−	−	−	+	−	−	延时
井口紧急制动									不起作用
调绳离合器	打开	−	+	−	−	−	+	+	不起作用
	固定滚筒传动	−	+	+	−	−	+	+	不起作用
	合上	+	−	−	−	−	+	+	不起作用

注:"+"表示电磁铁通电;"−"表示电磁铁断电。

液压站有两套液压泵,一套工作,一套备用,由液动换向阀17自动换向,实现两泵交替运行,以确保液压站可靠地向系统提供液压油。

安全制动部分由电磁换向阀13、14、19,溢流阀7,减压阀8和蓄能器12等组成。电磁换向阀20和截止阀21供调绳使用。

液压站为盘形制动器提供不同的油压,油压的变化由电液调压装置5来调节。这时,安全制动部分的电磁铁G3、G4、G5带电,液压油分别进入各盘形制动器。油压的变化通过提升机操作者控制电液调压装置的电流大小来实现。

系统正常工作时,电磁铁G3、G4、G5带电,液压油通过电磁换向阀14、19分别进入制动器使制动器松闸,保证提升机正常运转。同时,液压油经减压阀8、单向阀9进入蓄能器12,得到指定的一级油压值$p_{I级}$。

当提升机实现安全制动时(全矿停电,电动机断电,电液调压装置的KT线圈断电,电磁铁G3和G4断电),固定滚筒制动器的液压油(A管)迅速回油箱,固定卷筒上的制动器动作,产生一级制动。游动滚筒制动器的液压油(B管)经延时阀10,一部分输入蓄能器12,另一部分由溢流阀7流回油箱,使这局部系统保持一级油压值$p_{I级}$,经过延时阀延时到预先调定的时间后,使B管油压迅速降到零,达到全制动状态。

上述一级制动油压值由减压阀8、溢流阀7确定。在正常工作时,工作油压由减压阀8、单向阀9进入蓄能器12,压力降为p_1,溢流阀调定压力为$p_{I级}$,$p_{I级}$比p_1大0.2~0.3MPa即可。

(2)液压站调绳工作原理　液压站调绳离合器部分的调绳动作如下:

1)电磁铁G1、G2、G3、G4、G5断电,使盘形制动器处于全制动状态,之后打开两截止阀21。

2)G2带电,液压油进入调绳离合器液压缸的离开腔,使游动滚筒与主轴脱开。

3)G2、G3带电,液压油进入固定滚筒的制动缸,调节提升高度和绳长。调节结束后,G3断电,固定滚筒处于制动状态。

4)G2断电,G1带电,油路和调绳离合器的合上腔相通,使主轴和游动滚筒合上。

5)G1断电,电磁换向阀20处于中位,切断通入离合器的油路,关闭两截止阀21,调绳过程结束。

(3)电液调压装置的工作原理　液压站工作油压的调节,由并联于油路的电液调压装置及溢流阀相互配合实现。

电液调压装置主要由溢流阀和喷嘴挡板系统组成，具有定压和调压作用，其结构如图5-17所示。

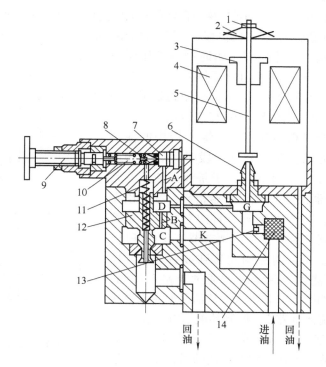

图 5-17 电液调压装置

1—固定螺钉 2—十字弹簧 3—可动线圈 4—永久磁铁 5—控制杆
6—喷头 7—中孔螺母 8—先导阀 9—调压螺栓 10—定压弹簧
11—辅助弹簧 12—方向控制阀 13—节流阀 14—滤芯

1）定压原理。根据使用条件限定最大工作油压。当系统压力超过调定压力时，由液压泵产生的液压油从 K 管进入 C 腔，另一路经节流阀 13 进入 G 腔到 D 腔，经 A 孔推开先导阀 8。部分油液经方向控制阀 12 的中心孔排出，造成小孔 B 两端压差加大，使 D 腔压力小于 C 腔压力，方向控制阀向上移动离开阀座，使方向控制阀与阀座间的间隙加大，经回油管流入油箱的流量增加。于是 C 腔压力相应下降，方向控制阀处于新的平衡位置，使 K 管压力保持某一定值。当 D 腔压力大于 C 腔压力时，方向控制阀向下移动，使其与阀座的开口度减小，于是，K 管处于压力上升状态，方向控制阀又重新处于平衡状态。上述作用称为电液调压装置的定压作用。

总之，在调压过程中，溢流阀的方向控制阀跟随 D 腔内压力的变化经常处于上下运动状态，其平衡状态是暂时的、相对的。

2）调压原理。D 腔内的压力受电液阀的控制，电液阀是一个电气、机械转换器，它将输入的电信号转变成机械位移。从图中可以看到，控制杆 5 悬挂在十字弹簧 2 上，在控制杆上还固定了一个可动线圈 3，当操作者操纵控制手柄向动线圈送入直流信号后，动线圈便在永久磁铁 4 的作用下产生位移，此位移的大小决定于输入信号的数值。在输入信号达最大值时，控制杆的挡板与喷嘴间的距离最小，此时 G 腔内压力达最大值；若电流减小，控制杆就相应离开喷嘴一定距离，G 腔内油位也相应下降。由于 G 腔与 D 腔连通，所以 G 腔的压力也随 D 腔的压力变化。

调压过程可归纳为：制动手柄角位移→自整角机电压变化→动线圈电流变化→挡板位移→G 腔及 D 腔压力变化→溢流方向控制阀位移→K 管压力变化→制动液压缸压力变化。

（4）液压延时阀的工作原理 延时阀的工作原理如图 5-18 所示。油路 1、2 是相通还是隔断，由方向控制阀的位置来决定。图 5-18a 中，方向控制阀处于左端位置，油路 1、2 隔断。当油路 1 通有液压油且油路 4 通回油路时，方向控制阀向右移动，将 A 腔中的油液经节流阀排出，而方向控制阀移动一段时间后到达中间位置。此时，油路 1、2 才相通，于是液压油从油路 1 进入油路 2，制动器液压缸与蓄能器相通，维持预先调定的第一级油压。方向控制阀一直向右移动，A 腔中的油液通过调速阀节流孔排油，调节节流阀的开度，可以改变延时时间。当方向控制阀移到最右端时，1、2、3 油路相通，蓄能器、制动缸均通过油路 3 排油，达到全制动状态，如图 5-18b 所示。从油路 1 通入液压油，到这些液压油流入油路 2，即制动液压缸从 p_1，油压经延时到制动，所隔的时间称为延时时间 t。换向后，当油路 4 通入液压油而油路 1 通回油时，则液压油经单向阀将方向控制阀快速推回至左端位置。

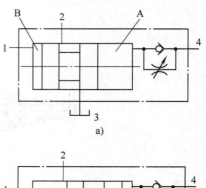

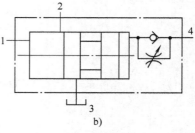

图 5-18 液压延时阀工作原理图

延时阀在液压系统中用来控制两个工作机构动作的时间间隔，或一个工作机构前后两个动作的时间间隔。

液压延时二级制动液压站系统在安全制动时，可以实现二级制动。二级制动的优点是既能快速、平稳地闸住提升机，又不致使提升机的减速度过大。盘形制动器分成两组，分别与液压站的 A 管、B 管相连。安全制动时，二级制动溢流阀断电，与 A 管相连的制动器通过溢流阀直接回油，很快抱闸，所产生的力矩为最大力矩的一半，提升速度下降。同时，与 B 管相连的制动器则通过溢流阀的节流阀以较缓慢的速度回油，产生第二级制动力矩。二级制动力矩的特性可以通过调节溢流的节流杆来改变。

2. 电气延时二级制动液压站的结构原理

图 5-19 所示为某电气延时二级制动液压站总装图，它主要由油箱盖 1、空气过滤器 2、集成块 3、直动溢流阀 4、压力表开关 5、油箱 6、吸油过滤器 7、镀锌管 8、齿轮泵 9、支架 10、电动机 11、耐振压力表 12、蓄能器 13、高压过滤器 14、表盘 15、轴向耐振压力表 16、压阻式压力变送器 17、电接点压力表 18、铜管 20、液位计 21、铜球阀 22、高压球心截止阀 23、电磁换向阀 24、减压阀 25、单向阀 26、比例溢流阀 27 等组成。整个液压站以油箱为支承，主要液压元件安装于集成块上，布置紧凑，运行可靠，保证液压站安全运行，确保制动系统工作安全可靠。

图 5-20 所示为某电气延时液压系统原理图。由图可知，该液压站由两套完全一样且相互独立的系统组成，在工作中一套开启，一套备用，图中只给出了一套系统。使用中出现任何故障，通过截止阀可以很方便地切换到没有故障的另一套系统上继续工作，有故障可在系

统不停机的情况下进行维修。

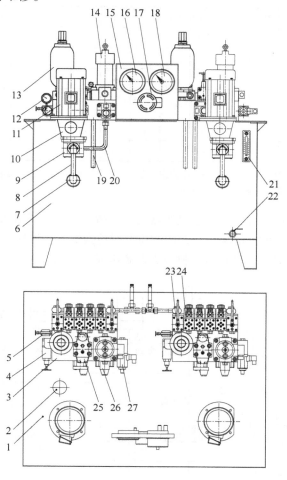

图 5-19 电气延时二级制动液压站总装图

1—油箱盖 2—空气过滤器 3—集成块 4—直动溢流阀 5—压力表开关 6—油箱 7—吸油过滤器
8—镀锌管 9—齿轮泵 10—支架 11—电动机 12—耐振压力表 13—蓄能器 14—高压过滤器 15—表盘
16—轴向耐振压力表 17—压阻式压力变送器 18—电接点压力表 19、20—铜管 21—液位计
22—铜球阀 23—高压球心截止阀 24—电磁换向阀 25—减压阀 26—单向阀 27—比例溢流阀

　　液压站液压泵出口装有高压过滤器 6，进入液压站控制阀组和盘形制动器液压缸的液压油均可得到充分的过滤，从而保证液压站运行的可靠性，并延长液压元件的使用寿命。

　　表 5-4 为图 5-20 所示电气延时液压系统中各电磁铁的工作状态表。

表 5-4 电气延时液压系统中各电磁铁工作状态

	DJ1	G1	G2	G3	G4	G5	G6	KT1	DJ2	G1	G2	G3	G4	G5	G6	KT1
设备通电	−	+	+	+	−	−	−	−	−	+	+	+	−	−	−	−
起动电动机	+	+	+	+	−	−	−	−	+	+	+	+	−	−	−	−
工作制动力调节	+	+	+	+	−	−	−	+	+	+	+	+	−	−	−	+

（续）

		DJ1	G1	G2	G3	G4	G5	G6	KT1	DJ2	G1	G2	G3	G4	G5	G6	KT1
井中紧急制动		−	−	−/	−	+/	−	−	−	−	−	−/	−	+/	−	−	−
井口紧急制动		−	−	−	−	+	−	−	−	−	−	−	−	+	−	−	−
调绳	打开	+	−	−	−	+	+	−	+	+	−	−	−	+	+	−	+
	固定卷筒转动	+	+	−	−	+	+	−	+	+	+	−	−	+	+	−	+
	合上	+	+	−	−		+	+	+	+	+	−	−		+	+	+
停止电动机		−	−	−	−	−	−	−	−	−	−	−	−	−	−	−	−

注：表中"＋"表示电磁铁通电，"－"表示电磁铁失电，"＋/"表示电磁铁延时通电，"－/"表示电磁铁延时失电。液压调绳时，将高压球形截止阀 B 关闭。

在液压站运行过程中，要经常观察过滤器是否被堵塞，过滤器堵塞后，其堵塞发讯器的红色按钮会弹出并向电控柜发出堵塞信号，此时应及时更换滤芯。液压站的调压装置由比例溢流阀 7（见图 5-20）和与它配套使用的比例放大器 8 组成，比例放大器置于电控柜内。

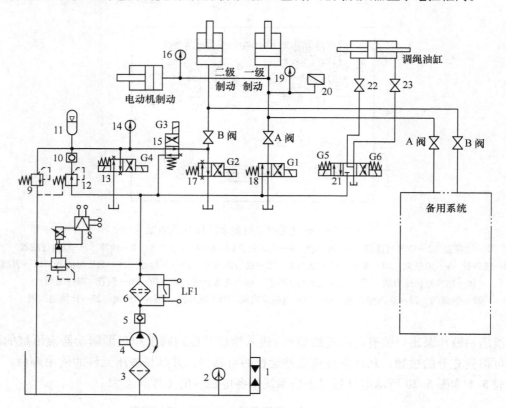

图 5-20　电气延时液压系统原理图

1—液位计　2—电接点温度计　3—吸油过滤器　4—齿轮泵　5、10—单向阀
6—高压过滤器　7—比例溢流阀　8—比例放大器　9—直动溢流阀　11—蓄能器
12—减压阀　13、15、17、18、21—电磁换向阀　14、16、19—压力表
20—压力变送器　22、23—截止阀

（1）工作制动　液压站正常工作时，电磁换向阀 G1、G2、G3 得电，此时液压泵出油口的液压油经单向阀 5、高压过滤器 6、电磁换向阀 18 进入盘形制动器 A 管所连液压缸。同时，液压油经电磁换向阀 15 进入盘形制动器 B 管所连液压缸。盘形制动器液压缸内的油压，由提升机操作者操作工作手柄，发出不同电信号来控制比例放大器，通过比例放大器来控制比例溢流阀，最终实现提升机的正常工作制动。液压油经减压阀 12、单向阀 10 向蓄能器 11 储充一级制动油压，其压力值应比主油路小 0.2～0.3MPa，该值由直动溢流阀 9 调定。

（2）安全制动　液压站的安全制动部分由电磁换向阀 13、15、17、18，单向阀 10，直动溢流阀 9 及减压阀 12 组成。其中，电磁换向阀 13 用于控制盘形制动器液压缸的回油；直动溢流阀 9 用于调节二级制动的压力值 $p_{I级}$；减压阀 12 用于调节囊式蓄能器 11 的充液压力 p_1，囊式蓄能器 11 用来在二级制动延时的时间内保证压力平稳。

当出现紧急情况或全矿停电等提升机实现安全制动时，液压泵电动机组首先断电停止供油，比例溢流阀 7 和电磁换向阀 18 的 G1 断电。此时，液压站的 A 管制动器的液压油通过电磁换向阀 18 迅速回油箱，油压降为零，实现一级制动。控制 B 管制动器（双筒提升机为游动卷筒制动器）的电磁换向阀 15 的 G3 断电，接入二级制动油路。B 管二级制动管液压油经电磁换向阀 15，一部分进入囊式蓄能器内，另一部分由直动溢流阀 9 溢流回油箱，使 B 管二级制动管内液压油的油压值保持一级制动油压值 $p_{I级}$，由电控柜控制延时约 0.8s。经延时后，电磁换向阀 17 的 G2 断电，电磁换向阀 13 的 G4 得电，液压油经电磁换向阀 17、13 回油箱，至此两个制动器完全制动。

上述一级制动油压值 $p_{I级}$ 是通过直动溢流阀 9 调定的。正常工作时，工作油压经过减压阀 12 和单向阀 10，进入囊式蓄能器 11，压力值降为 p_1，溢流阀 9 调定压力为 $p_{I级}$，也就是一级制动油压值，它比 p_1 大 0.2～0.3MPa 即可。

以上全过程使提升机紧急制动时获得了良好的二级制动性能。

（3）液压站调绳过程　调绳回路由电磁换向阀 21，截止阀 22、23 组成。电磁换向阀 21 用于控制调绳离合器的打开和闭合。提升机调绳时，液压站调绳过程如下：

1）电磁换向阀 G1、G2、G3、G5、G6 断电，盘形制动器处于全制动状态。打开调绳离合器液压缸管路上的两个截止阀 22、23。

2）G5 通电，液压油进入调绳离合器液压缸的离开腔，使游动卷筒与主轴脱开。

3）G1 通电，液压油进入固定卷筒制动器，打开固定卷筒上的各制动器，电动机拖动固定卷筒回转，调节提升高度和绳长。调绳结束后，G1 断电，固定卷筒处于全制动状态。

4）G5 断电，G6 通电，液压油进入调绳离合器液压缸的合上腔，使主轴和游动卷筒连接在一起。

5）G6 断电，切断通入离合器的油路，关闭调绳离合器液压缸管路上的两个截止阀 22、23，调绳过程到此结束。

（4）液压站调压原理　液压站调压部分是由比例溢流阀 7 和比例放大器 8（置于电控柜内）组成的。其中，比例溢流阀是不可调元件，液压站调压部分的调试完全靠调整比例放大器 8 来进行。

1）先导式比例溢流阀的结构和工作原理。先导式比例溢流阀的结构如图 5-21 所示。该阀下部的主阀部分与普通溢流阀相同。上部的先导级用比例电磁铁取代了调压弹簧。主阀进口油压由 P 口作用于主阀芯的底部，通过控制通道及阻尼孔作用于主阀芯的顶部和先导锥阀 2 上。当液压力达到比例电磁铁的推力时，先导锥阀 2 打开，油液流回油箱，并在主阀芯底部和顶部产生压差，主阀芯克服弹簧力上升，液压油口 P 与回油口 T 接通，压力不再升高。比例电磁铁输入的直流电越大，溢流阀的溢流压力就越高。为防止电路故障而使系统超压，该阀装有溢流阀，由先导阀 9 和弹簧 8 组成，当压力超过调整压力时，溢流阀动作，实现安全保护。

2）比例放大器基本原理。比例放大器置于电控柜内，其结构和电气原理如图 5-22 所示。

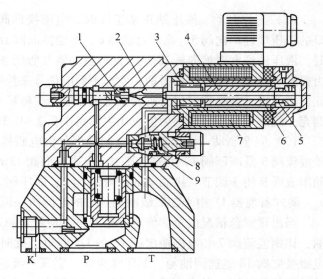

图 5-21　先导式比例溢流阀的结构
1—阀座　2—先导锥阀　3—极靴　4—衔铁　5—弹簧
6—推杆　7—线圈　8—弹簧　9—先导阀

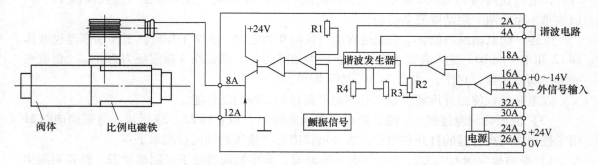

图 5-22　比例溢流阀及比例放大器的结构和电气原理
R1—电流最小值调整钮　R2—电流最大值调整钮　R3—下降时间调整　R4—上升时间调整

比例放大器 24A、26A 接入 DC24 直流电源，14A、16A 接入由电控柜输出的 0～14V 输入信号，8A、12A 接至比例溢流阀电磁铁。当提升机操作者操作工作手柄时，手柄带动光电编码器转动，经电控柜进行信号处理后，电控柜按比例向比例放大器输入 0～14V 的电压信号，该电压信号值在操纵台面板有显示。与此同时，比例放大器向比例溢流阀电磁铁输入 0～1 250mA 的电流，该电流值在操纵台面板有显示，比例电磁铁推动比例溢流阀、先导阀弹簧压缩，比例调压阀即随着操纵手柄的转动调整液压站的输出油压值。

3. 中高压恒减速液压站的组成及工作原理

（1）中高压恒减速液压站的特点　中高压恒减速液压站的特点是紧急制动时能实现恒减速控制，同时保留了原有二级制动的性能，万一恒减速控制系统失灵，能自动转化实现二级制动，增加了系统的可靠性。提升机采用的安全制动方式为二级制动，第一级制动时，使系统产生符合《煤矿安全规程》中规定的减速度，以确保整个提升系统平稳、可靠停车；二级制动力矩全部加上去，使提升系统安全地处于静止状态，这也称为恒力矩制动。不论是提升还是下放运行状态，制动力矩一旦调定就不能变化。为了安全起见，一般按最大负荷来确定制动力矩。对副井来讲，负载变化大，调定一个制动力矩后由于负载不同，造成实际的减速度与要求的相差很远，往往会产生过大的减速度。尤其对多绳提升机来说，就有可能超过钢丝绳滑动极限的要求，这些都会造成设备或人身事故。为此要求在紧急制动时，能使制动力矩随负荷变化而变化，而使减速度达到预期给定值，这就是恒减速控制原理。实际情况是根据提升系统的要求，确定某一要求的恒减速度，作为给定信号输入。在实现紧急制动时，油压先降到贴闸油压，同时伺服阀投入工作，根据所需的减速度给伺服阀提供相应的电流信号，使制动器液压缸的油液从伺服阀排出，或者通过伺服阀由蓄能器补充油压，使提升机的减速度达到预期要求的值，直到提升系统平稳、可靠地停车，以3倍静力矩使提升系统处于静止状态。

（2）恒减速液压站的作用 恒减速液压站的作用如下：

1）正常工作时，能够为制动器提供不同的油压值，以获得不同的制动力矩。

2）在事故状态下，可实现恒减速控制。

3）恒减速控制系统一旦失灵，能马上转换实现二级制动。

（3）液压站的工作原理 E128中高压恒减速液压站系统原理图如图5-23所示。其工作状态表见表5-5。卷筒制动器由A、B管接到液压站系统上，A管在紧急停车时实现全制动，B管实现二级制动和恒减速制动。

表5-5 E128 液压站工作状态表

		液压泵电动机	比例阀 KT1	G1	G2	G3	G4	G5	G6	G7	G8	G9	G10
左（右）侧系统		工作	工作	G1-1 (G1-2)	G2-1 (G2-2)	G3-2 (G3-1)							
恒减速蓄能器充油		+	0	-	JP5	-	-	-	-	-	-	-	-
调二级制动油压		+	-	-	-	-	+	+	-	-	-	-	-
调贴闸油压		+	+	-	-	-	-	+	-	-	+	+	-
正常松闸		+	+小变大	+变-	-	-	+	+	-	+	+	+	+
正常制动		+	+大变小	-	-	-	+	+	-	+	+	+	+
安全制动	恒减速	-	0	-	-	-	+停3s-	停+3s-	-	+	-	-	
	二级制动	-	0	-	-	-	+延时-	-延时+	-	+	-	-	
	井口制动	-	0	-	-	-	-	-	+				
压力继电器	JP1	$p = p_{max} - 0.5\text{MPa}$ 时动作，表示已松闸											
	JP2	$p = 2/3$ 贴闸油压时动作，主电动机加速											
	JP3	$p = 1\text{MPa}$ 时动作，发出合闸信号											
	JP4	$p = p_{1级} + 1\text{MPa}$ 时动作，取消恒减速											
	JP5	$p = 14\text{MPa}$ 时动作，充油完毕											

为确保提升机安全可靠地工作，液压站有两套液压泵装置和比例调压装置，一套工作一套备用，当某个环节出现故障时，通过电磁换向阀10切换到另一套泵源装置工作。

液压泵装置由立式安装的电动机和双联泵2、网式过滤器1和电磁换向阀3组成。开始

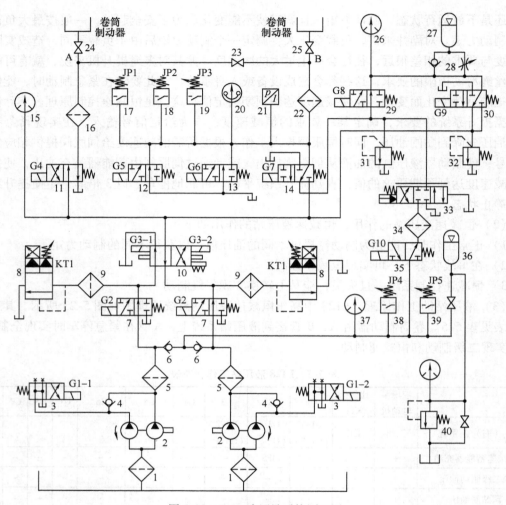

图 5-23　E128 液压站系统原理图

1、5、9、16、22、34—过滤器　2—双联泵　3、7、10、11、12、13、14、29、30—电磁换向阀

4、6—单向阀　8—比例溢流阀　15、26、37—压力表　17、18、19、38、39—压力继电器

20—电阻远传压力表　21—应变式压力传感器　23、24、25—球阀　27—小蓄能器

28—单向节流阀　31、32—溢流阀　33—伺服阀　35—电磁球阀

36—大蓄能器　40—溢流截止阀

工作时，两台泵同时工作，松闸后，后泵就经电磁换向阀 3 卸荷，前泵则继续工作以保持系统正常工作油压，由于前泵流量小故系统温升小。电磁铁 G1 由 JP1 控制。液压泵出口的网式过滤器 5 带有压差信号发信器，当滤芯堵塞时发出堵塞信号，提醒更换滤芯。

　　系统有两个蓄能器，大蓄能器 36 的作用是当系统实现恒减速控制时作压力源用，通过伺服阀 33 向制动器供油。小蓄能器 27 的作用是当系统实现二级制动时作补油用，二级制动时通过单向节流阀 28 向制动器补油。系统正常工作前先向大蓄能器充油，要求充油压力达到 14MPa，通过电磁换向阀 7 控制电磁铁 G2 带电，切断液压泵与比例溢流阀之间的油路向大蓄能器充油，液压油经过滤器 5、单向阀 6 进入大蓄能器 36，充油压力由溢流截止阀 40 的溢流阀调定。压力继电器 JP5 动作，电磁铁 G2 断电，大蓄能器充油完毕，系统可以进入正常工作。压力继电器 JP4 调定到某一压力值,当蓄能器气囊损坏或某种原因导致压力值低于该调定值时,JP4 动作恒减速系统不能工作,自动转换为二级制动。

伺服阀 33 是恒减速控制的核心元件,当实现恒减速时,电磁铁 G7 断电,系统压力下降到比贴闸油压低 2MPa 左右,该压力由溢流阀 31 调定。然后根据减速度信号给伺服阀一定的控制电流信号,使伺服阀 33 的阀芯右移或左移。右移使系统压力升高,左移使系统压力下降。当控制电流为零时,伺服阀 33 的阀芯处于中间位置为全关闭状态,使系统压力保持恒定。由上述控制过程使紧急制动减速度保持恒定值,直到系统完全停车。

正常工作时,A、B 管之间的球阀 23 关闭,电磁铁 G1、G7、G4、G8、G5、G9、G10 通电,比例溢流阀 8 的电压加到最大值,两台双联泵 2 排出的液压油由过滤器 5,电磁换向阀 7、10、11、14,过滤器 16 和 22,球阀 24 和 25,分别进入 A、B 管制动器液压缸,把制动器打开。同时,液压油进入溢流阀 32,该阀压力已预先调到一级制动油压值。当 KT1 线圈电压由大减小到零时,油压值下降至残压,使与 A、B 管相连的制动器制动,提升机处于全制动状态。

当提升机发生故障,如全矿停电、超速、超压等时,提升机必须实现紧急制动。此时,电动机、比例溢流阀 8 断电,液压泵停止供油,同时电磁铁 G7、G4、G9、G10 断电,G8、G5 通电,A 管实现全制动,而 B 管制动器油压迅速降到溢流阀 31 的调定压力即贴闸油压。然后在电液伺服阀 33 的作用下,使系统压力随给定信号变化,使减速度保持恒定值,直至系统安全停车。电磁铁 G8、G5 断电,G6 通电,使液压缸的油液经电磁阀 12、13 回油,制动器达到全制动状态,恒减速控制结束。

若恒减速系统发生故障,可自动实现二级制动。在得到紧急制动信号后,电磁铁 G7、G4、G8、G9、G10 断电,B 管制动器的压力马上降到溢流阀 32 调定的一级制动油压值,保压至延时继电器动作,电磁铁 G5 断电,G6 通电,液压缸的油液经电磁换向阀 12、13(G5、G6)回油箱,制动器达到全制动状态。在延时过程中,小蓄能器起稳压和补油的作用,在整个延时过程中,一级制动油压值基本稳定在要求值。

在井口需要紧急制动时要求立即停车,发出紧急制动信号,电磁铁 G4、G5 立即断电,G6 立即通电,全部液压缸实现全制动。12 为常通阀,13 为常闭阀,以保证安全。

出油口有三个压力继电器,其中,JP1 调到比系统压力低 0.5MPa,此时制动器已全松闸,JP1 动作,使电磁铁 G1 断电,泵卸荷,减少系统发热。JP2 调到与静力矩相等时的油压值,当 JP2 动作时,主电动机开始加速。JP3 调到 1MPa 压力时动作,表示已达到三倍静力矩,此时向操作台发出信号。

元件 20 为电阻远传压力表,由它发出电信号,在操作台上显示系统出口压力。元件 21 为应变式压力传感器,加上高精度前置放大器发出信号,在恒减速时起到系统压力反馈的作用。

【工作任务实施】

1. 任务实施前的准备

熟知《煤矿安全规程》对提升机运行的各项规定,特别是液压站的相关规定,具有安全生产意识。

2. 知识要求

对所使用的工具、量具、检验仪器进行认真检查和调整,明确液压站的作用、基本组成，以及本次工作的内容和主要目的。

3. 贴闸油压的调整方法和步骤

（1）贴闸油压的概念　贴闸油压是指闸块贴上闸盘时的系统压力。贴闸压力值决定了提升机制动力矩的大小，由技术人员根据提升设备的实际负荷及工况计算得到，维护人员不可随意更改此值。

（2）贴闸油压下降的原因　提升机在运行一段时间后，闸块由于磨损而造成闸间隙过大，造成制动器贴闸油压的下降，不能满足制动3倍静力矩的要求，这时需要重新调闸。

（3）贴闸油压的调整方法和步骤　下面以卷筒制动盘装置的两组制动盘闸为例，来说明贴闸油压的调整方法和步骤。

1）关闭与B管相连的所有制动器液压螺旋开关，如图5-24a所示。

2）起动液压泵电动机，控制方向阀使液压油通过A管供给到另一组盘形闸制动器，将制动器闸盘打开，并使油压达到最大值，如图5-24b所示。

3）使制动器闸盘向卷筒制动盘方向回收，并使油压达到贴闸油压值，如图5-24c所示。

4）调节制动器两侧闸盘，使闸盘紧贴滚筒制动盘，如图5-24d所示。

5）制动器闸盘退回零位，关闭液压泵电动机，关闭所有与A管相连的制动器液压螺旋开关，如图5-24e所示。

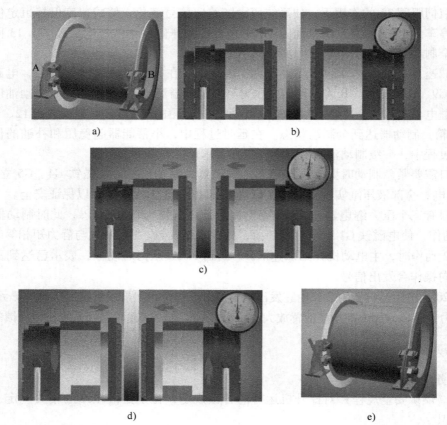

图 5-24　贴闸油压的调整步骤

6）重复上述步骤2）、3）、4），调整与 B 管相连的盘式制动器，完成全部盘式制动器贴闸油压的调整。

贴闸油压调整时需要注意：如果在调节贴闸油压的过程中，油压降低且低于贴闸油压，不可单纯地把油压升高到贴闸油压接着调闸。正确的方法，是把油压重新升高到最大开闸油压，再降低到贴闸油压后方可继续调整。

4. 比例溢流阀的拆卸和清洗

比例溢流阀由比例放大器部分、先导压力控制部分、安全压力控制部分和主阀部分组成，如图 5-25a 所示。比例放大器部分、先导压力控制部分和安全压力控制部分是不可动的，清洗的只是主阀部分。将比例放大器部分、先导压力控制部分和安全压力控制部分依次拆下，取出主阀芯，如图 5-25b 所示，用清洁的柴油清洗阀芯和主阀体，吹洗干净后按与拆卸相反的顺序装上即可。拆卸时注意密封件要完好，安装要正确。

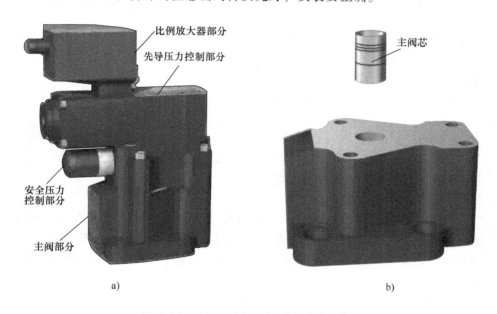

比例放大器部分
先导压力控制部分
主阀芯
安全压力控制部分
主阀部分

a)   b)

图 5-25　比例溢流阀的组成和清洗示意图

5. 电磁换向阀的故障判断及清洗

在电磁换向阀断电的情况下，用螺钉旋具轻轻顶电磁铁的铁芯，如图 5-26a 所示。检查铁芯是否能向里移动，松开后铁芯是否能弹回，可以判断阀芯是否卡阻，如果顶不动或不能弹回，则证明阀芯已卡阻。对阀芯卡阻的电磁换向阀应进行清洗。清洗时拆下电磁铁，取出阀芯，如图 5-26b 所示。用清洁的柴油仔细清洗阀芯和阀体至清洁，然后按与拆卸相反的顺序装配电磁换向阀即可。注意阀芯装入方向要正确，密封良好。

6. 电气延时液压站的调试

下面以如图 5-20 所示的液压系统原理图为例，来介绍电气延时液压站的调试方法。

（1）液压站调试的具体要求

1）油压稳定在系统最大工作压力 $0.8p_{max}$ 以下时，其压力振摆值不大于 ±0.2MPa；在系统工作压力 $0.8p_{max}$ 以上时，其压力振摆值不大于 ±0.4MPa。

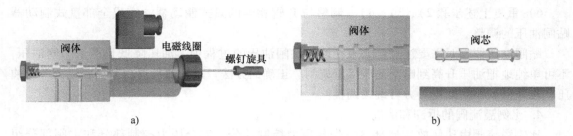

图 5-26　电磁换向阀故障判断与清洗示意图

2）油压为 $(0.2 \sim 0.8) p_{\max}$，$p = f(I)$ 的特性曲线近似于直线，如图 5-27 所示。油压误差不得超过下列规定

$$\frac{\Delta p - \Delta p_{cp}}{p_{\max}} < \pm 5\% \qquad (5\text{-}16)$$

式中，$p_{\max}$ 为系统最大工作压力；Δp 为电流（电压）变化 ΔI（ΔU）时对应的油压变化值；Δp_{cp} 为当油压为 $(0.2 \sim 0.8) p_{\max}$ 时，I（U）变化 ΔI（ΔU）时，油压的平均变化值

$$\Delta p_{cp} = \frac{0.8 p_{\max} - 0.2 p_{\max}}{U_{0.8 p_{\max}} - U_{0.2 p_{\max}}} \Delta U$$

3）制动和松闸过程中，油压跟随电流（电压）的时间常数应不大于 0.1s。

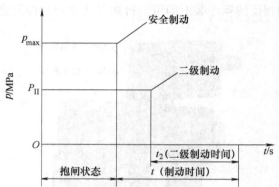

图 5-27　二级制动和时间的调整

4）当比例溢流阀电磁铁电流（电压）为零时，其残压 p_0 不应大于 0.5 ~ 0.8MPa。

5）油压上升和下降对应同一控制电流 I（电压 U）时的油压差 $\Delta p_c \leqslant 0.3MPa$。

6）两套调压装置在压力上升或下降时，对应同一电流 I（电压 U）的油压差不得大于 0.2MPa。

7）一级制动油压冲击值 Δp_b 不得大于 0.3MPa。

8）在一级制动油压 p_1 和作用时间 t_1 内，p_1 的下降值 Δp_s 不得大于 $p_{\max}$ 的 5%。

（2）液压站调试前的准备

1）清洗油箱，可用和好的面粉把脏物粘掉。管路焊接完毕后，必须用浓度为 20% 的盐酸溶液洗涤，然后用 3% 的石灰水进行冲洗，最后用清水洗净，干燥后立即涂上全损耗系统用油。

2）用精细过滤器将油箱加油到规定的液位范围，加入油液的清洁度应符合 NAS1638-10 级油液清洁度标准。

3）液压站应在 6.3MPa 工作压力的条件下进行耐压试验，试验液压站的各种性能，其中包括渗油现象。

（3）液压站调压装置的调整

1）液压站调压部分由比例溢流阀和比例放大器（置于电控柜内）组成。其中，比例溢流阀是不可调元件，液压站调压部分的调试完全靠调整比例放大器来进行。

2）首先，关闭通向制动器和离合器液压缸供油管路上的高压球阀，拧紧直动溢流阀的调节手柄，将调压工作手柄置于零位，当确认电压表读数为零时，起动液压泵电动机组。然后调整比例放大器（见图 5-21、22 比例溢流阀及比例放大器结构原理和电气原理）侧面的电磁铁电流最小值调整钮 R1 螺钉，直至液压站压力表有微小压力显示为止，该压力就是液压站的残压，该值应不大于 0.5～0.8MPa。接着将调压工作手柄置于最大值位置，调整比例放大器下面的电磁铁电流最大值调整钮 R2 螺钉，直至液压站压力表显示值达到液压站工作压力值为止（约为 6.3MPa）。至此液压站调压部分调试完毕，打开各液压管路上的高压球阀，液压站即可进入工作状态。

3）二级制动压力和时间的调整（参见图 5-20）。起动液压站后推动操纵手柄，将液压站压力调至最高工作压力值，注意观察各油压元件是否有渗漏现象。此时，电磁换向阀 18 的 G1 得电，电磁换向阀 17 的 G2 得电，电磁换向阀 15 的 G3 得电，液压油通过减压阀 12、单向阀 10 进入蓄能器 11 存储二级制动油液。调节减压阀 12 和直动溢流阀 9，使蓄能器油压分别为 4MPa、3MPa 和 2MPa，并在这些压力下执行安全制动动作，实现二级制动状态。二级制动延时时间由电控柜中的时间继电器调节。

4）有规律地改变调压工作手柄的转动角度，改变比例调压阀电磁铁的电流大小，可以得到油压的有规律变化，将电流（电压）—油压值的对应关系记录下来，并绘制相应的曲线图。同时，还应观察油压的波动情况，跟随性、重复性，有无较大噪声等，在以上这些特性均能满足使用要求的条件下，则可以进行另一套调压装置的调试。

（4）液压系统的常见故障及处理方法

1）液压泵起动以后，经过 1～1.5min，反复转动调压工作手柄后，压力表指示仍为零。原因可能是油温太低或电动机反转导致液压泵吸不上油。处理方法是立即打开电加热器，将油温加热到 15°C 以上或调整电动机转向为右旋。

2）液压泵运转正常，比例溢流阀输入电压正常，但油压上不去，或者液压站在正常工作时油压不稳定或突然下降为零。其原因是比例溢流阀电磁铁排气不充分或阀芯被污物卡死。处理方法是：打开比例溢流阀电磁铁排气螺钉充分排气，清洗阀芯内的污物。

3）在长期使用中，液压站最高工作油压逐渐下降，直至不能松闸。其原因可能是电磁换向阀或比例溢流阀的阀芯因为长期使用而磨损严重；也可能是比例放大器元件老化所致。处理方法是更换为新的元件。

4）工作油压正常，但不能松闸。其原因是电磁换向阀所需的电压过低或过高，或者阀芯被污物卡死，或者电控柜内的电气故障导致电磁换向阀无法换向。处理方法是检查电气线路及电磁换向阀线圈，并清洗电磁换向阀。

5）工作油压升高到某一值时，油压表出现高频振动，影响提升机正常工作。原因可能是：比例溢流阀在液压站中是一个柔性控制元件，由于其主阀芯经常工作在动平衡状态，所以它有自己的自振频率。当液压泵油压的脉动频率（与电源电压的高低有关）与它的自振频率相等或相近时，液压站的工作压力会产生高频振动；比例溢流阀电磁铁排气不充分，油液没有充满溢流阀电磁铁，使溢流阀电磁铁失去了抑振作用。这样，在液压泵脉动油压的作用下，液压站极易出现高频振动。处理方法是调整电源电压，使其稳定在要求范围内，将比例溢流阀电磁铁进行充分排气。

7. 液压延时电液调压液压站的调整

（1）最大油压的确定 根据提升机的实际使用负荷确定最大工作油压 p_{max}。该油值暂作为液压站调试时用，在提升机负荷试车后，应按安全制动减速度的要求最后确定。

（2）按初步确定的最大工作油压 p_{max} 进行油压 p_{max} 的定压和残压值的调整（以图5-17为例）。

1）使溢流阀上的电磁铁断电。

2）将电液调压装置上溢流阀上部的手把拧松。

3）起动电动机，注意电动机的旋转方向是否正确。

4）调整最大工作油压值 p_{max} 时，用手将电液调压装置的控制杆向下轻按，使之与喷头紧紧贴上，再慢慢向前拧动溢流阀上的手把，直到压力表上的数值达到 p_{max}，再继续拧动溢流阀，使油压上升到（p_{max} + 0.5）MPa为止。接着调整压力继电器，调到正好在此油压值时，压力继电器开关动作，使液压泵电动机断电停转作为超压保护。随后将溢流阀手把回退使油压退回到 p_{max} 值，锁紧手把旋杆。

（3）残压的调整　电液调压装置的可动线圈不要通电，用手将控制杆轻轻上提，直到压力表停在某一压力而不再下降，此压力称为"残压"，要求"残压"不大于0.5MPa。然后将控制杆慢慢下放（可用拧松十字弹簧上端的螺母来实现），当压力表中显示的压力开始上升时，用螺母将控制杆固定在十字弹簧上。如"残压"太大，可适当减小节流螺塞上的节流孔孔径，并检查节流螺塞螺纹连接处是否松动漏油。

（4）可动线圈的检查　将直流电源通入电液调压装置上的可动线圈，并检查其运动方向，通电时线圈应向下移动，否则应将电线接头倒换。

（5）线圈电流的调整　将电源电流不断增加，直到压力表显示压力为 p_{max} 为止，此时最大电流应不大于250mA。如果在最大电流时还达不到 p_{max} 值，应进行以下检查：

1）控制杆是否已将喷头孔盖严。

2）电液调压装置D腔和G腔是否漏油。

3）溢流阀连接密封处是否漏油。

（6）制动手柄位置的调整　将所需直流电 I_{max} 值记下，作为调整操纵台制动手把的依据，即制动手把从全制动位置（电流为0）推到全松闸位置，电流达到最大值 I_{max}。

（7）溢流阀的检查和调整　将液压泵电动机断电，若溢流阀电磁铁通电后压不下去或压下后发出嗡嗡的响声，应将溢流阀下部的弹簧调松一些；若电磁铁断电后不能迅速升起衔铁，应将弹簧拧紧些。

（8）二级制动特性的调整　利用溢流阀上的节流杆进行调节，节流杆越往上移，二级制动速度越快，如果不要二级制动，可将节流杆拧到最上端。

（9）电接点压力温度计的调定　将电接点压力温度计的上限触点调在65℃。

（10）液压站常见故障及其处理方法　在调试及使用液压站过程中，如发现问题，建议按如下顺序检查和处理。

1）制动油不产生压力的原因及处理方法。开动液压泵后不产生油压，溢流阀也没有油流出，其原因是液压泵中有空气，此时将油灌入液压泵中即能恢复正常运转，如液压泵仍不产生油压，可能叶片有锈死现象，应拆洗检查；叶片泵吸油口接口未拧紧吸不上油，应拧紧；溢流阀节流孔可能被堵，应拆下清洗并换油；溢流阀方向控制阀可能被卡住，应拆下清洗并换油；二级制动溢流阀位置不准确，没有关住回油腔，应准确复位；溢流阀电磁铁通电后没有压下应检查修复；网式过滤器或其他过滤器堵塞，应检查、清洗或更换。

2）制动油能产生压力，但达不到最大油压 p_{max}。检查和处理方法是：喷头平面不平，将 M12 的螺纹环规拧到喷头螺纹 M12 上，以环规平面为基准，用细油石轻磨喷头平面，直到磨平为止；控制杆平面不平，可用细油石磨平；控制杆中心与喷头中心歪斜不能全部盖住喷头，应调整控制杆中心；电液调压装置动线圈电流太小，不能盖严喷头，应在允许范围内加大电流；溢流阀上部控制腔漏油，应加强密封；溢流阀定压失调，检查其定压用的针状体是否有压痕现象；使用一段时间后，控制杆平面与喷嘴工作面产生磨损，如控制杆平面有一圈凹痕，此时油压上不去，应用油石磨平修好；定压未调整到规定的 p_{max} 油压值，应重新调整。

3）残压过大。检查和处理方法是：当电液调压装置的动线圈电流为零时，控制杆离喷头距离太小，应调整十字弹簧上端的螺母；调压装置节流孔直径太大，可更换一个直径小些的节流孔螺孔；当改变电液调压装置动线圈时，油压应很快地随之变化。

4）电流变化后，油压变化速度很慢，即跟随时间常数大。处理方法是：将调压装置的节流孔孔径加大，以减小过大的残压，但一般不宜大于 $\phi 1mm$。

5）油压上升较慢，造成松闸滞后现象。检查和处理方法是：油管和液压缸内有空气，应放掉空气；溢流阀进油量小，应检查方向控制阀和阀体尺寸以及溢流阀电磁铁的工作行程是否满足要求，电磁铁是否下到底。

6）液压站有时出现失压现象。检查和处理方法是：电液调压装置的动线圈引出线焊接不牢，突然断掉，有的焊接处虚焊，造成断续失压现象，应重新焊牢；油脏，造成调压装置的节流孔被堵，应立即清洗并更换制动油；有的矿井加油注入速度过快，造成油箱沉淀物向上浮动，堵住节流孔及油中混入空气等造成失压，故加油时应缓慢加入，另一方面要注意保持使用中液压油的清洁；电液调节装置上的十字弹簧必须用 $M3 \times 6$ 的螺钉紧固，十字弹簧调整后，上、下螺母必须拧紧，以免十字弹簧发生位移和松动造成失压和油压失调现象。

7）有少量液压站在使用中发现油压振溢现象。检查和处理方法是：电液调压装置上的可动线圈通入的直流电，如滤波不净，夹杂有交流成分，将引起磁力方向的变化，造成油压振动，应检查整流和滤波质量，如二极管和电容已坏，应及时更换以提高滤波质量；系统中如有空气易引起油压振动，必须利用盘形制动器上的放气孔排出系统中的气体；喷嘴孔与溢流阀中的节流孔比例失调，容易引起振动现象，可分别试换成 $\phi 0.8mm$、$\phi 0.9mm$、$\phi 1.1mm$ 和 $\phi 1.2mm$ 的节流孔，以选配其中一个不振溢的节流孔；液压泵系统中的管子安装时必须设法固定，否则容易引起油压振动。

8）油压不稳定，有时压力会突然自动下降，然后又缓慢恢复到最大值，出现压力波动。其原因主要是加油或将油搅动时混入空气，并将沉淀杂质搅起。处理方法是将油静置 $6 \sim 8h$，无需采取其他措施，静置期间使用备用油路工作。

8. 任务实施工作记录

按现场要求做好各项检查或维修记录或日志，要求反映工作实施的全过程和工作内容，记录检查项目真实、客观、准确，随现场工人一同向值班领导汇报上交，并做好与下一班的交接工作。班后整理上述内容，形成本次学习的纲要、收获和体会，上交现场教师。

【工作任务考评】（见表5-6）

表5-6　任务考评

过程考评	配　分	考评内容	考评实施人员
素质考评	12	生产纪律	专职教师和现场教师结合，进行综合考评
	12	遵守生产规程，安全生产	
	12	团结协作，与现场工程人员的交流	
实操考评	12	理论知识：口述液压站系统基本分类，以及各类型的工作任务和特点	
	12	任务实施过程中注意观察和记录，注意实习过程的原始资料积累	
	12	手指口述各提升液压站系统的基本组成	
	12	完成本次工作任务，效果良好	
	16	按工作任务实施指导书完成学习总结，总结所反映出的工作任务完整，信息量大	

【思考与练习】

1. 提升机制动系统液压站的作用有哪些？
2. 提升机液压站有哪几种类型？
3. 简述 TE002 液压系统的工作原理。
4. 电液调压装置的定压和调压原理是什么？
5. 液压延时阀的原理是什么？
6. 简述电液比例阀控制液压站的工作原理。
7. 恒减速制动对提升机有何意义？如何实现？
8. 什么叫贴闸油压？如何调整？
9. 简述比例溢流阀、电磁换向阀的检验和拆洗方法。
10. 简述液压站的调试方法和过程。
11. 简述液压站常见故障及其处理方法。

【知识拓展】

液压站二级制动整定参数的计算

1. 一级制动油压的计算

在一级制动时，A 组制动器全部投入并产生 3 倍制动力矩的一半，其余制动力矩要求由 B 组制动器产生。则有

$$\frac{M_z}{2} + N_1 f R_m n_z \geq \left[\sum ma \pm (Q + pH) \right] R \tag{5-17}$$

$$N_1 \geq \frac{\left[\sum ma \pm (Q + pH) \right] R - \dfrac{M_z}{2}}{f R_m n_z} \tag{5-18}$$

式中，N_1 为 A 组每个制动器在一级制动时产生的垂直作用力；n_z 为 A 组制动器的个数。

B 组全制动时的弹簧力为

$$F_2 = N + 0.1N \tag{5-19}$$

所以 B 管油压为

$$p_1 = \frac{F_2 - N_1}{A} = \frac{N + 0.1N - N_1}{A} \tag{5-20}$$

式中，N 为全制动时液压缸的最大正压力；A 为制动液压缸的有效面积。

2. 一级制动力矩的计算

一级制动力矩的计算公式为

$$M_{z1} = \frac{M_z}{2} + n_z f(F_2 - p_1 A) R_m \tag{5-21}$$

3. 实际制动减速度的计算

实际制动减速度的计算公式为

$$a_{3z} = \frac{M_{z1} \mp (Q + pH) R}{\sum mR} \tag{5-22}$$

4. 一级制动延时时间的计算

一级制动延时时间的计算公式为

$$t_1 = \frac{v_{max}}{a_{3z}} \tag{5-23}$$

使用新闸瓦时与旧闸瓦的油压调整值是不同的，新闸瓦较旧闸瓦多 1mm 左右的预压量，一级油压的整定值会高些。实际使用的闸瓦要根据磨损程度相应降低整定值，以免制动力不足。

第六单元

提升机深度指示器的使用与维护

【单元学习目标】

本单元学习提升机重要的附属装置——深度指示器的使用与维护知识。通过本单元的学习，学生应能够了解提升机深度指示器的作用，掌握深度指示器的基本构成和工作原理，以及深度指示器的维检和保养内容。

【工作任务描述】

深度指示器是提升机重要的附属装置，为提升机操作者提供直观的容器运行状况，参与提升机控制和安全运行。对其合理使用和保养对提升机操作者高效工作和提升系统的正常、安全运行有着不可忽视的作用。

【知识学习】

一、深度指示器的作用和类型

1. 深度指示器的作用

深度指示器是矿井提升机的重要保护检测装置之一，其基本作用是检测并指示容器在井筒中的行程及位置。提升机的控制系统属速度行程控制，给定速度与容器的行程有关，在各行程位置对速度、加速度都有严格的要求，实际运行时如果偏离给定值，控制系统应自动调节使之恢复到给定值，若偏差过大则应制动停车以实现安全保护。与行程控制相关的检测保护及速度控制指令要通过深度指示器实现，深度指示器的作用如下：

1）向提升机操作者指示提升容器在井筒中的运行位置。

2）在提升容器接近井口停车位置时发出减速信号。

3）当提升容器过卷时，碰铁撞击推动装在深度指示器上的终点开关，切断安全保护回路，进行安全制动。

4）减速阶段，通过限速装置进行过速保护。

2. 深度指示器的类型

（1）按测量方法分类 深度指示器按行程测量方法可分为直接式和间接式两种。

1）直接式行程测量。可通过在钢丝绳上设置磁性纹条，利用有规律的钢丝绳绳花做行程信号，利用激光或红外测距装置进行行程测量等。直接测量的优点是测量精确、可靠，不受钢丝绳打滑蠕动的影响；其缺点是技术复杂。

2）间接式行程测量。通过与提升容器机械连接的传动机构间接测量提升容器在井筒中的位置，一般将所测量的提升机滚筒转角折算成容器行程。当前使用的深度指示器主要采用间接测量行程的方法。间接行程测量的优点是技术设备简单，容易实现；缺点是由于钢丝绳的滑动、蠕动、衬垫磨损等原因，不能精确测量指示容器在井筒中的位置，必要时需要进行处理或修正。

（2）按深度指示器的结构分类　深度指示器按其结构形式可分为机械牌坊式深度指示器、圆盘式深度指示器、轴编码器数字式深度指示器、水平选择器或称监控器等。

二、牌坊式深度指示器

1. 单绳牌坊式深度指示器

单绳牌坊式深度指示器外形示意图如图 6-1 所示。它主要由两部分组成：一部分是与提升机主轴轴端成直角连接的传递运动的装置，即牌坊式深度指示器传动装置；另一部分是深度指示器，两者通过联轴器相连。图 6-2 所示为牌坊式深度指示器结构图，主要由丝杠 5、立柱 6、信号拉杆 7、减速极限开关装置 8、撞针 9、信号铃 10、过卷极限开关装置 11、标尺12、立柱 13、梯形螺母 14、限速圆盘 15、蜗杆传动装置 16、限速凸轮板 17、自整角机限速装置 18 等组成。

牌坊式深度指示器指示清楚，工作可靠，其缺点是体积大，指示精度不高，不便于实现提升机远距离控制。它的传动原理如图 6-3 所示。提升机主轴 3 的旋转运动由传动装置传给深度指示器，经过齿轮对传给丝杠，使两根垂直丝杠以互为相反的方向旋转。丝杠旋转时带

图 6-1　单绳牌坊式深度指示器外形示意图

动有指针的两个梯形螺母以互为相反的方向，一个向上另一个向下移动。丝杠的转数与主轴的转数成正比，因而也与容器在井筒中的位置相对应，因此，螺母上指针在丝杠上的位置也与之相对应，通过指针便能准确地指示出容器在井筒中的位置。梯形螺母上不仅装有指针，而且装有掣子和碰块，如图 6-4 所示。当提升容器接近井口卸载位置时，掣子带动信号拉杆上的销子，将信号拉杆渐渐抬起，同时销子在水平方向也在移动，当达到减速点时销子脱离掣子下落，装在信号拉杆上的撞针敲击信号铃，发出减速信号。在信号拉杆旁边的立柱上固定有一个减速极限开关，当提升容器到达一定位置时，信号拉杆上的碰块碰减速器开关的滚子进行减速，直至停车。若提升机发生过卷，则梯形螺母上的碰块将把过卷极限开关打开，进行安全制动。

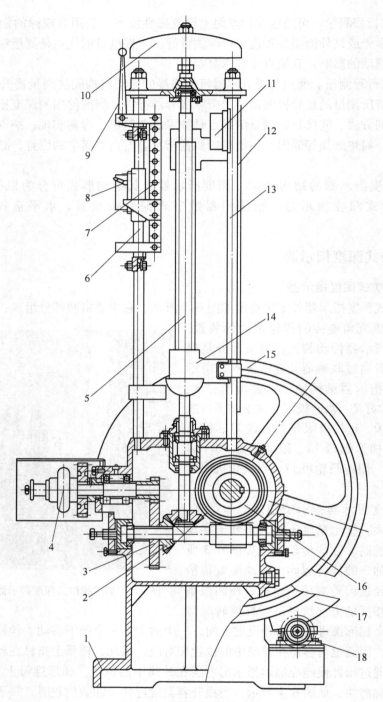

图6-2　牌坊式深度指示器

1—箱体　2—锥齿轮对　3—齿轮对　4—离合手轮　5—丝杠　6—立柱　7—信号拉杆
8—减速极限开关装置　9—撞针　10—信号铃　11—过卷极限开关装置　12—标尺
13—立柱　14—梯形螺母　15—限速圆盘　16—蜗杆传动装置　17—限速凸轮板
18—自整角机限速装置

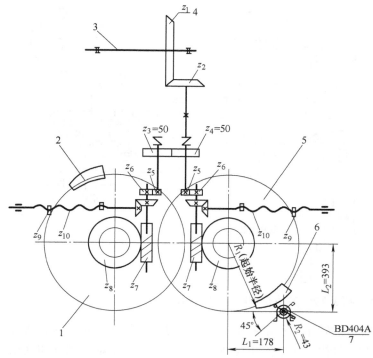

图 6-3　牌坊式深度指示器传动原理图

1—游动卷筒限速圆盘　2—游动卷筒限速板　3—提升机主轴

4—主轴上大锥齿轮　5—固定卷筒限速圆盘

6—固定卷筒限速板　7—自整角机

图 6-4　碰块与行程开关外观图

信号拉杆上的销子可根据需要移动位置，减速极限开关和过卷极限开关的上、下位置可以很方便地调整，以适应不同的减速距离和过卷距离的要求。

限速凸轮板由蜗轮带动，通过限速变阻器或自整角机进行限速保护。在一次提升过程中每个凸轮的转角应在 270°～330° 的范围内。

2. 多绳牌坊式深度指示器

图 6-5 所示是多绳摩擦式提升机上应用的牌坊式深度指示器原理图。与单绳牌坊式深度指示器相比，多绳摩擦提升机上所用的牌坊式深度指示器有两个特点：一是有精确指示针，二是有自动调零的功能。摩擦式提升机由于钢丝绳靠摩擦力传动，在提升过程中不可避免地要产生蠕动、相对滑动，使深度指示器的指针与提升容器在井筒中的实际位置不相对应，因此摩擦提升机深度指示器必须有调零装置，以消除因钢丝绳滑动、蠕动、弹性伸长等造成的指示误差。在正常工作状态下，调整电动机并不转动，故与之连接的蜗杆、蜗轮与锥齿轮都不转动。此时由提升机主轴传来的动力经 z_1、z_2、传动轴、z_3、z_4、z_5、z_6 使差动轮系锥齿轮转动，通过 z_7、z_8、z_9、z_{10} 带动丝杠转动，粗针指示提升容器的位置。精针在电磁离合器接通后才开始转动，精针刻度盘每格对应 1m 的提升高度。

通常在井筒中距提升容器卸载位置前 10m 处，安装一个控制电磁离合器的磁感应继电器，以便在提升机停车前获得较精确的指示。如果钢丝绳滑动使容器达卸载位置，而指示针

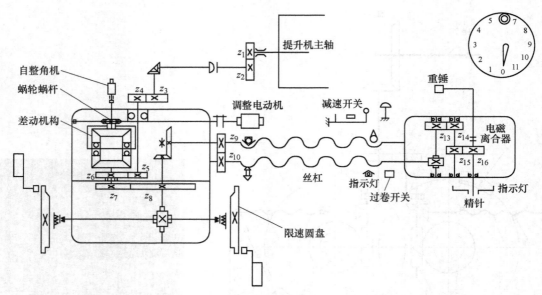

图 6-5　多绳牌坊式深度指示器传动原理图

尚未到零位或已超过零位，自整角机的转角同预定零位不对应，输出电压达一定值时，通过电控系统使调整电动机转动。此时，因提升机已停止运转，故齿轮 z_3、z_4 不动，蜗杆和蜗轮便带动齿轮 z_6、z_7、z_8、z_9、z_{10} 和丝杠转动，直到精针返回预定零位为止。

三、单绳圆盘式深度指示器

单绳用电气深度指示器为圆盘式，它由电气传动装置、机械传动装置和圆盘指示器等部分组成，安装于控制台上的指示器装置粗针和精针各一个，运行中看粗针，停车时看精针。

单绳圆盘式深度指示器电气及机械传动原理图如图 6-6 所示。一对自整角机中主动旋转的称为发送自整角机，进行角度跟随的称为接收自整角机，如果把发送自整角机连到主轴上，将接收自整角机装上指针，随着卷筒的转动，接收自整角机上的指针就跟着转动，指示出容器的实际位置。为了适应各种不同规格的提升机和各种井深，实际使用中还要进行速比的换配。在指示器中装有两个指针，粗针指示精度略低，用于指示运动中提升容器的大致位置；精针能较精确地指示容器的位置，可作为操作人员停车的依据。发送自整角机 CD3 和接收自整角机机 CD4 的励磁绕组接于同一个单相交流电源上，见图 6-6。因而产生大小和相位相同的两个脉动磁通 Φ_1 和 Φ_2，而同步绕组则对应相连接。发送自整角机的转子通过变速齿轮与减速器主轴相连，接收自整角机的转子通过变速机构与精针和粗针相连。提升机运行时发送自整角机转子旋转，同步绕组也旋转。若某瞬间发送自整角机的同步绕组顺时针旋转了一个 α 角，那么，磁通 Φ_1 在同步绕组 S1、S2、S3 中感应的电动势分别为 $E_{11} = E_{1M} \cos\alpha$，$E_{12} = E_{1M}\cos(120° + \alpha)$，$E_{13} = E_{1M}\cos(240° + \alpha)$。接收自整角机的同步绕组 $\alpha = 0$，磁通 Φ_2 在它们的绕组中感应的电动势分别为 $E_{21} = E_{2M}$，$E_{22} = E_{2M}\cos120°$，$E_{23} = E_{2M}\cos240°$。在第一个绕组中，$E_{21} > E_{11}$，电流从接收机流向发送机，假设此电流在同步绕组中产生的磁场与电流流出或流入的方向一致，如图中箭头所示。同理，$E_{12} > E_{22}$ 且为负值，电流由接收机流向发送机。E_{23}为负，而E_{13}为正且为串联，电流由发送机流向接收机。它们产生的磁场方向如图中箭头所示。这些磁场与励磁绕组磁场相互作用，使发送机转子产生逆时针旋转的力，使接收机转子产生顺时针旋转的力，但发送机转子由提升机带动，不能反转，所以只有接收机转子顺时针转动。当转过 α 角后，可看出 $E_{11}=E_{21}$，$E_{12}=E_{22}$，$E_{13}=E_{23}$，电动势大小相等、方向相反，同步绕组没有电流流过，磁场消失，接收机停止转动。若发送机继续转动，接收机则随之转动。因此，发送机转子与接收机转子可以同步传动，称为电轴。这也是这种深度指示器的特点之一。

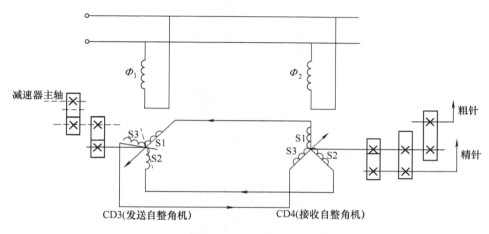

图 6-6　单绳圆盘式深度指示器电气及机械传动原理图

图6-7所示为圆盘式深度指示器的机械传动和控制装置结构示意图。它主要由传动轴1、更换齿轮对2、后限速圆盘14、前限速圆盘16、蜗轮3、蜗杆4和机座等组成。传动轴1经过法兰盘与减速器低速轴相连，通过更换齿轮对2、蜗轮3、蜗杆4、增速齿轮对5，将主轴的旋转运动传到发送自整角机6，另一接收自整角机装在操作台上，跟随发送自整角机随主轴旋转的信号，指示容器在井筒中的位置。根据矿井实际提升高度选配更换齿轮对，以保证每次提升指示盘的转角在250°~350°之间。蜗轮蜗杆传动比 $i=50$，以保证限速圆盘14和16得到所需要的角度。限速圆盘上装有碰块11，容器运行到减速点时，碰块碰撞减速开关12，并敲击信号铃向操作者发出声响信号，提示操作者进行相应的操作。此时，限速圆盘上的凸轮板7开始挤压滚轮10，带动给定自整角机回转，给出给定深度信号，以便与实际深度比较，进行电气限速保护。限速板的形状按减速阶段的速度绘制，一般要求从滚轮10开始接触凸轮板到减速结束，自整角机转动50°左右。当容器过卷时，过卷开关13动作，断开安全回路进行安全制动保护。

【工作任务实施】

1. 任务实施前的准备

了解深度指示器在提升设备中的作用，了解深度指示器对提升机安全运行的重要性。掌握深度指示器的维护和保养方法。

2. 知识要求

掌握深度指示器的类型及特点，深度指示器的结构、工作原理、维护和保养等内容。

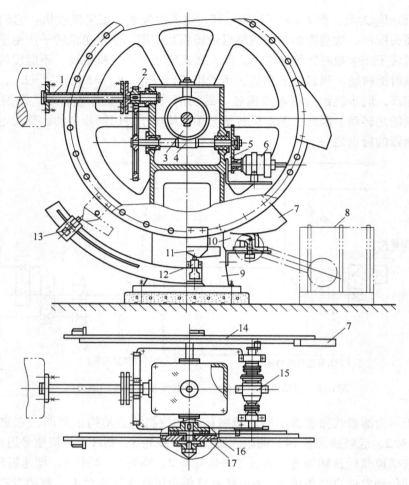

图 6-7 圆盘式深度指示器机械传动和控制装置

1—传动轴 2—更换齿轮对 3—蜗轮 4—蜗杆 5—增速齿轮对 6—发送自整角机 7—限速凸
轮板 8—限速变阻器 9—机座 10—滚轮 11—碰块 12—减速开关 13—过卷开关 14—后限
速圆盘 15—限速自整角机 16—前限速圆盘 17—摩擦离合器

3. 深度指示器的维护和保养

（1）牌坊式深度指示器的维检内容

1）指示标尺刻度与井筒深度相适应，指针行程为标尺全长的 2/3 以上。

2）油箱内应保证有足够的润滑油，使蜗杆、圆柱齿轮、锥齿轮浸于油内，每年要更换同种标号的润滑油，保持传动装置润滑良好、灵活可靠。

3）指针移动时不得与标尺等相摩擦干涉。

4）各传动轴铰链连接良好，齿轮啮合正常，主轴轴头的一对锥齿轮间隙符合要求，不得造成锥齿轮损坏而导致断信号事故。

5）检查减速极限开关、过卷极限开关等安全保护装置，保持其清洁和正确位置，不得随意调整。

6）检查离合器的状态，保持其完好。

（2）圆盘式深度指示器的使用与维护

1）减速和过卷行程开关在安装时，其滚子中心须对准圆盘回转中心，一旦碰压开关会增加阻力，造成开关走动而失灵。

2）减速碰板应转动灵活，无卡阻现象；减速碰板要经常清洗，以免灰尘等脏物卡住造成减速失效；小轴上的防松螺母需拧紧，以免螺母松脱。

3）外部电源或控制电源突然断电，提升机紧急制动时，重新给电后一定要校正指示器指针和容器实际位置的差异，只有校正无误后才允许重新运行。

4）传动齿轮、蜗轮蜗杆要定期加润滑油。

5）圆盘式指示器传动齿轮和轴承内要定期加油润滑，并经常清洗传动部分。

6）常见问题处理。如果出现指针振动或爬行现象，通常是因为机械阻力过大，或者自整角机有问题，可以转动深度指示器的传动部分进行清洗，然后加油润滑，检查密封，防止灰尘进入；若自整角机有较大的嗡嗡声，可检查自整角机的轴是否弯曲，设法校正或更换新的自整角机，检查各转动处有无卡阻，各齿轮有无失效现象。

【工作任务考评】　（见表6-1）

表6-1　任务考评

过程考评	配　分	考评内容	考评实施人员
素质考评	12	生产纪律	专职教师和现场教师结合，进行综合考评
	12	遵守生产规程，安全生产	
	12	团结协作，与现场工程人员的交流	
实操考评	12	理论知识：口述提升深度指示器的分类和特点	
	12	任务实施过程中注意观察和记录，注意实习过程的原始资料积累	
	12	手指口述各提升机深度指示器的结构组成和基本工作原理；口述本次工作任务实施的内容和过程	
	12	完成本次工作任务，效果良好	
	16	按工作任务实施指导书完成学习总结，总结所反映出的任务完整，信息量大	

【思考与练习】

1. 提升机深度指示器的作用是什么？
2. 矿井提升机深度指示器的种类有哪些？特点分别是什么？
3. 简述单绳牌坊式深度指示器的组成和传动原理。
4. 多绳深度指示器的特点是什么？简述多绳牌坊式深度指示器的传动原理。
5. 简述单绳圆盘式深度指示器的传动原理。
6. 简述牌坊式和圆盘式深度指示器的维检内容。

第七单元

提升机天轮的使用与维护

【单元学习目标】

    本单元的主要内容为天轮的使用与维护。通过本单元的学习，学生应能够了解矿井提升机天轮的作用、种类和结构组成。通过天轮维护工作任务的实施，使学生掌握天轮维护的内容、方法和过程，能够对天轮进行正常的维护保养。

【工作任务描述】

    提升机天轮是提升设备中的重要组成部分，起到对钢丝绳支承和导向的作用。天轮的正确维护和使用不仅是天轮装置安全运行的保证，也是提升设备安全运行的组成部分。天轮的结构和正常运行对钢丝绳的安全运行和使用寿命也有很大的影响。

【知识学习】

一、天轮的作用和类型

1. 天轮作用

天轮是矿井提升系统中的关键设备之一，其安装于井架之上，主要用来支承提升机卷筒与提升容器间的钢丝绳并引导钢丝绳转向。

2. 天轮的类型

天轮按其轮体的运动方式可分为两类，即固定天轮和游动天轮。

（1）固定天轮　轮体只作旋转运动，主要用于立井提升、凿井及斜井箕斗提升天轮。

（2）游动天轮　轮体作旋转运动和轴向移动，主要用于斜井串车提升。

二、单绳缠绕式提升机天轮装置的结构

单绳缠绕式提升机天轮有辐条式铸铁天轮、焊接式天轮、整体铸钢天轮和斜井用游动天轮等几种。

1. 辐条式铸铁天轮

辐条式铸铁天轮易产生早期疲劳断裂，绳槽易磨损，对钢丝绳的不利影响较大，使用寿

命短。另外，此种天轮的两个轴承为滑动轴承，维护不便，容易发生烧瓦事故，现已很少采用。

2. 焊接式天轮

焊接式天轮采用焊接结构，重量较轻但天轮整体刚度小，使用中易产生变形和焊缝疲劳开裂现象。

3. 整体铸钢天轮

整体铸钢天轮的直径 $D \leqslant 3m$，大都采用整体铸造，其强度大，结构比较简单，使用中绳槽表面光滑、耐磨，年磨损量约为 $1 \sim 2mm$，使用寿命可达 15 年以上。较新型的天轮轮毂外圆镶装耐磨工程塑料衬垫，维护方便并能保护提升钢丝绳。两个主轴承采用调心滚子轴承，维护方便，运转安全可靠，不需要经常维护，制造工艺简单，但铸造质量不易保证。

整体铸钢天轮有 V 形天轮和 U 形固定天轮两种，V 形天轮轮缘不加衬垫，U 形固定天轮为整体铸钢镶衬块天轮，其主要参数见表 7-1。图 7-1 所示为缠绕式提升机使用的 U 形固定天轮总装示意图，它主要由透盖 1、轴承座 2、毡圈油封 3、闷盖 4、天轮轴 5、轴用弹性挡圈 6、轴承 7、油杯 8、固定天轮 11 和衬块 12 等组成。其主要部分为轮体、轴及轴承三部分。天轮体由铸钢 ZG230-450 铸造而成，具有强度高，质量小，运转安全可靠，力学性能好，铸造工艺简便，维护方便，使用寿命长，并能减轻对钢丝绳的磨损等特点。绳槽为 U 形内镶耐磨工程塑料衬块，其维护量小，寿命长，对钢丝绳的保护性能好。采用圆锥滚子轴承，油杯脂润滑，维护保养方便。

表 7-1　U 形固定天轮的主要参数

型　号	天轮直径/mm	钢丝绳直径/mm	两轴承中心距/mm
TZ(G)-600/16	600	16	458
TZ(G)-800/16	800	16	500
TZ(G)-1000/18.5	1 000	18.5	550
TZ(G)-1200/20	1 200	20	550
TZ(G)-1600/24.5	1 600	24.5	600
TZG-2000/24.5	2 000	24.5	700
TZG-2500/31	2 500	31	800
TZG-3000/36	3 000	36	950
TZG-3500/40	3 500	40	100

注：TZ(G) 有铸铁天轮，也有铸钢天轮。

图 7-2 所示为 U 形天轮轴示意图。轴为左右对称结构，通过键与天轮连接，由 45 钢锻件制造，并须经超声波探伤检查合格后方可使用，调质处理 $240 \sim 270HBW$。

图 7-3 所示为天轮轴承座，它由铸铁 HT250 铸造而成，由两侧盖板将轴承轴向定位，上有装置油杯的注油孔，由底座螺栓孔装置于井架上。

4. 斜井用游动天轮

由于地面和井下斜井多选用卷筒较宽的单筒提升机，受地形限制，为确保钢丝绳内、外偏角在规定范围内，以改善钢丝绳咬绳程度，需要采用游动天轮。其基本结构与固定式天轮相似，如图 7-4 所示，主要由透盖 1、轴承座 2、毡圈油封 3、轴用弹性挡圈 4、闷盖 5、天轮轴 6、轴承 7、油杯 8、挡圈 9、内六角圆柱头螺栓 10、两半轴瓦 11、游动天轮 12 和衬块

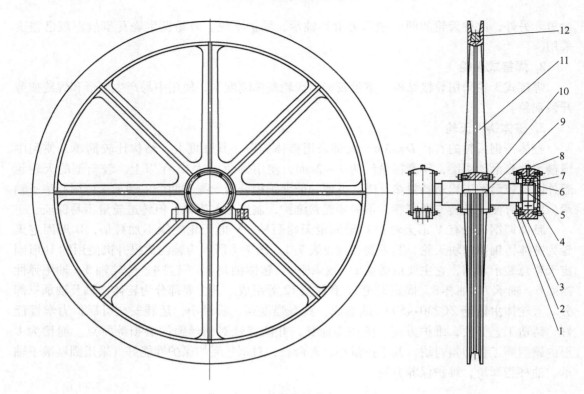

图 7-1 缠绕式提升机用 U 形固定天轮总装示意图

1—透盖 2—轴承座 3—毡圈油封 4—闷盖 5—天轮轴 6—轴用弹性挡圈

7—轴承 8—油杯 9—键 10—挡板 11—固定天轮 12—衬块

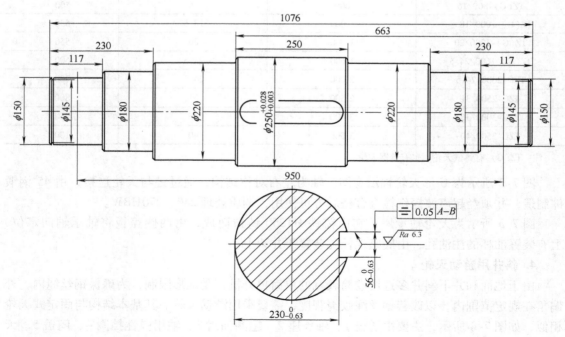

图 7-2 U 形天轮轴示意图

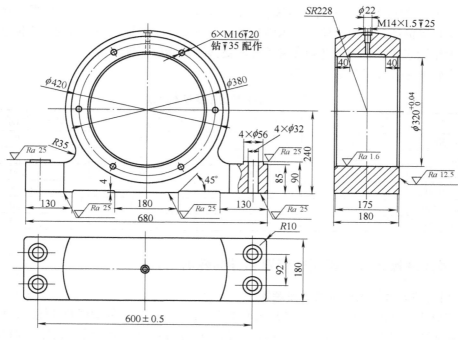

图 7-3 天轮轴承座

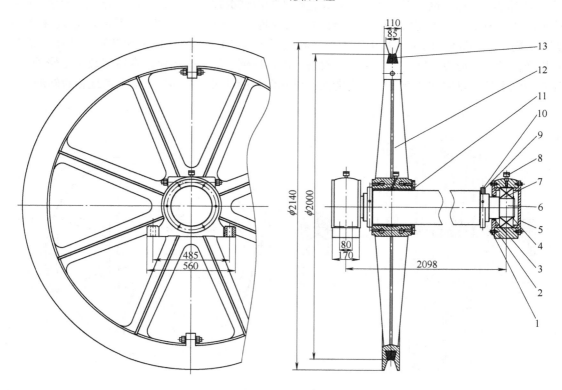

图 7-4 游动天轮

1—透盖 2—轴承座 3—毡圈油封 4—轴用弹性挡圈 5—闷盖 6—天轮轴 7—轴承
8—油杯 9—挡圈 10—内六角圆柱头螺栓 11—两半轴瓦 12—游动天轮 13—衬块

13 等组成。在工作过程中，天轮可沿轴移动，其在轴上的移动距离由矿山根据具体情况确定。为确保移动灵活，避免天轮出现卡阻现象，现场安装时应增设一个机房，以防止灰尘等杂物沾污天轮轴表面，轮毂油杯须经常检查和更换润滑脂以保证润滑。

游动天轮的主要技术参数见表 7-2。

表 7-2　游动天轮的主要技术参数

型　　号	天轮直径/mm	钢丝绳直径/mm	最大游动距离/mm	两轴承中心距/mm
TZD-600/300	600	16	300	760
TZD-800/700	800	16	700	1 100
TZD-1000/800	1 000	18.5	800	1 250
TZD-1200/1000	1 200	20	1 000	1 466
TZD-1600/1200	1 600	24.5	1 200	1 760
TZD-2000/1500	2 000	24.5	1 500	2 100

三、多绳摩擦式提升机天轮装置和导向轮的结构

1. 多绳落地式摩擦提升机的天轮装置

多绳摩擦式提升机天轮装置用于落地式摩擦提升机，按提升机钢丝绳数和绳距，相应地在轴上装配对应数量的天轮。其中一个为固定天轮，其他为游动天轮。游动天轮与轴可相对转动，以消除因各提升钢丝绳的速度差对天轮绳槽的滑动磨损。多绳摩擦式提升机天轮装置的结构如图 7-5 所示，它主要由编码器连接轴 1、轴承座 2、天轮轴 3、键 4、固定天轮 5、衬块 6、游动天轮 7、油嘴 8、两半轴瓦 9、轴承 10 和盖板 11 等组成。由于该天轮装置安装在井架上，环境条件较差，应设有防尘和防雨、雪设备，以保证钢丝绳与摩擦轮的摩擦因数不受影响。应注意游动天轮与轴之间要有足够的润滑油，以确保各游动天轮在其轴上能灵活地相对转动。

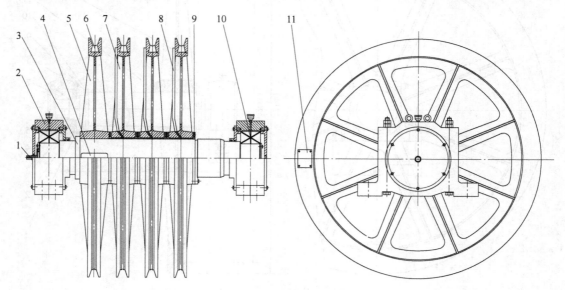

图 7-5　摩擦提升机天轮示意图

1—编码器连接轴　2—轴承座　3—天轮轴　4—键　5—固定天轮　6—衬块

7—游动天轮　8—油嘴　9—两半轴瓦　10—轴承　11—盖板

2. 塔式摩擦提升机的导向轮

塔式摩擦提升机的导向轮按其结构分为两种形式：一种是辐条式结构，另一种为焊接式结构。图7-6所示为焊接式结构导向轮示意图，它主要由固定轴1、衬垫2、游动天轮3、天轮轴4和滚动轴承5等组成。

导向轮用于井塔式多绳摩擦提升机，按提升机所配钢丝绳数和绳距相应地在轴上装配数个导向轮。其中一个为固定轮，其他为游动轮。游动轮与轴有相对转动，以消除因各提升钢丝绳的速度差对绳槽的滑动磨损。导向轮安装在主机摩擦轮装置的下面，用于改变两提升钢丝绳的中心距或利用导向轮来增加提升钢丝绳对摩擦轮的围包角。

辐条式结构的整体刚度较差，在使用中辐条易断裂，绳槽衬垫为硬木材料，易磨损，更换频繁，在运行中会产生声响。游动轮内径镶有轴瓦，转动

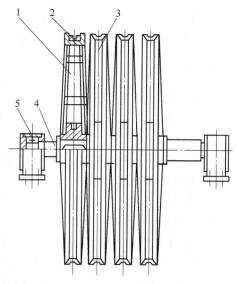

图7-6　焊接式结构导向轮示意图
1—固定轴　2—衬垫　3—游动天轮
4—天轮轴　5—滚动轴承

配合面为油杯润滑脂润滑，使用一定时间后润滑脂变质干涸，油道被堵，不利于再次加油润滑。其轴瓦为铸铁材料，易磨损和压裂，维护工作量大。针对上述问题，焊接式导向轮在结构上作了改进，提高了导向轮的整体刚度，绳槽衬垫选用耐磨工程塑料，延长了使用寿命，轴瓦选用优质黄铜材料，润滑方式采用稀油润滑，并将油杯移位至游动轮外圆侧，以方便日常注油操作。

四、天轮和导向轮的维护、常见故障及处理方法

1. 单绳缠绕式提升机天轮

1）注意检查轴承的润滑情况。对于装置滑动轴承的老式天轮，应重视轴瓦润滑，避免烧瓦事故的发生。如果有条件，应改变润滑方式或将原滑动轴承更换为滚动轴承结构。增设温度报警信号装置，以便及时维护，防止烧瓦事故。

2）注意检查天轮衬垫的磨损状况，如有超标应及时更换。对于绳槽无衬垫的老结构天轮，可更换为带衬垫的天轮。

3）检查天轮铆接、焊接、易产生铸造应力区等部位，及时发现松动、开裂、铸造裂纹等失效状况。

2. 多绳摩擦式提升机天轮

1）天轮轴承要保持良好润滑，油杯要定期加油。

2）右端轴承座处的两个端盖直接压紧轴承外圈，左端轴承座处的两个端盖与轴承外圈应有不小于1.5mm的间隙。

3）天轮轮毂之间应有0.2~0.5mm的间隙。

4）三个游动轮在轴上应转动灵活，固定轮连同轴一起空转灵活，均不得有卡阻现象，端面的振摆不得大于2mm。

5）两半轴瓦应将轴瓦上孔对准轮毂上的润滑油孔，油路应保持畅通。

6）各天轮的绳槽中心距应达到要求。

【工作任务实施】

1. 任务实施前的准备

学生必须进行安全生产教育，具有安全生产意识和登高工作安全生产知识。

2. 知识要求

熟悉提升机天轮的种类、基本结构组成，了解本次工作任务实施的内容和要点。

3. 天轮的润滑和日常检查维护

1）换好工作服，确定带好高空作业保险设施，扎好保险带。

2）带好润滑材料和检查工具等。

3）登井架平台，清理或擦拭平台各部，注意检查天轮、天轮轴、轴承座等的外观，确认其是否正常。检查天轮的摆动幅度是否符合规定；对多绳摩擦式天轮，注意检查各天轮间的间隙，游动天轮应转动灵活，轴瓦润滑良好；检查天轮主轴承的温度、润滑状况，在油杯中加入适量的润滑油或油脂；检查摩擦衬垫的磨损状况。天轮和导向轮的径向圆跳动误差不得超过表 7-3 中的规定值。

表 7-3　天轮和导向轮的圆跳动　　　　　　　　　　（单位：mm）

直　　径	允许最大径向圆跳动	允许最大轴向圆跳动	
		一般天轮及导向轮	多绳提升机导向轮
> 5 000	5	10	5
3 000 ~ 5 000	4	8	4
≤ 3 000	4	6	3

4. 填写提升机天轮检验记录

检查完毕，按要求填写提升机天轮检验记录，要求内容齐全，不得遗漏项目，经有关领导签字后交值班人员。

5. 工作过程总结

班后及时记录本次任务实施的项目和内容，总结收获和感想。对于任务实施过程中尚没有弄清楚的内容或环节，要及时询问现场工程技术人员或查找资料。写出本次任务实施的自我评价。

【工作任务考评】　（见表 7-4）

表 7-4　任务考评

过程考评	配　　分	考评内容	考评实施人员
素质考评	12	生产纪律	专职教师和现场教师结合，进行综合考评
	12	遵守生产规程，安全生产	
	12	团结协作，与现场工程人员的交流	

（续）

过程考评	配 分	考 评 内 容	考评实施人员
实操考评	12	理论知识：口述提升机天轮的分类和特点	专职教师和现场教师结合，进行综合考评
	12	任务实施过程中注意观察和记录，注意实习过程的原始资料积累	
	12	手指口述提升机天轮装置的基本组成	
	12	完成本次工作任务，效果良好	
	16	按任务实施指导书完成学习总结，总结所反映出的任务完整，信息量大	

【思考与练习】

1. 提升机天轮的作用是什么？其种类有哪些？
2. 整体铸钢天轮有何特点？简述 U 形固定天轮装置的结构组成。
3. U 形固定天轮的结构特点是什么？
4. 简述多绳落地摩擦式提升机天轮装置的基本组成。
5. 天轮和导向轮的常见故障及处理方法有哪些？

第八单元

提升机相对位置和运行理论

【单元学习目标】

本单元由矿井提升机相对位置的分析与计算、矿井提升运动学和动力学，以及多绳摩擦式提升机运行理论三个课题组成。通过本单元的学习，学生应能够掌握矿井提升机相对位置的计算方法及相对位置参数对提升机安全运行的影响；掌握运动学和动力学参数的计算方法及其各参数对提升机、钢丝绳等的影响；掌握多绳摩擦式提升机基本运行理论及其相关参数的计算方法。通过任务实施，学生应了解矿井提升系统参数在提升机运行中的重要性，掌握提升机运行理论及安全运行参数，为提升设备的合理使用与维护打下理论基础。

课题一　矿井提升机相对位置的分析与计算

【工作任务描述】

矿井提升设备间的位置参数，关系到提升机的安全运行，关系到矿井工业广场的布置等，是提升系统的重要参数。本课题主要针对提升机相对位置及相对位置参数进行分析与计算，使学生了解这些参数对提升机安全运行的影响，明确对参数进行规定的目的，以便能够更加合理地对提升设备进行使用与维护。

【知识学习】

一、立井缠绕式提升机与井筒的相对位置

井架上的天轮根据提升机的形式、容器在井筒中的布置及机房的位置，可以装在同一垂直面内，也可以安装在同一水平轴线上。图 8-1 所示为影响缠绕式提升机安装位置的主要参数关系图。由图中可以看出，为了完成卸载任务，井架必须有一定高度，称地面至天轮中心线的距离为井架高度 H_j。提升机卷筒轮缘至天轮轮缘的距离称为弦长 L_x，弦长 L_x 与井架高度 H_j 及井筒提升中心至提升机卷筒中心线的距离 L_s 成一定的几何关系。在绳弦所在平面内，从天轮轮缘作垂线垂直于卷筒中心线，则绳弦与垂线所形成的角度称为偏角 α。绳弦与

水平线形成仰角 β。《煤矿安全规程》中对偏角、弦长等有严格的限制，一些提升机对仰角也有一定的要求。对 H_j 及 L_s 虽无严格规定，但也有经济性、合理性的考虑。

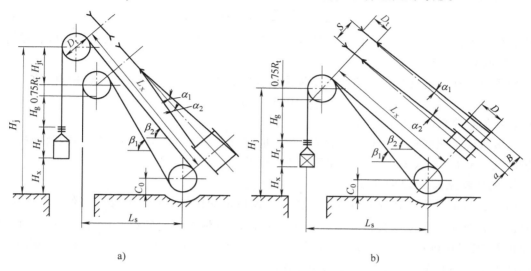

图 8-1　影响提升机安装位置的主要参数关系图

a）天轮安装在同一垂直平面内　b）天轮安装在同一水平轴线上

1. 井架高度 H_j

井架高度是指井口水平与天轮轴线间的垂直距离。根据提升工作要求，井架最小高度为

$$H_j = H_x + H_r + H_g + 0.75R_t \tag{8-1}$$

式中，H_x 为卸载高度，单位为 m，指井口水平至卸载位置的容器底座的距离，对于罐笼提升，若在井口装卸载，则 $H_x = 0$，对于箕斗提升，地面要装设煤仓，可取 $H_x = 18 \sim 25m$；H_r 为容器全高，单位为 m，指容器底部至连接装置最上面一个绳卡的距离，H_r 可从容器规格表中查得；H_g 为过卷高度，单位为 m，指容器从正常的卸载位置提升到容器连接装置上绳头同天轮轮缘相接触的一段距离；R_t 为天轮半径，单位为 m；$0.75R_t$ 是一段附加距离，因为从容器连接装置上绳头与天轮轮缘的接触点到天轮中心的距离约为 $0.75R_t$。

《煤矿安全规程》规定：采用缠绕式提升机时，对于罐笼提升，当最大速度 $v_m < 3m/s$ 时，$H_g > 4m$；当最大速度 $v_m > 3m/s$ 时，$H_g > 6m$；对于箕斗提升，$H_g > 4m$。采用多绳摩擦式提升机时，当 $v_m < 10m/s$ 时，$H_g = v_m$；当 $v_m > 10m/s$ 时，$H_g \geqslant 10m$。

当两天轮位于同一垂直面内时，上式中需加上两天轮中心线的垂直距离，此垂直距离为

$$H_{jt} = 2R_t + (0.5 \sim 1) \tag{8-2}$$

井架高度一般按式（8-1）的计算值圆整成整数值。不能将井架高度 H_j 任意降低，因为降低 H_j 实质上是减小过卷高度 H_g。事实上，尽管采用了规定的过卷高度 H_g 值，为了防止发生重大过卷事故，《煤矿安全规程》要求在容器正常卸载位置以上 0.5m 处必须安装过卷保护开关。对于高速运行的箕斗，若提升终了仍未减速而以最大速度 v_m 碰撞过卷开关，由于惯性力的作用，4m 的过卷高度仍不足。解决办法是安装减速开关，保证提升机接近提升终了时，只能以低速运行。

2. 卷筒提升中心线至井筒中心线的水平距离 L_s

井筒提升中心线至卷筒中心线的最小距离应按下式确定

$$L_{s\,min} = \sqrt{L_{x\,min}^2 - (H_j - C_0)^2} + R_t \qquad (8-3)$$

式中，$L_{x\,min}$ 为钢丝绳的最小弦长，单位为 m；C_0 为卷筒中心线至井口水平的高度，单位为 m，一般取 $C_0 = 1.5 \sim 2m$。

对于需要在井筒与提升机房之间安装井架斜撑的矿井，$L_{s.\,min}$ 值要按下式进行检验

$$L_{s.\,min} \geqslant 0.6H_j + D + 3.5 \qquad (8-4)$$

式中，D 为卷筒直径，单位为 m。

一般来说，根据式（8-3）所确定的 $L_{s\,min}$ 值能够满足式（8-4）的要求。若有特殊情况，可按照式（8-4）加大 $L_{s\,min}$，这时偏角将稍有降低。

3. 钢丝绳弦长 L_x 及偏角 α

（1）弦长的计算　在提升过程中，弦长、偏角是变化的，且二者相互制约。弦长 L_x 过大时，绳的振动幅度也增大，为了防止运转时钢丝绳跳出天轮轮缘，L_x 不宜过大。因此，将弦长 L_x 限制在 60m 以内。如图 8-1 所示，上、下两条绳弦长度不相等，但在计算中，近似地认为卷筒中心至天轮中心的距离即为弦长，则

$$L_x = \sqrt{(H_j - C_0)^2 + \left(L_s - \frac{D_t}{2}\right)^2} \qquad (8-5)$$

式中，D_t 为天轮直径，单位为 m。

（2）钢丝绳偏角及对偏角的规定　如图 8-1b 所示，当右钩提升即将开始时，右钩钢丝绳形成最大外偏角 α_1，左钩钢丝绳形成最大内偏角 α_2；当左钩提升即将开始时，左钩钢丝绳形成最大外偏角 α_1，右钩形成最大内偏角 α_2。

限制偏角的原因及具体规定如下：

1）偏角过大将加剧钢丝绳与天轮轮缘的磨损，降低钢丝绳的使用寿命，严重时有可能发生断绳事故。因此，《煤矿安全规程》规定内外偏角均应小于 1°30′。

2）某些情况下，当钢丝绳缠向卷筒时，会发生"咬绳"现象。由图 8-1 可见，若内偏角过大，绳弦的脱离段与邻圈钢丝绳不相离而相交，称为"咬绳"。有时，虽然内偏角并不很大，但由于卷筒上绳圈间隙 ε 较小，钢丝绳直径 d 或卷筒直径 D 较大，也会"咬绳"。"咬绳"会加剧钢丝绳的磨损。

（3）偏角的计算　单绳缠绕时，最大外偏角为

$$\alpha_1 = \arctan \frac{B - \dfrac{S - a}{2} - 3(d + \varepsilon)}{L_x} \qquad (8-6)$$

式中，B 为卷筒宽度，单位为 m；S 为两天轮中心距，单位为 m，S 值取决于容器形式及其在井筒中的布置方式，与井筒所用罐道形式也有关系；a 为两卷筒之间的距离，单位为 m，不同形式提升机的 a 值不同。

单层缠绕时，最大内偏角 α_2 为

$$\alpha_2 = \arctan \frac{\dfrac{S - a}{2} - \left[B - \left(\dfrac{H + 30}{\pi D} + 3\right)(d + \varepsilon)\right]}{L_x} \qquad (8-7)$$

多层缠绕时最大内偏角 α_2 为

$$\alpha_2 = \arctan \frac{\dfrac{S-a}{2}}{L_x} \tag{8-8}$$

式中，H 为提升高度，单位为 m；D 为卷筒直径，单位为 m；30 为钢丝绳试验长度，单位为 m；3 为摩擦圈数；式（8-7）的中括弧一项代表提升终了时卷筒表面未缠绳部分的宽度。

若求出的钢丝绳弦长 L_x 不超过 60m，则所定偏角、弦长均合理；若钢丝绳弦长 L_x 超过 60m，则不符合规定，应设法解决。若仅由于"咬绳"致使绳圈间隙 ε 过小，以致钢丝绳弦长 L_x 过大时，可根据具体情况，适当增大绳圈间隙 ε 或采取其他措施提高绳圈间隙 ε 以降低钢丝绳弦长 L_x。

4. 出绳角 β

仰角的大小将影响提升机主轴的受力情况。设计 JK 型提升机主轴时，是以下出绳角 $\beta_1 > 15°$ 来考虑的；若下出绳角 $\beta_1 < 15°$，则钢丝绳有可能与提升机基础接触，此时会加大钢丝绳的磨损。对于 JK 型提升机，可按下式计算下出绳角 β_1 和上出绳角 β_2 的值

$$\beta_1 = \arctan \frac{H_j - C_0}{L_s - R_t} + \arcsin \frac{D + D_t}{2L_x}$$
$$\beta_2 = \arctan \frac{H_j - C_0}{L_s - R_t} - \arcsin \frac{D - D_t}{2L_x} \tag{8-9}$$

二、多绳摩擦式提升机与井筒的相对位置

1. 塔式多绳摩擦提升机的井塔高度

塔式摩擦提升机的井塔高度是指从井口水平到摩擦轮轴线间的垂直距离，图 8-2 所示为塔式多绳摩擦提升系统井塔高度示意图。井塔高度 H_j 为

$$H_j = H_x + H_r + H_g + H_{md} + 0.75R \tag{8-10}$$

式中，H_{md} 为摩擦轮与导向轮间的高差，无导向轮系统的 $H_{md} = 0$，有导向轮系统，$D < 2.25m$ 时 Hmd 取 4.5m，$D = 2.8m$ 时取 5.0m，$D = 3.25m$ 时取 6m，$D = 3.5m$ 时取 6.5m；R 为摩擦轮半径，单位为 m。

2. 有导向轮时钢丝绳对摩擦轮的围包角

导向轮会在一定范围内增大围包角。由如图 8-3 所示的摩擦轮围包角计算示意图可知，$\alpha = \pi + \theta$。多绳摩擦轮与导向轮水平中心距 OA 为

$$OA = S + r - R \tag{8-11}$$

式中，S 为两容器的中心距；r 为导向轮半径；R 为摩擦轮半径。

两轮轴心连线 OO_1 为

$$OO_1 = \sqrt{OA^2 + H_t^2} \tag{8-12}$$

图 8-3 中的 BC 段钢丝绳为两轮的公切线，延长 OB 至 D 点，并令 $BD = r$，则 $\angle OO_1D$ 可表示为

$$\angle OO_1D = \arcsin \frac{r + R}{OO_1} \tag{8-13}$$

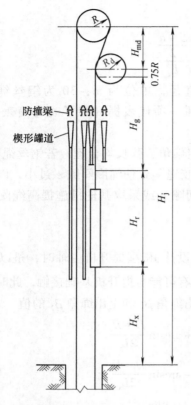

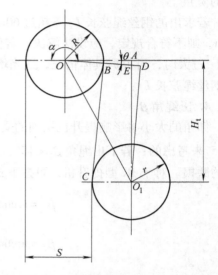

图 8-2　塔式多绳摩擦提升系统井塔高度示意图　　图 8-3　摩擦轮围包角计算示意图

因 $\triangle OAE \backsim \triangle EDO_1$，故 $\angle AOD = \theta = \angle AO_1D$。

在直角三角形 OAO_1 中，有 $\angle AO_1O = \arctan \dfrac{OA}{AO_1}$。而 $\theta = \angle OO_1D - \angle OO_1A$，将相应关系代入上式，得出

$$\theta = \arcsin \frac{r + R}{\sqrt{(S + r - R)^2 + H_t^2}} - \arctan \frac{S + r - R}{H_t} \tag{8-14}$$

则围包角 α 为

$$\alpha = \pi + \arcsin \frac{r + R}{\sqrt{(S + r - R)^2 + H_t^2}} - \arctan \frac{S + r - R}{H_t} \tag{8-15}$$

3. 落地式摩擦提升机井架高度

落地式摩擦提升机井架安装有两副天轮组，井架天轮组上、下布置于不同标高，两天轮组的中心距离为 $H_{jt} = D_t + (0.5 \sim 1.5)$。落地摩擦式提升机井架高度可参照有导向轮时的井架高度计算确定。

4. 尾绳环高度

尾绳环高度是指从最低装载水平容器底至尾绳环端部的高度，其大小为

$$H_w \geqslant H_g + (5 \sim 6) \tag{8-16}$$

式中，H_g 为过卷高度；$5 \sim 6$ 为附加高度，考虑到防止尾绳扭结当量及尾绳连接装置的高度，单位为 m。

【工作任务实施】

1. 任务实施前的准备

掌握矿井提升机相对位置的要求，掌握相对位置参数对提升设备安全运行的影响，并掌握各参数的计算方法。

2. 知识要求

掌握矿井提升设备的相对位置参数，明确安全规程和设计规范对其的规定。

3. 认识煤矿提升系统相对位置参数

到教学实习矿井，参观 JK 型、JKM 型或 JKMD 型提升机在煤矿工业广场的布置，目测各相对位置参数的大小。观察在提升机运行过程中，这些位置参数的变化及变化范围，考虑这些变化对提升机设备的影响。总体考虑这些位置参数的改变对提升机运行产生的不利或有利影响。

4. 提升机相对位置参数的搜集

通过与现场工程技术人员交流或在技术资料室里的查找，搜集提升机相对位置参数的数值，计算、校验和分析其是否满足相关规定要求。

【工作任务考评】

表 8-1 任务考评

过程考评	配 分	考评内容	考评实施人员
素质考评	12	生产纪律	专职教师和现场教师结合，进行综合考评
	12	遵守生产规程，安全生产	
	12	团结协作，与现场工程人员的交流	
实操考评	12	理论知识：口述提升机相对位置参数的规定及其对提升机安全运行的影响	
	12	任务实施过程中注意观察和记录，注意教学过程的原始资料积累	
	12	手指口述提升机的位置参数及其规定	
	12	完成本次工作任务，效果良好	
	16	按任务设施指导书完成学习总结，总结所反映出的工作任务完整，信息量大	

【思考与练习】

1. 钢丝绳弦长对提升机的运行有何影响？对其数值大小有何规定？
2. 说明过卷高度的意义及规定数值。
3. 偏角大小对提升机的运行有何影响？对其数值大小有何规定？
4. 出绳角大小对提升机的运行有何影响？对其数值大小有何规定？
5. 描述塔式及落地式摩擦提升机的布置特点。

课题二 矿井提升运动学和动力学

【工作任务描述】

矿井提升运动和动力参数是提升系统的重要参数，关系到提升机的安全运行、工作能力以及如何选择提升机的规格和形式等。本课题主要针对提升机运动学及运动学参数、动力学及动力学参数进行分析与计算，使学生了解这些参数对提升机安全运行的影响，明确对参数进行规定的目的，以便更加合理地对提升设备进行使用与维护。

【知识学习】

一、矿井提升运动学

图8-4所示为交流拖动、双箕斗提升系统常用的速度图（等加速度），它表达了提升容器在一个提升循环内的运动规律及运动学参数。该速度图包括六个阶段，故称为六阶段速度图。而罐笼提升系统由于无卸载曲轨，因此为五阶段速度图，如图8-5所示。

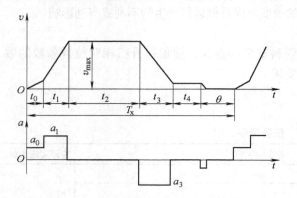

图8-4 箕斗提升系统六阶段速度图   图8-5 罐笼提升系统五阶段速度图

1. 初加速阶段运行时间 t_0 与初加速度 a_0

提升循环刚刚开始，井下箕斗由装载处提起，井口箕斗尚在卸载曲轨内运行，为了减少容器通过卸载轨时对井架的冲击，限制容器初加速度 a_0 和速度 v_0，在卸载曲轨内的运动速度不能太大，一般 v_0 在 1.5m/s 以下。此时有

$$t_0 = \frac{2h_0}{v_0}$$

$$a_0 = \frac{v_0}{t_0} \tag{8-17}$$

式中，h_0 为卸载距离，与箕斗形式和卸载方式有关。

2. 主加速阶段运行时间 t_1 与运行距离 h_1

箕斗已离开卸载曲轨，容器以较大的等加速度 a_1 运行，直至达到最大提升速度 v_{max}。对于箕斗提升，a_1 不大于 1.2m/s²。此时有

$$t_1 = \frac{v_{max} - v_0}{a_1}$$

$$h_1 = \frac{v_{max} + v_0}{2} t_1 \tag{8-18}$$

3. 减速阶段运行时间 t_3 与运行距离 h_3

重载箕斗已接近井口，空箕斗接近装载点，容器以减速度 a_3 运行，a_3 不大于 1.2m/s²。

此时有

$$t_3 = \frac{v_{max} - v_4}{a_3}$$

$$h_3 = \frac{v_{max} + v_4}{2} t_3 \qquad (8\text{-}19)$$

4. 爬行阶段运行时间 t_4 与运行距离 h_4

重载箕斗进入卸载曲轨,为减少冲击和保证准确停车,容器以 $v_4 = 0.4 \sim 0.5 \text{m/s}$ 的低速爬行,爬行距离 $h_4 = 2.5 \sim 5\text{m}$。此时有

$$t_4 = \frac{h_4}{v_4} \qquad (8\text{-}20)$$

5. 等速阶段运行时间 t_2 与运行距离 h_2

容器以最大速度 v_{max} 运行,v_{max} 应接近经济速度(见本单元相关内容)。此时有

$$h_2 = H - h_0 - h_1 - h_3 - h_4$$

$$t_2 = \frac{h_2}{v_{max}} \qquad (8\text{-}21)$$

6. 停车休止时间 θ

容器运行到终点,提升机制动停车,井底箕斗装载,井口箕斗卸载。箕斗休止时间与箕斗装载量与箕斗闸门的结构形式有关,具体可参考表8-2。

表8-2 箕斗提升的休止时间

箕斗名义装载质量/t	≤6	8~9	12	16	20	30
休止时间/s	8	10	12	16	20	30

罐笼提升的休止时间可参考表8-3。

表8-3 罐笼提升的休止时间 (单位:s)

罐笼形式		单层装车		双层装车			
进出车方式		两侧进出车	同侧出车	一个水平进出车		两层同时进出车	
每层矿车数		1	2	1	1	2	1	2
矿车名义装载质量	1t	12	15	35	30	36	17	20
	1.5t	13	17	—	32	40	18	22
	3t	15	—	—	36	—	20	—

7. 一次提升循环时间 T_x

$$T_x = t_0 + t_1 + t_2 + t_3 + t_4 + \theta \qquad (8\text{-}22)$$

二、矿井提升动力学

1. 提升系统动力方程

提升电动机需要克服提升系统的静阻力和惯性力才能带动提升系统运动。设电动机作用于提升机主轴上的拖动力矩为 M,提升机主轴上的静阻力矩为 M_j,惯性力矩为 M_d,可列出力矩方程

$$M = M_j + M_d \qquad (8\text{-}23)$$

对于等直径提升机，力矩方程与力的方程等价，称为提升系统的动力方程式

$$F = F_j + F_d = F_j + \sum ma \qquad (8\text{-}24)$$

式中，a 为提升容器的加（减）速度，单位为 m/s^2；F_j 为提升系统的静阻力，单位为 N；F_d 为提升系统的动阻力，单位为 N；$\sum m$ 为提升系统的总变位质量，它是系统各运动部分变位到提升机卷筒圆周上的质量之和，单位为 kg。

2. 提升系统的静阻力 F_j

提升系统的静阻力包括静力和系统运行时的矿井阻力。对于双容器提升系统，系统的静阻力为重载侧的静阻力与空载侧的静阻力之差。矿井阻力包括井筒中的气流和罐道对容器的运行阻力，天轮轴承阻力以及钢丝绳绕过天轮、卷筒等的弯曲阻力。对于如图 8-6 所示的缠绕式提升机无尾绳系统，当容器运行至 x 米时，重载侧的静阻力为

$$F_{js} = (Q + Q_z) + p(H - x) + \omega_s \qquad (8\text{-}25)$$

空载侧的静阻力为

$$F_{jx} = Q_z + px - \omega_x \qquad (8\text{-}26)$$

式中，Q 为一次提升量，单位为 N；Q_z 为容器重量，单位为 N；p 为钢丝绳每米重力，单位为 N/m；ω_s、ω_x 分别为重载上升侧和空载下放侧的矿井阻力，单位为 N。

以上两式未考虑井架高度部分钢丝绳及绳弦部分的绳重，近似地认为它们相互抵消，不影响静力计算。

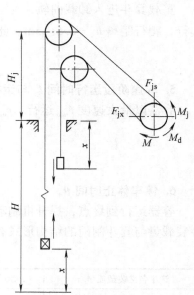

图 8-6 提升静阻力计算简图

系统静阻力为两侧静阻力之差，即

$$F_j = F_{js} - F_{jx} = Q + p(H - 2x) + \omega_s + \omega_x \qquad (8\text{-}27)$$

通常以有益载重的百分数来估算矿井阻力（$\omega_s + \omega_x$）的数值，对箕斗提升取 $0.15Q$，罐笼提升取 $0.2Q$，则有

$$F_j = KQ + p(H - 2x) \qquad (8\text{-}28)$$

式中，K 为矿井阻力系数，箕斗提升时 $K = 1.15$；罐笼提升时 $K = 1.20$。

上式表明，无尾绳提升系统的静阻力在提升过程中随 x 的增大呈线性下降趋势，称"静力不平衡"，是由提升钢丝绳长度的变化所引起的。图 8-7 所示为提升系统静阻力变化曲线，一般浅井或中等深度矿井的静力不平衡并不严重，如图 8-7 中的直线 I。在深井及钢丝绳较重时，有可能使 F_j 在提升终了前出现负值，如图 8-7 中的直线 II。静力不平衡程度的加大，导致电动机出力不均匀性增强，在加速阶段需要较大拖动力去克服大的静阻力和惯性力，为此需加大电动机容量；而减速阶段又必须施加很大的制动力，这不仅使提升机的控制变得复杂，而且也不经济。因为静力不平衡是由钢丝绳的不平衡重引起的，因此，在两个提升容器下悬挂平衡尾绳，就可以得到一定程度

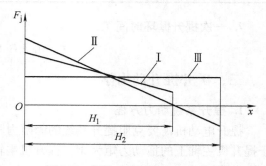

图 8-7 提升系统静阻力变化曲线

的平衡。设尾绳的每米重量为 q，则提升系统的静阻力为

$$F_j = KQ + (p - q)(H - 2x) \qquad (8-29)$$

如果 $p = q$，则 $F_j = KQ = $ 常数，如图8-7中的直线Ⅲ，称此系统为静力平衡提升系统。但尾绳的悬挂会加大维护工作量，同时为了容纳尾绳环，必须加深井筒，所以缠绕式提升机一般不加尾绳；多绳摩擦式提升机为了减少两侧钢丝绳张力差以改善防滑条件，一般均加尾绳。

3. 变位质量

（1）变位质量的概念及变位原则　提升系统由多个运动部件组成，为便于计算系统总的惯性力，必须将各部件的质量变位到共同的基点上。对于提升系统，应变位到卷筒表面缠绕圆周上，该处的线速度为提升容器的线速度。

质量的变位原则是保持变位前后的动能相等。系统变位质量的总和称为提升系统的总变位质量，用 $\sum m$ 表示。系统中的提升容器、钢丝绳不需要变位，提升机、天轮的变位质量均可在产品规格中查出，因此，实际需要进行变位计算的只有电动机转子。

（2）电动机转子变位质量的计算　设电动机转子的转动惯量为 J_d，变位到卷筒轴上的转动惯量为 J_d'，ω 为电动机角速度，ω' 为卷筒角速度，按变位前后动能不变的原则有

$$\frac{1}{2} J_d \omega^2 = \frac{1}{2} J_d' \omega'^2 \qquad (8-30)$$

$$J_d' = J_d \left(\frac{\omega}{\omega'} \right)^2 = J_d i^2 \qquad (8-31)$$

式中，i 为减速器的传动比。

电动机转子变位到卷筒缠绕圆周上的质量为

$$m_d' = \frac{4 J_d'}{D^2} = 4 J_d \left(\frac{i}{D} \right)^2 \qquad (8-32)$$

式中，D 为卷筒缠绕直径。

通常，电动机规格表中不直接提供转动惯量 J_d，而提供转子的回转力矩 $(GD^2)_d$ 的值。它是工程上惯用的表示旋转物体惯性的物理量，它与 J_d 的换算关系为

$$J_d = \frac{(GD^2)_d}{4g} \qquad (8-33)$$

故有

$$m_d' = \frac{(GD^2)_d}{g} \left(\frac{i}{D} \right)^2 \qquad (8-34)$$

（3）电动机容量的估算　为了计算电动机转子的变位质量，一般先用估算法计算和预选电动机容量，根据预选电动机的规格查出 $(GD^2)_d$ 并计算变位质量然后验算所选的电动机是否合适。电动机容量用下式估算

$$P_e = \frac{KQ v_{max}}{1000 \eta_i} \varphi \qquad (8-35)$$

式中，P_e 为电动机容量，单位为 kW；φ 为动力系数，箕斗提升 $\varphi = 1.2 \sim 1.4$，罐笼提升 $\varphi = 1.4$；η_i 为减速器传动效率，一般取 $\eta_i = 0.9 \sim 0.95$。

预选电动机的额定转速应与所选用提升机的规格和最大速度 v_{max} 相匹配，电动机的额定转速为

$$n_e = \frac{60 v_{max} i}{\pi D} \tag{8-36}$$

式中，n_e 为电动机额定转速，单位为 r/min。

（4）提升系统的总变位质量 $\sum m$ 　提升系统的总变位质量为

$$\sum m = \frac{Q}{g} + \frac{2Q_z}{g} + (n_1 p L_p + n_2 q L_q)\frac{1}{g} + n m_t + m_j + m'_d \tag{8-37}$$

式中，L_p 为提升主绳全长，单位为 m，对缠绕式提升机，$L_p = H_c + L_x + 3\pi D + 30 + n'\pi D$，其中 n' 为错绳圈数，取 $2 \sim 4$ 圈，对塔式多绳摩擦提升机，$L_p = H + 2H_j$；L_q 为尾绳全长单位为 m，$L_q = H + 2H_h$ 其中 H_h 为尾绳环高度；n_1 为提升钢丝绳根数；n_2 为尾绳根数；m_t 为天轮变位质量，单位为 kg；n 为天轮个数；m_j 为提升机（包括减速器）的变位质量，单位为 kg；m'_d 为电动机转子变位到卷筒缠绕圆周上的质量，单位为 kg。

三、提升系统运动学、动力学计算

1. 运动学主要参数的确定

（1）最大提升速度　在给定年产量 A_n 及提升高度 H 后，有多种速度图可供选择，可以选用大容器，加大一次提升量 Q，以较低的速度 v_{max} 运行；也可以降低 Q 值，以较高的 v_{max} 速度运行。

我国采用的最佳（经济）速度 $v_j = (0.3 \sim 0.5)\sqrt{H}$。在确定最大速度 v_{max} 时，应使之接近经济速度，同时要满足《煤矿安全规程》中的规定：立井升降人员时，最大提升速度不得超过下式

$$v_{max} = 0.5\sqrt{H} \tag{8-38}$$

式中，v_{max} 为最大提升速度，单位为 m/s，v_{max} 不得超过 12m/s。

立井升降物料时，最大速度不得超过 $0.6\sqrt{H}$。

（2）加速度的确定　确定提升主加速度时应同时考虑下列因素：

1）《煤矿安全规程》规定，立井升降人员的加（减）速度不得大于 $0.75m/s^2$，斜井不得大于 $0.5m/s^2$；建议箕斗提升加速度不宜大于 $1.2m/s^2$。

2）由电动机过载能力计算允许的最大加速度，电动机作用于卷筒缠绕圆周的最大拖动力为 λF_e。在电动机依次切除电阻的加速过程中拖动力是变化的，一般按电动机平均出力不大于 $0.75\lambda F_e$ 计算。这里的 λ 是电动机最大力矩与额定力矩之比，F_e 为额定拖动力，由额定功率 P_e 求出

$$F_e = \frac{1\,000 P_e}{v_{max}} \eta_j \tag{8-39}$$

式中，η_j 为减速器效率。

故加速阶段的拖动力为

$$F_1 = KQ + pH + \sum m a_1 \leqslant 0.75\lambda F_e \tag{8-40}$$

按电动机能力产生的最大加速度为

$$a_1 \leqslant \frac{0.75\lambda F_e - (KQ + pH)}{\sum m} \tag{8-41}$$

3）按减速器能力确定最大加速度，提升机产品规格表中给出了减速器最大转矩 M_{max}，

电动机通过减速器作用到卷筒圆周上的拖动力不能大于此值，即

$$\left[KQ + pH + \left(\sum m - m'_\mathrm{d}\right)a_1\right]\frac{D}{2} \leqslant M_{\max} \tag{8-42}$$

得到加速度 a_1

$$a_1 \leqslant \frac{\dfrac{2M_{\max}}{D} - (KQ + pH)}{\sum m - m'_\mathrm{d}} \tag{8-43}$$

式中，m'_d 为电动机转子的变位质量。

4）对摩擦提升，最大加速度不能超过防滑条件允许的最大加速度。最终确定的加速度数值在满足以上条件限制的同时应取较大值，以便充分利用设备能力，提高设备效率。

（3）减速度的确定　减速度的大小与减速方式有关，减速方式有三种：自由滑行减速、制动减速和电动机减速。

1）自由滑行减速。当容器到达减速点时，将电动机电源断开，拖动力为零，整个提升系统靠惯性滑行直至停车，这种方式充分利用了系统的动能，节约电耗，操作简单，其动力方程为

$$KQ + p(H - 2x) - \sum m a_3 = 0 \tag{8-44}$$

由于 x 值是变化的，a_3 值也在变化。为简化计算，取 $x = H$ 近似计算，然后稍加大些即可。则

$$a_3 = \frac{KQ - pH}{\sum m} \tag{8-45}$$

自由滑行减速时，如果计算出的 a_3 过小，则减速时间太长，会影响生产力，需要用制动方式减速；若计算出的 a_3 过大，则需要采用电动机方式减速。

2）制动减速。当矿井很深，钢丝绳重力的影响较大时，自由滑行减速度会比较小，这时要采用制动方式减速。当所需制动力较小时，用机械闸制动；当所需制动力大时，用电气制动。为减少闸瓦磨损，机械闸制动力不宜大于 $0.3Q$，机械制动所能得到的减速度为

$$a_3 = \frac{KQ - pH + 0.3Q}{\sum m} \tag{8-46}$$

电气制动减速方式的减速度为

$$a_3 \leqslant \frac{KQ - pH + F_\mathrm{z}}{\sum m} \tag{8-47}$$

式中，F_z 为电气制动力。

3）电动机减速。对于有尾绳的提升系统，且质量比 $\dfrac{\sum m}{Q}$ 偏小时，自由滑行减速度可能很大。这时要用电动机减速方式，拖动力为正，电动机在较软的人工特性上运转。为了便于控制，电动机的出力不宜小于 $0.35F_\mathrm{e}$，减速度为

$$a_3 \leqslant \frac{KQ - pH - 0.35F_\mathrm{e}}{\sum m} \tag{8-48}$$

在确定减速度的数值时，首先要考虑自由滑行减速方式的 a_3 值，若此值太小，应改为制动方式；当制动力大于 $0.3Q$ 时，则应采用电气制动。副井罐笼有下放人员、设备材料等任务，为了安全可靠，都应采用电气制动。多绳摩擦式提升及副井提升，有时需要采用电动

机方式正力减速。

（4）速度图计算　在提升系统主加速度 a_1、减速度 a_3、最大提升速度 v_{max} 已确定后，就可以计算速度图。图 8-8 所示为六阶段提升速度图和力图。表 8-4 为箕斗提升系统六阶段速度图的计算关系式。

表 8-4　箕斗提升系统六阶段速度图计算关系式

速度图参数	单　位	计　算　公　式
箕斗在曲轨内运行的距离	m	h_0
空箕斗离开曲轨的速度	m/s	$v_0 = 1.5$
初加速度	m/s²	$a_0 = v_0{}^2 / (2h_0)$
t_0 段运行时间	s	$t_0 = v_0/a_0$
主加速度	m/s²	a_1
t_0 段运行时间	s	$t_1 = (v_{max} - v_0) / a_1$
主加速阶段行程	m	$h_1 = (v_{max} + v_0) t_1/2$
爬行距离	m	$h_4 = 2.5 \sim 3.3$（自动控制），$h_4 = 5$（手动控制）
爬行速度	m/s	$v_4 = 0.4 \sim 0.5$
爬行时间	s	$t_4 = h_4/v_4$
减速运行时间	s	$t_3 = (v_{max} - v_4) / a_3$
减速阶段行程	m	$h_3 = (v_{max} + v_4) t_3/2$
等速阶段行程	m	$h_2 = H - h_0 - h_1 - h_3 - h_4$
等速运行时间	s	$t_2 = h_2/v_{max}$
一次提升循环时间	s	$T_x = t_0 + t_1 + t_2 + t_3 + t_4 + \theta$
每小时提升次数	次	$n = 3600/T_x$

计算出一次提升循环时间 T_x 后，可以算出按该速度图运行所能完成的年提升量 A'

$$A' = \frac{3600Qbt}{cT_x} \tag{8-49}$$

$$A_n = \frac{A'}{c_f} \tag{8-50}$$

式中，c_f 为提升能力的富余系数，对第一水平，$c_f = 1.20$；c 为不均衡系数，箕斗提升，有井下煤仓时取 $c = 1.10 \sim 1.15$，无井下煤仓时取 $c = 1.2$，罐笼提升取 $c = 1.2$，一套设备兼做主、副井提升时取 $c = 1.25$；A_n 为矿井设计年产量，单位为 t；b 为年工作日，对新设计矿井，$b = 300$ 天；t 为每天提升小时数，新井按 $t = 14h$ 计算。

副井罐笼提升速度图的计算与箕斗提升类似，但要注意罐笼运送不同设备、材料时，随进出车条件不同，休止时间 θ 也不同。国家相关规范除对 θ 作了相应规定外，同时还规定了最大作业班工人的下井时间，即立井不得超过 40min；副井提升尚需根据其他提升工作量，如矸石、材料、设备等任务作出每班提升作业平衡时间表，一般每班应不超过 5.5h。

2. 箕斗提升动力学计算

（1）箕斗提升动力学方程　根据提升系统动力方程式，计算各阶段的拖动力，作出力图。通常将速度图与力图画在一起，统称提升工作图，如图 8-8 所示。

力图是计算电动机容量、电耗，选择电力拖动控制设备，以及设计、校核机械部分强度的依据。已知动力方程式为

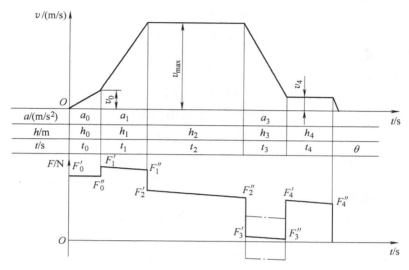

图 8-8 六阶段提升速度图和力图（提升工作图）

$$F = KQ + p(H - 2x) + \sum ma \tag{8-51}$$

将系统参数及不同阶段的运动学参数代入上式，即可求出各阶段所需的拖动力，见表 8-5。

表 8-5 箕斗提升六阶段力图参数计算表

拖 动 力	计 算 公 式
提升开始 F_0'	$F_0' = KQ + pH + \sum ma_0$
箕斗出卸载曲轨 F_0''	$F_0'' = KQ + p(H - 2h_0) + \sum ma_0 = F_0' - 2ph_0$
主加速度开始 F_1'	$F_1' = KQ + p(H - 2h_0) + \sum ma_1 = F_0'' + \sum m(a_1 - a_0)$
主加速度结束 F_1''	$F_1'' = KQ + p[H - 2(h_0 + h_1)] + \sum ma_1 = F_1' - 2ph_1$
等速开始 F_2'	$F_2' = KQ + p[H - 2(h_0 + h_1)] = F_1'' - \sum ma_1$
等速结束 F_2''	$F_2'' = KQ + p[H - 2(h_0 + h_1 + h_2)] = F_2' - 2ph_2$
减速开始 F_3'	$F_3' = KQ + p[H - 2(h_0 + h_1 + h_2)] - \sum ma_3$
减速结束 F_3''	$F_3'' = KQ + p[H - 2(h_0 + h_1 + h_2 + h_3)] - \sum ma_3$
爬行开始 F_4'	$F_4' = KQ + p[H - 2(h_0 + h_1 + h_2 + h_3)] = KQ - p(H - 2h_4)$
爬行结束 F_4''	$F_4'' = KQ - pH = F_4' - 2ph_4$

（2）单容器平衡锤提升系统动力学计算　单容器平衡锤提升系统可以改善摩擦式提升系统的防滑条件，特别是在多水平提升时，能方便地在各水平准确停车，所以其在摩擦式提升及多水平提升中应用较多。但由于使用单容器，提升两个循环才能完成双容器系统一个循环的提升量，因此其设备效率稍低些。

为了使提升有益荷载 Q 时电动机的拖动力与提升平衡锤时的出力相当，平衡锤的重量 Q_c 按下式计算

$$Q_c = Q_z + 0.5Q \tag{8-52}$$

这样无论是提升有益荷载，还是提升平衡锤，电动机的有效静负荷都是 $0.5Q$。

副井单罐笼提升时，平衡锤的重量按下式计算

$$Q_c = Q_z + q_c + 0.5Q \tag{8-53}$$

式中，q_c 为矿车的重量，单位为 N。

已知平衡锤的重量，则可列出其动力方程式。

（3）下放货载时的动力方程式　罐笼提升常有下放设备及货载的情况，即一端下放重载物，另一端提升空容器。这时上升侧钢丝绳的静阻力为

$$F_{js} = Q_z + p(H - x) + \omega_s \tag{8-54}$$

下放侧钢丝绳的静阻力

$$F_{jx} = Q + Q_z + px - \omega_x \tag{8-55}$$

提升系统的静阻力

$$F_j = F_{js} - F_{jx} = -Q + p(H - 2x) + \omega_s + \omega_x \tag{8-56}$$

将 $\omega_s + \omega_x = 0.2Q$ 代入上式得

$$F_j = -0.8Q + p(H - 2x) \tag{8-57}$$

下放货载时，动力方程为

$$F = -0.8Q + p(H - 2x) + \sum ma \tag{8-58}$$

四、电动机容量、提升电耗及效率校核

1. 提升电动机功率校核

（1）等效力的计算　等效力可按下式计算

$$F_d = \sqrt{\frac{\int_0^T F^2 \, dt}{T_d}} \tag{8-59}$$

式中，F 为工作图中各段的拖动力，单位为 N；T_d 为等效时间，单位为 s，T_d 可按下式计算

$$T_d = \alpha(t_0 + t_1 + t_3 + t_4) + t_2 + \beta\theta \tag{8-60}$$

式中，α 为低速运行时的散热不良系数，$\alpha = 0.5$；β 为停车时的散热不良系数，$\beta = 1/3$。

整个提升时间 T 内的 $\int_0^T F^2 \, dt$ 为

$$\int_0^T F^2 \, dt = \frac{F_{ds}'^2 + F_{ds}' F_{ds}'' + F_{ds}''^2}{3} t_{ds} + \sum \frac{F_j'^2 + F_j''^2}{2} t_j \tag{8-61}$$

式中，F_{ds} 为以速度 v_{max} 等速运行阶段的拖动力，单位为 N；F_j 为其他各阶段的拖动力，见表 8-5，单位为 N；t_{ds} 为以速度 v_{max} 等速运行时的运动时间，单位为 s；t_j 为其他各阶段运行时的运动时间，单位为 s。

应根据减速阶段和爬行阶段提升电动机是否出力决定这两个阶段的拖动力是否计入。当以电动机方式减速时，F_3' 应计入；以动力制动方式减速时，应以 $1.4F_3'$ 和 $1.6F_3''$ 计入；脉动调速和低频拖动爬行时，F_4' 应计入。

（2）提升机等效功率 P_d 的计算

$$P_d = \frac{F_d v_{max}}{1000\eta_j} = \frac{v_{max}}{1000\eta_j}\sqrt{\frac{\int_0^T F^2 dt}{T_d}} \tag{8-62}$$

式中，η_j 为减速器的效率；v_{max} 为最大提升速度，单位为 m/s。

（3）温升验算　所选定的电动机额定功率 P_e 满足下面的不等式，温升条件即可满足要求

$$P_e \geqslant 1.1 P_d \tag{8-63}$$

2. 过负荷条件验算

（1）正常过负荷校验　正常提升加速时，为防止切换力矩过于接近最大力矩，当电网电压降低发生颠覆和堵转时，要求满足

$$\frac{F_{max}}{F_e} \leqslant 0.75\lambda \tag{8-64}$$

式中，F_{max} 为加速段的最大拖动力。

（2）特殊过负荷校验　无论在何种条件下进行提升，F_t 均应满足

$$\frac{F_t}{F_e} \leqslant 0.9\lambda \tag{8-65}$$

式中，F_t 为作用于卷筒上特殊需要的拖动力，单位为 N。

下列情况所需力均为特殊需要的拖动力：

1）更换提升水平或调节钢丝绳长度，打开离合器作单钩提升时有

$$F_t = \mu(Q_z + pH) \tag{8-66}$$

2）罐笼提升采用罐座，当空罐位于井口罐座上，把井底重罐稍提起时有

$$F_t = \mu[(Q + Q_z) + pH] \tag{8-67}$$

式中，μ 为动力系数，$\mu = 1.05 \sim 1.1$。

五、提升设备运行经济指标的计算

1. 一次提升电耗的计算

（1）一次提升动能消耗的计算

$$W = \frac{1.05 v_{max}\int_0^T F dt}{3\,600 \times 1\,000\eta_j\eta_d} \tag{8-68}$$

式中，W 为一次提升电耗，单位为 kW·h；η_d 为电动机的效率；1.05 是考虑提升机附属设备的电耗附加系数；式中的积分项为

$$\int_0^T F dt = \frac{F_0' + F_0''}{2}t_0 + \frac{F_1' + F_1''}{2}t_1 + \frac{F_2' + F_2''}{2}t_2 + \frac{F_4' + F_4''}{2}t_4 \tag{8-69}$$

计算上式时需要注意的是：

1）减速阶段采用自由滑行或机械制动减速时，因提升电动机已断电，不消耗动能，故 F_3' 和 F_3'' 不应计入；采用电动机制动方式和电气制动减速时应计入。

2）爬行阶段，当采用脉动爬行时，爬行阶段的拖动力 F_4' 和 F_4'' 应计入。

3）爬行阶段，当采用微机拖动或低频拖动时，应将 $(F_4' + F_4'')$ 换为 $\dfrac{(F_4' + F_4'')v_4}{0.8 v_{max}}$

计人。

（2）提升设备吨煤电耗的计算

$$W_t = \frac{1.05 v_{\max} \int_0^T F \mathrm{d}t}{3\,600 \times 1\,000 \eta_j \eta_d Q} \tag{8-70}$$

式中，W_t 为提升设备吨煤电耗，单位为 kW·h；Q 为一次提升量，单位为 t。

2. 提升设备效率的计算

（1）一次提升有益电耗 W_y 的计算

$$W_y = \frac{QH}{3\,600} \tag{8-71}$$

（2）提升设备效率 η 的计算

$$\eta = \frac{W_y}{W} \tag{8-72}$$

【工作任务实施】

1. 任务实施前的准备

掌握矿井提升机运动学、动力学理论知识和运行过程分析方法，掌握运动学和动力学重要参数的计算和确定方法。

2. 煤矿提升运动学和动力学参数的搜集与验算

到教学实习矿井，通过与现场工程技术人员进行交流或在技术资料室的调研，搜集矿井提升机运动学和动力学参数的数值。通过已掌握的计算方法验算所搜集的矿井参数是否合理，明确并分析这些参数对提升机安全运行的影响。

【工作任务考评】 （见表8-6）

表8-6 任务考评

过程考评	配 分	考评内容	考评实施人员
素质考评	12	生产纪律	专职教师和现场教师结合，进行综合考评
	12	遵守生产规程，安全生产	
	12	团结协作，与现场工程人员的交流	
实操考评	12	理论知识：口述提升机的主要运动参数	
	12	任务实施过程中注意观察和记录，注意搜集实习矿井提升机的原始资料	
	12	手指口述提升机参数对应的提升机各部分的运行阶段	
	12	完成本次任务，效果良好	
	16	按任务实施指导书完成设计或验算，完成设计说明书的编写	

【思考与练习】

1. 提升机运动学和动力学参数的分析、计算方法及过程是什么？对各参数的确定有何规定？

2. 什么是变位质量？提升机动力学计算为什么要进行变位质量的计算？如何计算？

3. 说明提升主加速度的确定方法。

4. 减速方式有哪几种？

5. 如何根据运动学及动力学参数绘制提升机速度图和力图？

6. 提升机运行经济指标有哪些？如何计算？提升功率、电耗、效率与力图有何关系？

7. 设计合理的速度图应具备三个条件：保证生产能力；经济运行，效率高；操作控制安全可靠。在设计中如何体现这些要求？

8. 试分析说明尾绳的单位长重力 $q=0$、$q<p$ 和 $q>p$ 时，如何影响系统的静阻力。

9. 试写出单容器平衡锤提升系统的动力方程式。

10. 试绘制交流拖动时罐笼下放货载的速度图、力图及功率图。

课题三 多绳摩擦式提升机运行理论

【工作任务描述】

多绳摩擦式提升机的防滑问题关系到提升机的提升能力和安全运行。本课题主要针对多绳摩擦式提升机运行理论、安全摩擦因数的确定等进行分析与计算，使学生了解摩擦提升机的运行理论及运行防滑问题，明确规定防滑安全参数的目的，以便能够更加合理地对摩擦式提升设备进行使用与维护。

【知识学习】

一、摩擦式提升的传动原理

多绳摩擦式提升机依靠钢丝绳与摩擦衬垫之间的摩擦来传动力，其摩擦力对多绳摩擦式提升机的正常可靠运行有极为重要的影响。

如图8-9所示，根据挠性体摩擦传动的欧拉公式，在临界状态下，摩擦轮两侧钢丝绳张力的极限比值为

$$\frac{F_1}{F_2} = e^{\mu\alpha} \tag{8-73}$$

式中，F_1 为重载侧钢丝绳的张力，单位为 N；F_2 为轻载侧钢丝绳的张力，单位为 N；e 为自然对数，$e \approx 2.71828$；μ 为钢丝绳与衬垫之间的摩擦因数，通常取 $\mu=0.2$；α 为钢丝绳在摩擦轮上的围包角，单位为 rad。

当两侧钢丝绳的实际张力比 F_1/F_2 的值大于 $e^{\mu\alpha}$ 的值时，钢丝绳与摩擦轮之间将发生相对滑动，故两侧实际张力比不能达到其极限值，应留有一定的安全余量。

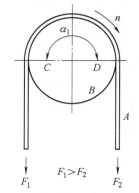

图8-9 摩擦提升传动原理图
A—钢丝绳 B—摩擦轮

将上式变形则有

$$F_1 - F_2 = F_2(e^{\mu\alpha} - 1) \tag{8-74}$$

式（8-74）的左边为摩擦轮两侧的张力差，它是产生滑动的力。等式右边是整个围包弧上产生的极限摩擦力，它是阻止滑动的力，即摩擦提升的牵引力。当式（8-74）左边的

值大于右边的值时，钢丝绳与摩擦轮将产生相对滑动，这在提升机运行中是不允许的。

为保证提升工作的安全可靠，在极限状态下，必须满足 $F_1 - F_2 < F_2(e^{\mu\alpha} - 1)$，把此式改写成等式则有

$$\sigma(F_1 - F_2) = F_2(e^{\mu\alpha} - 1) \tag{8-75}$$

式中，σ 为防滑安全系数。

如果仅计入静力，则可得到静防滑安全系数 σ_j；如果考虑惯性力，则可得到动防滑安全系数 σ_d。我国《煤炭工业设计规范》中规定，静防滑安全系数 $\sigma_j \geq 1.75$，动防滑安全系数 $\sigma_d \geq 1.25$。

在进行紧急制动等特殊情况下，可能发生超前滑动，此时动防滑安全系数的表达式为

$$\sigma'_d(F_2 - F_1) = F_1(e^{\mu\alpha} - 1) \tag{8-76}$$

《煤矿安全规程》规定，在各种载荷及提升状态下，实施紧急制动时，钢丝绳均不得发生滑动，即 $\sigma'_d \geq 1$。

二、动防滑安全系数的验算

1. 等重尾绳提升重载时动防滑安全系数的验算

（1）加速阶段 此阶段只会发生与运转方向相反的相对滑动，即反向滑动，如图 8-10a 所示。此时有

$$F_1 = F_{sj} + m_s a_1$$
$$F_2 = F_{xj} - m_x a_1 \tag{8-77}$$

式中，F_{sj} 为上升侧钢丝绳的静阻力，单位为 N；F_{xj} 为下降侧钢丝绳的静阻力，单位为 N；m_s 为上升侧运动部分的总质量，单位为 kg；m_x 为下降侧运动部分的总质量（包括导向轮的变位质量），单位为 kg。

在塔式摩擦提升系统中，由靠导向轮一侧进行提升时，加速阶段的防滑安全系数比由另一侧提升时的数值要大。

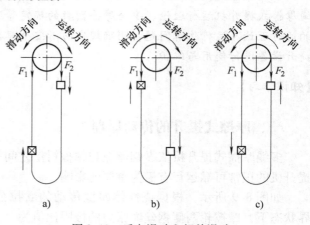

图 8-10 反向滑动和超前滑动
a) 提升重载时的加速过程　b) 提升重载时的减速过程
c) 下放重物时的减速过程

故在验算提升重载加速阶段的防滑安全系数时，应以无导向轮的一侧提升时为准。在等重尾绳情况下

$$F_{sj} = (Q + Q_z) + n_1 p H_c + \omega_s$$
$$F_{xj} = Q_z + n_1 p H_c - \omega_x \tag{8-78}$$

$$m_s = \frac{Q + Q_z}{g} + \frac{n_1 p H_c}{g}$$

$$m_x = \frac{Q_z}{g} + \frac{n_1 p H_c}{g} + n_1 m_d \tag{8-79}$$

式中，n_1 为主绳根数；H_c 为钢丝绳的最大悬垂长度，单位为 m；m_d 为一个导向轮的变位质量，单位为 kg；ω_s、ω_x 分别为上升侧和下降侧的矿井阻力，一般在罐笼提升时取 $0.1Q$，对

于箕斗提升则取 $0.075Q$；m_s、m_x 分别为上升侧和下降侧的变位质量，单位为 kg。

防滑安全系数 σ_d 计算如下

$$\sigma_d = \frac{(F_{xj} - m_x a_1)(e^{\mu\alpha} - 1)}{KQ + (m_s + m_x)a_1} \tag{8-80}$$

式中　K——矿井阻力系数，罐笼提升时取 1.1，箕斗提升时取 1.075。

（2）等速和减速阶段　在这两个阶段中，加速度等于零或负数，有

$$\sigma_{减速} > \sigma_{等速} > \sigma_{加速} \tag{8-81}$$

三个阶段中对防滑最不利的情况是加速阶段。正常提升重载条件下，等速和减速阶段可以不作验算。

（3）提升重载发生紧急制动时　当紧急制动减速度 a_{3z} 足够大时，可能产生超前滑动，此时有

$$F_2 = F_{xj} + m_x a_{3z}$$
$$F_1 = F_{sj} - m_s a_{3z} \tag{8-82}$$

$$\sigma_{dz} = \frac{(F_{sj} - m_s a_{3z})(e^{\mu\alpha} - 1)}{(m_s + m_x)a_{3z} - KQ} \tag{8-83}$$

式中，σ_{dz} 为提升重载紧急制动时的动防滑安全系数；a_{3z} 为紧急制动减速度的绝对值。

对于井深在 600m 以内的矿井，只要满足《煤矿安全规程》规定的紧急制动减速度的要求，提升重物紧急制动时的防滑条件是能够保证的。对于深度超过 600m 的矿井，虽然此时有可能产生超前滑动，但由于上升侧货载重力的反作用，一般不会产生继发性滑动而导致严重的后果。

2. 下放重载动时防滑安全系数的验算

在下放重载的作业中，由于货载重力与运动方向一致，因而在减速阶段容易发生超前滑动，特别是在减速度较大的紧急制动时最为不利。下放重载减速时有

$$F_2 = F_{xj} + m_x a_3$$
$$F_1 = F_{sj} - m_s a_3 \tag{8-84}$$

$$F_{xj} = (Q + Q_z) + n_1 p H_c - \omega_x \tag{8-85}$$
$$F_{sj} = Q_z + n_1 p H_c + \omega_s$$

$$m_x = \frac{Q + Q_z}{g} + \frac{n_1 p H_c}{g} + n_1 m_d$$

$$m_s = \frac{Q_z}{g} + \frac{n_1 p H_c}{g} \tag{8-86}$$

在上面各式中，Q_z 项在罐笼提升时应包括矿车的自身质量。此时动防滑安全系数为

$$\sigma_{dz}' = \frac{(F_{sj} - m_s a_3)(e^{\mu\alpha} - 1)}{(2 - K)Q + (m_s + m_x)a_3} \tag{8-87}$$

式中，a_3 为正常下放减速阶段的减速度，在紧急制动时由 a_{3z} 替代。

下放重载时，正常减速阶段的动防滑安全系数仍然应保证不小于 1.25。在所有工况中，最易产生继发性滑动而造成恶性事故的当属下放重载紧急制动。考虑到紧急制动是偶发性的，故可将其放宽到 1。

三、提高防滑安全系数的措施

为使摩擦式提升机安全可靠地运行，必须保证摩擦轮与钢丝绳间有较大的防滑安全系数。提高防滑安全系数的措施如下。

（1）研制摩擦因数高于 0.25 的衬垫材料　这是最理想的解决办法，但实行起来遇到了不少困难，迄今为止仍未获得特别令人满意的结果。

（2）增加围包角 α　实际上，围包角 α 是不能随意增加的。对于塔式摩擦提升机，因为一般导向轮的设置是为了使两提升容器保持一定的中心距，它只是附带地起到增加围包角的作用，通常 α 可增至 190°～220°，有的主张不要超过 195°，否则将会缩短钢丝绳的寿命。对于落地式摩擦提升机，围包角由提升机各相对位置的参数决定。

（3）采用平衡锤单容器提升　平衡锤单容器提升在一次提升量相同的情况下，其两绳股的拉力差仅为双容器提升时的一半，因此具有较好的防滑性能，但效率不如双容器提升高，一般用于多水平提升。

（4）加重容器　在箕斗的框架上加设配重来增加容器自重，这是最常用的办法，显然也是迫不得已的办法。

【工作任务实施】

1. 任务实施前的准备

掌握摩擦式提升机的摩擦原理及对动、静防滑安全系数的分析验算方法。

2. 现场调研

到实习矿井调研摩擦式提升机在下放重物、下放重载紧急制动等情况下的安全操作措施，试分析采取这些措施的原因；调研摩擦衬垫、润滑材料、配重等相关内容，分析提高摩擦式提升机防滑安全系数的措施；搜集实习矿井井深、生产能力等基本原始参数，参照知识拓展内容进行综合选型计算，以便深入理解和掌握提升机的运行理论，更好地使用和维护提升机。

【工作任务考评】　（见表 8-7）

表 8-7　任务考评

过程考评	配　分	考　评　内　容	考评实施人员
素质考评	12	生产纪律	专职教师和现场教师结合，进行综合考评
	12	遵守生产规程，安全生产	
	12	团结协作，与现场工程人员的交流	
实操考评	12	理论知识：口述摩擦式提升的原理，动防滑分析及安全系数的验算方法	
	12	任务实施过程中注意观察和记录，注意实习过程的原始资料积累	
	12	手指口述摩擦式提升机产生动滑动的提升运环节或时刻	
	12	完成本次工作任务，效果良好	
	16	按任务实施指导书完成学习总结，总结所反映出的任务完整，信息量大	

【思考与练习】

1. 多绳摩擦式提升的优越性是什么？其适用范围是什么？

2. 动、静摩擦因数有何区别？有何关系？

3. 动、静安全系数如何计算？分别有何规定？

4. 什么情况下可能产生反向滑动或超前滑动？

5. 提高防滑安全系数的措施有哪些？

【知识拓展】

一、选择矿井提升设备需考虑的因素

矿井提升设备的选择一般是在提升方式确定之后进行。设备选型是否合理，直接关系到矿井的基建投资、生产能力和吨煤生产成本等多项技术经济指标。在确定提升方式时，主要应考虑以下因素。

1. 生产能力

对于年产量小于 30 万 t 的小型矿井，首选采用一套罐笼提升设备完成提煤及其他辅助提升作业，若提升能力不足，再考虑采用主、副井两套提升设备；对于年产量大于 60 万 t 的大中型矿井，一般采用两套提升设备，主井用箕斗提煤，副井用罐笼完成其他辅助提升任务；对于年产量很大的超大型矿井，主井往往采用两套箕斗提升设备提煤，副井采用一套罐笼或另加一套单罐笼平衡锤提升设备进行辅助提升。

2. 同时提升的水平数

单水平作业时多采用双容器提升，以提高提升设备的效率。在两个开采水平过渡时期，可能两水平同时作业，此时采用带离合器的双卷筒缠绕式提升设备比较适宜；对于需要两个以上水平同时开采的金属矿山，则采用单容器平衡锤摩擦式提升设备更为适宜。

3. 最终开采深度

当开采时期设有两个以上提升水平时，提升机和井架（塔）应按最终水平的深度选择，而容器、钢丝绳、电动机等设备可先按第一水平选用，当井筒延深后另行更换，以保证提升设备的经济性。

4. 提升机型式

一般中小型矿井或较浅矿井多采用单绳缠绕式提升机，而大型矿井或较深矿井则采用多绳摩擦式提升机。

5. 斜井

可根据具体条件选用串车、斜井箕斗或胶带输送机。

在确定提升方式时，除考虑上述因素外，还应按国家的技术经济政策，考虑技术发展趋势，从经济合理性及技术先进性两方面进行综合分析和比较，最终确定最佳提升方式。

二、矿井提升设备的选型计算

下面通过实例说明某煤矿主井单绳缠绕式提升设备的选型方法和步骤。选型设计原始条件如下：

1）矿井年产量 60 万 t。

2）提升工作制度为年工作日 300 天，每日工作 14h。

3）单水平提升，井筒深度 450m。

4）箕斗卸载高度 16m。

5）箕斗装载深度 18m。

6）松散煤的密度为 $0.92t/m^3$。

7）一套箕斗提升设备。

8）采用双卷筒单绳缠绕式提升机。

1. 箕斗的选定

（1）提升高度

$$H = H_s + H_z + H_x$$
$$= 450m + 16m + 18m$$
$$= 484m$$

（2）经济提升速度

$$v_j = 0.4\sqrt{H}$$
$$= 0.4\sqrt{484}m/s$$
$$= 8.8m/s$$

（3）一次提升循环估算时间 T_x 初步估算加速度为 $a = 0.8m/s^2$，则

$$T_x = \frac{v_j}{a} + \frac{H}{v_j} + 20$$
$$= \left(\frac{8.8}{0.8} + \frac{484}{8.8} + 20\right)s$$
$$= 86s$$

（4）小时提升次数

$$n_s = \frac{3600}{T_x}$$
$$= 41.86 \text{ 次}$$

（5）小时提升量 A_s 取提升不均衡系数 $C = 1.15$，提升能力富裕系数 $C_f = 1.20$，则

$$A_s = \frac{A_n C C_f}{b_r t_r}$$
$$= \frac{60 \times 10^4 \times 1.15 \times 1.20}{300 \times 14}t/h$$
$$\approx 197t/h$$

（6）一次合理提升量

$$Q = \frac{A_s}{n_s}$$
$$= \frac{197}{41.86}t$$
$$\approx 4.7t$$

考虑为以后矿井生产能力的加大留有余地，由单绳箕斗规格中选择名义装载重量为 60kN 的箕斗，其主要技术规格为：

自重：$Q_z = 50\,000N$，全高：$H_r = 9\,450mm$，有效容积：$6.6m^3$，容器间中心距：$S = 1\,870mm$，实际载重量：$Q = 0.92 \times 10 \times 6.6 \approx 60kN$。

2. 提升钢丝绳的选择

（1）钢丝绳最大悬垂长度 H_c 预估井架高度 $H_j = 32m$，则

$$H_c = H_j + H_s + H_x$$
$$= (32 + 450 + 18)m$$
$$= 500m$$

（2）估算钢丝绳每米重力 p'　取钢丝绳抗拉强度 $\sigma_b = 1\,550N/mm^2$，安全系数 $m_a = 6.5$，则

$$p' = \frac{Q + Q_z}{\dfrac{11 \times 10^{-6}\sigma_b}{m_a} - H_c}$$

$$= \frac{60\,000 + 50\,000}{\dfrac{11 \times 10^{-6} \times 1\,550 \times 10^6}{6.5} - 500}N/m$$

$$= 51.81N/m$$

选取 $6 \times 19 - 1550 - 40$-特-镀锌-右交叉捻，其技术特征为：钢丝绳直径 $d = 40mm$，绳中最粗钢丝直径 $\delta = 2.6mm$，钢丝绳全部钢丝断裂力总和 $Q_d = 937\,500N$，每米重 $p = 57.17N/m$。

（3）钢丝绳安全系数校核　钢丝绳的安全系数为

$$m_a = \frac{Q_d}{Q + Q_z + pH_c}$$

$$= \frac{937\,500}{60\,000 + 50\,000 + 57.17 \times 500}$$

$$= 6.76 > 6.5$$

因此，所选钢丝绳满足安全要求。

3. 提升机和天轮的选择

（1）提升机卷筒直径 D

$$D \geqslant 80d = 80 \times 40mm = 3\,200mm$$

$$D \geqslant 1\,200\delta = 1\,200 \times 2.6mm = 3\,120mm$$

据此选用 2Jk-3.5/11.5 提升机，其技术特征为：卷筒直径 $D = 3.5m$，卷筒宽度 $B = 1.7m$，许用最大静张力 $F_{jmax} = 170kN$，最大静张力差 $F_{jc} = 115kN$，变位重量 $G_j = 297kN$，减速器最大输出动转矩 $M_{nmax} = 300kN \cdot m$，两卷筒间隙 $a = 140mm$，两卷筒中心距 $S = 1\,870mm$。

（2）实际需要卷筒的容绳宽度 B'

$$B' = \left(\frac{H + 30}{\pi D} + 3\right)(d + \varepsilon)$$

$$= \left(\frac{484 + 30}{3.14 \times 3.5} + 3\right)(40 + 3)mm$$

$$= 2\,140mm$$

由于 $B' > B$，因而要考虑采用多层缠绕。

（3）计算实际缠绕层数 n_c

$$n_c = \frac{1}{B}\left[\left(\frac{H + 30}{\pi D} + 3 + 4\right)(d + \varepsilon)\right]$$

$$= \frac{1}{1\,700}\left(\frac{484 + 30}{3.14 \times 3.5} + 3 + 4\right)(40 + 3)$$

$$= 1.36$$

《煤矿安全规程》中规定，箕斗提升允许缠绕两层，因而卷筒宽度可满足使用要求。

（4）钢丝绳实际最大静张力 F_{jmax} 校核

$$F_{jmax} = Q + Q_z + pH$$
$$= (60\,000 + 50\,000 + 57.17 \times 484)\,N$$
$$= 137\,670N < 170\,000N$$

（5）钢丝绳实际最大静张力差

$$F_{jc} = Q + pH$$
$$= (60\,000 + 57.17 \times 484)\,N$$
$$= 87\,670N < 115\,000N$$

通过（4）和（5）两项校核可知，所选提升机的强度可满足要求。

（6）天轮的选择　天轮的直径应满足下式

$$D_t \geqslant 80d = 80 \times 40mm = 3\,200mm$$
$$D \geqslant 1\,200\delta = 1\,200 \times 2.6mm = 3\,120mm$$

据此选用井上 TSH3500/23.5 型固定天轮，其技术特征为：天轮直径 $D_t = 3.5m$，变位重量 $G_t = 11\,330N$。

4. 提升机与井筒相对位置的计算

（1）确定井架高度 H_j　根据《煤矿安全规程》的规定，考虑实际提升速度低于 8m/s，取过卷高度 $H_g = 8m$。则有

$$H_j = H_x + H_r + H_g + 0.75\frac{D_t}{2}$$
$$= \left(16 + 9.45 + 8 + 0.75 \times \frac{3.5}{2}\right)m$$
$$= 34.76m$$

确定 $H_j = 35m$，与预估值相差不大，不影响钢丝绳的安全性能，故可用。

（2）计算卷筒中心与井筒中钢丝绳间的水平距离 L_s

$$L_s \geqslant 0.6H_j + 3.5 + D$$
$$= (0.6 \times 35 + 3.5 + 3.5)\,m$$
$$= 28m$$

取卷筒中心线至井筒中心线的水平距离 $L_s = 30m$。

（3）计算钢丝绳弦长 L_x　提升机卷筒中心与机房地平高差 0.7m，机房地平与井口高差 0.5m，卷筒中心线至井口水平的高度 $C_0 = 1.2m$，则

$$L_x = \sqrt{(H_j - C_0)^2 + \left(L_s - \frac{D}{2}\right)^2}$$
$$= \sqrt{(35 - 1.2)^2 + \left(30 - \frac{3.5}{2}\right)^2}\,m$$
$$= 44.05m$$

$L_x < 60m$，故不会引起绳弦剧烈跳动，弦长数值大小合理。

（4）钢丝绳最大外偏角 α_1

$$\alpha_1 = \arctan \frac{B - \left(\dfrac{s-a}{2}\right) - 3(d+\varepsilon)}{L_x}$$

$$= \arctan \frac{1\,700 - \left(\dfrac{1\,870 - 140}{2}\right) - 3(40+3)}{44.05 \times 1000}$$

$$= 55'05'' < 1°30'$$

因此，钢丝绳外偏角满足要求。

（5）钢丝绳最大内偏角 α_2

$$\alpha_2 = \arctan \frac{\dfrac{s-a}{2}}{L_x}$$

$$= \arctan \frac{\dfrac{1\,870 - 140}{2}}{44.05 \times 1\,000}$$

$$= 1°07'30'' < 1°30'$$

因此，钢丝绳内偏角满足要求。

（6）钢丝绳下出绳角 β

$$\beta = \arctan \frac{H_j - C_0}{L_s - \dfrac{D_t}{2}} + \arcsin \frac{D + D_t}{2L_x}$$

$$= \arctan \frac{35 - 1.2}{30 - \dfrac{3.5}{2}} + \arcsin \frac{3.5 + 3.5}{2 \times 44.05}$$

$$= 54.67° > 15°$$

因此，钢丝绳下出绳角合格。

5. 预选提升电动机

（1）确定电动机额定转数 n_e

$$n_e = \frac{60iv_j}{\pi D}$$

$$= \frac{60 \times 11.5 \times 8.8}{3.14 \times 3.5}\text{r/min}$$

$$= 552\text{r/min}$$

考虑到箕斗容积选用较大，故预定同步转数 $n_t = 500\text{r/min}$。

（2）预选电动机功率　由同步转数 n_t 可估定额定转数 $n_e = 492\text{r/min}$，则实际最大提升速度为

$$v_{max} = \frac{\pi D n_e}{60i}$$

$$= \frac{3.14 \times 3.5 \times 492}{60 \times 11.5}\text{m/s}$$

$$= 7.84\text{m/s}$$

则电动机功率为

$$P_e = \frac{KQv_{max}}{1000\eta_j}\rho$$

$$= \frac{1.15 \times 60\ 000 \times 7.84}{1\ 000 \times 0.85} \times 1.2\text{kW}$$

$$= 764\text{kW}$$

式中，K 为矿井阻力系数，这里为箕斗提升，$K = 1.15$；η_j 为减速器传动效率，二级传动 $\eta_j = 0.85$；ρ 为动力系数，取 $\rho = 1.2$。

根据以上计算结果，选择 YR-800-12/1430 绕线型异步电动机，其技术特征为：额定功率 $P_e = 800\text{kW}$，额定转速 $n_e = 492\text{r/min}$，电动机效率 $\eta_d = 0.915$，过载能力 $\lambda = 2.67$，飞轮惯量 $GD^2 = 14\ 660\text{N} \cdot \text{m}$。

（3）电动机额定拖动力 F_e

$$F_e = \frac{1\ 000P_e\eta_j}{v_{max}}$$

$$= \frac{1\ 000 \times 800 \times 0.85}{7.84}\text{N}$$

$$= 86\ 735\text{N}$$

6. 提升系统总变位质 $\sum m$

（1）电动机转子变位质量

$$m_d = \frac{GD^2}{g}\left(\frac{i}{D}\right)^2$$

$$= \frac{14\ 660}{9.81}\left(\frac{11.5}{3.5}\right)^2\text{kg}$$

$$= 16133\text{kg}$$

（2）提升机（包括减速器）变位质量

$$m_j = \frac{G_j}{g}$$

$$= \frac{297\ 000}{9.81}\text{kg}$$

$$= 30\ 280\text{kg}$$

（3）天轮变位质量

$$m_t = \frac{2G_t}{g}$$

$$= \frac{2 \times 11\ 330}{9.81}\text{kg}$$

$$= 2\ 310\text{kg}$$

（4）钢丝绳变位质量

$$m_s = \frac{2p}{g}(H_c + L_x + L_s + 3\pi D + 4\pi D)$$

$$= \frac{2 \times 57.17}{9.81}(500 + 44.05 + 30 + 7 \times 3.14 \times 3.5)\text{kg}$$

$$= 7\ 587\text{kg}$$

（5）容器变位质量

$$m_r = \frac{2Q_z}{g}$$
$$= \frac{2 \times 50\ 000}{9.81}\text{kg}$$
$$= 10\ 194\text{kg}$$

（6）荷载变位质量

$$m_g = \frac{Q}{g}$$
$$= \frac{60\ 000}{9.81}\text{kg}$$
$$= 6\ 116\text{kg}$$

则提升系统总变位质 $\sum m$ 为

$$\sum m = m_d + m_j + m_t + m_s + m_r + m_g$$
$$= (16\ 133 + 30\ 280 + 2\ 310 + 7\ 587 + 10\ 194 + 6\ 116)\text{kg}$$
$$= 72\ 620\text{kg}$$

7. 运动学参数计算

（1）主加速度 a_1 的确定　按电动机能力产生的最大加速度计算，有

$$a_1 = \frac{0.75\lambda F_e - (KQ + pH)}{\sum m}$$
$$= \frac{0.75 \times 2.67 \times 86\ 735 - (1.15 \times 60\ 000 + 57.17 \times 484)}{72620}\text{m/s}^2$$
$$= 1.06\text{m/s}^2$$

按减速器允许最大输出动转矩计算，有

$$a_1 \leqslant \frac{\dfrac{2M_{nmax}}{D} - (KQ + pH)}{\sum m - m_d}$$
$$= \frac{\dfrac{2 \times 300\ 000}{3.5} - (1.15 \times 60\ 000 + 57.17 \times 484)}{72\ 620 - 16\ 133}\text{m/s}^2$$
$$= 1.32\text{m/s}^2$$

根据以上结果并考虑减轻动荷载，提高机械部分和电动机运行的可靠性，a_1 取值应留有余量，故本设计取 $a_1 = 0.8\text{m/s}^2$。

（2）减速度 a_3 的确定　为控制方便和节能，首先应考虑自由滑行方式减速。当 a_3 值偏大或偏小时，再考虑电动或机械制动方式减速。

按自由滑行方式确定的减速度为

$$a_3 = \frac{KQ - pH}{\sum m}$$
$$= \frac{1.15 \times 60\ 000 - 57.17 \times 484}{72\ 620}$$
$$= 0.57\text{m/s}^2$$

在本例中以自由滑行方式确定的减速度 a_3 偏低，故应考虑机械制动方式减速。减速度为

$$a_3 \leqslant \frac{KQ - pH + 0.3Q}{\sum m}$$

$$= \frac{1.15 \times 60\,000 - 57.17 \times 484 + 0.3 \times 60\,000}{72620} \text{m/s}^2$$

$$= 0.818 \text{m/s}^2$$

由此，可确定采用机械制动方式减速，取减速度 $a_3 = 0.8 \text{m/s}^2$。

（3）运动学参数计算

1）初加速阶段　初加速度为

$$a_0 = \frac{v_0^2}{2h_0}$$

$$= \frac{1.5^2}{2 \times 2.35} \text{m/s}^2$$

$$= 0.48 \text{m/s}^2$$

式中，v_0 为箕斗脱离卸载曲轨时的速度，单位为 m/s；h_0 为卸载曲轨长度，取 $h_0 = 2.35$m。

初加速时间为

$$t_0 = \frac{v_0}{a_0}$$

$$= \frac{1.5}{0.48} \text{s}$$

$$= 3.13 \text{s}$$

2）主加速阶段　主加速时间为

$$t_1 = \frac{v_{\max} - v_0}{a_1}$$

$$= \frac{7.84 - 1.5}{0.8} \text{s}$$

$$= 7.93 \text{s}$$

主加速行程为

$$h_1 = \frac{v_{\max} + v_0}{2} t_1$$

$$= \frac{7.84 + 1.5}{2} \times 7.93 \text{m}$$

$$= 37 \text{m}$$

3）减速阶段　减速时间为

$$t_3 = \frac{v_{\max} - v_4}{a_3}$$

$$= \frac{7.84 - 0.5}{0.8} \text{s}$$

$$= 9.18 \text{s}$$

式中，v_4 为爬行速度，取 $v_4 = 0.5 \text{m/s}$。

则减速行程为

$$h_3 = \frac{v_{\max} - v_4}{2} t_3$$

$$= \frac{7.84 - 0.5}{0.8} \times 9.18 \mathrm{m}$$

$$= 38.28 \mathrm{m}$$

4）爬行阶段　爬行时间为

$$t_4 = \frac{h_4}{v_4}$$

$$= \frac{3}{0.5} \mathrm{s}$$

$$= 6 \mathrm{s}$$

式中，h_4 为爬行距离，取 $h_4 = 3\mathrm{m}$。

5）等速阶段　等速行程为

$$h_2 = H - h_0 - h_1 - h_3 - h_4$$

$$= (484 - 2.35 - 37 - 38.28 - 3) \mathrm{m}$$

$$= 403.37 \mathrm{m}$$

等速时间为

$$t_2 = \frac{h_2}{v_{\max}}$$

$$= \frac{403.37}{7.84} \mathrm{s}$$

$$= 51.45 \mathrm{s}$$

6）箕斗卸载休止时间的确定　箕斗卸载休止时间由表 8-1 查得 6t 箕斗 $\theta = 8\mathrm{s}$。

7）一次提升循环时间

$$T_{x1} = t_0 + t_1 + t_2 + t_3 + t_4 + \theta$$

$$= (3.13 + 7.93 + 51.45 + 9.18 + 6 + 8) \mathrm{s}$$

$$= 85.69 \mathrm{s}$$

8. 提升能力校核

实际年提升能力为

$$A_n = \frac{3\,600 Q b_n t_r}{C T_X}$$

$$= \frac{3\,600 \times 60\,000 \times 300 \times 14}{1.15 \times 85.69 \times 10^4 \times 10^4} \mathrm{t/年}$$

$$= 92.06 \ \text{万 t/年}$$

故提升能力满足要求。

9. 动力学参数计算

初加速开始时拖动力为

$$F'_0 = KQ + pH + \sum m a_0$$

$$= (1.15 \times 60\,000 + 57.17 \times 484 + 72\,620 \times 0.48) \mathrm{N}$$

$$= 131\,528 \mathrm{N}$$

初加速终了时拖动力为

$$F_0'' = F_0' - 2ph_0$$
$$= (131\ 528 - 2 \times 57.17 \times 2.35)\text{N}$$
$$= 131\ 259\text{N}$$

主加速开始时拖动力为

$$F_1' = F_0'' + \sum m(a_1 - a_0)$$
$$= [131\ 259 + 72\ 620 \times (0.8 - 0.48)]\text{N}$$
$$= 154\ 497\text{N}$$

主加速终了时拖动力为

$$F_1'' = F_1' - 2ph_1$$
$$= (154\ 497 - 2 \times 57.17 \times 37)\text{N}$$
$$= 150\ 266\text{N}$$

等速开始时拖动力为

$$F_2' = F_1'' - \sum ma_1$$
$$= (150\ 266 - 72\ 620 \times 0.8)\text{N}$$
$$= 92\ 170\text{N}$$

等速终了时拖动力为

$$F_2'' = F_2' - 2ph_2$$
$$= (92\ 170 - 2 \times 57.17 \times 403.37)\text{N}$$
$$= 46\ 049\text{N}$$

减速阶段由于采用机械制动方式，此时电动机已断电，故不计入。

爬行开始时拖动力为

$$F_4' = KQ - p(H - 2h_4)$$
$$= [1.15 \times 60\ 000 - 57.17 \times (484 - 2 \times 3)]\text{N}$$
$$= 41\ 673\text{N}$$

爬行终了时拖动力为

$$F_4'' = KQ - pH$$
$$= (1.15 \times 60\ 000 - 57.17 \times 484)\text{N}$$
$$= 41\ 330\text{N}$$

根据以上所计算的相关数据，绘制速度图和力图，如图 8-11 所示。

10. 电动机容量校核

（1）等效时间 T_d 的计算

$$T_d = \frac{1}{2}(t_0 + t_1 + t_3 + t_4) + t_2 + \beta\theta$$
$$= \frac{1}{2}(3.13 + 7.93 + 9.18 + 6) + 51.45 + \frac{1}{3} \times 8$$
$$= 67.24\text{s}$$

（2）等效力 F_d 的计算

$$F_d = \sqrt{\frac{\int_0^T F^2 \mathrm{d}t}{T_d}}$$

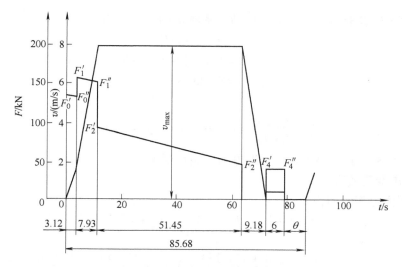

图 8-11　提升速度图和力图

$$\int_0^T F^2 \mathrm{d}t = \frac{F_0'^2 + F_0''^2}{2}t_0 + \frac{F_1'^2 + F_1''^2}{2}t_1 + \frac{F_2'^2 + F_2'F_2'' + F_2''^2}{3}t_2 + \frac{F_4'^2 + F_4''^2}{2}t_4$$

$$= \left(\frac{131\ 528^2 + 131\ 259^2}{2} \times 3.13 + \frac{154\ 497^2 + 150\ 266^2}{2} \times 7.93 \right.$$

$$\left. + \frac{92\ 170^2 + 92\ 170 \times 46\ 049 + 46\ 049^2}{3} \times 51.45 + \frac{41\ 673^2 + 41\ 330^2}{2} \times 6 \right) \mathrm{N}^2 \cdot \mathrm{s}$$

$$= 5.03 \times 10^{11}\ \mathrm{N}^2 \cdot \mathrm{s}$$

所以等效力为

$$F_\mathrm{d} = \sqrt{\frac{\int_0^T F^2 \mathrm{d}t}{T_\mathrm{d}}} = \sqrt{\frac{5.03 \times 10^{11}}{67.32}}\mathrm{N}$$

$$= 86\ 439\ \mathrm{N}$$

（3）电动机等效功率 P_d 的计算

$$P_\mathrm{d} = \frac{F_\mathrm{d} v_{\max}}{1\ 000 \eta_\mathrm{j}}$$

$$= \frac{86\ 439 \times 7.84}{1\ 000 \times 0.85}\mathrm{kW}$$

$$= 797\ \mathrm{kW} < 800\ \mathrm{kW}$$

（4）工作过负荷校验

$$\frac{F_{\max}}{F_\mathrm{e}} \le 0.75\lambda$$

式中，$F_{\max}$ 为力图中最大拖动力，$F_{\max} = 154\ 497\ \mathrm{N}$。则有

$$\frac{F_{\max}}{F_\mathrm{e}} = \frac{154\ 497}{86\ 735} = 1.78 < 0.75 \times 2.67 = 2.0$$

（5）特殊过负荷（调节绳长时）校验

$$\frac{F_\mathrm{t}}{F_\mathrm{e}} \le 0.9\lambda$$

式中，F_t 为调节绳长时特殊提升力，取动力系数 $\mu = 1.1$，则有

$$
\begin{aligned}
F_t &= \mu\left(Q_z + pH\right) \\
&= 1.1 \times \left(50\ 000 + 57.17 \times 484\right)\text{N} \\
&= 85\ 437\text{N}
\end{aligned}
$$

所以有

$$
\frac{F_t}{F_e} = \frac{85\ 437}{86\ 735} = 0.985 < 0.9 \times 2.67 = 2.4
$$

由以上计算和校验结果可知，预选电动机满足要求。

11. 提升电耗及效率

（1）力图内力下的面积为

$$
\begin{aligned}
\int_0^T F \mathrm{d}t &= \frac{F_0' + F_0''}{2}t_0 + \frac{F_1' + F_1''}{2}t_1 + \frac{F_2' + F_2''}{2}t_2 + \frac{F_4' + F_4''}{2}t_4 \\
&= \left(\frac{131\ 528 + 131\ 259}{2} \times 3.13 + \frac{154\ 497 + 150\ 266}{2} \times 7.93 \right. \\
&\quad \left. + \frac{92\ 170 + 46\ 049}{2} \times 51.45 + \frac{41\ 673 + 41\ 330}{2} \times 6\right)\text{N} \cdot \text{s} \\
&= 5\ 424\ 340\text{N} \cdot \text{s}
\end{aligned}
$$

（2）一次提升电耗 W 的计算

$$
\begin{aligned}
W &= \frac{1.02 v_{\max} \int_0^T F \mathrm{d}t}{3600 \times 1000 \eta_j \eta_d} \\
&= \frac{1.02 \times 7.84 \times 5\ 424\ 340}{3\ 600 \times 1\ 000 \times 0.85 \times 0.915}\text{kW} \cdot \text{h} \\
&= 15.5\text{kW} \cdot \text{h}
\end{aligned}
$$

（3）吨煤电耗的计算

$$
\begin{aligned}
W_t &= \frac{W}{Q} \\
&= \frac{15.5\text{kW} \cdot \text{h}}{6\text{t}} \\
&= 2.58\text{kW} \cdot \text{h/t}
\end{aligned}
$$

（4）一次提升有益电耗的计算

$$
\begin{aligned}
W_y &= \frac{QH}{1\ 000 \times 3600} \\
&= \frac{60\ 000 \times 484}{1\ 000 \times 3\ 600}\text{kW} \cdot \text{h} \\
&= 8.07\text{kW} \cdot \text{h}
\end{aligned}
$$

（5）提升效率的计算

$$
\begin{aligned}
\eta &= \frac{W_y}{W} \\
&= \frac{8.07}{15.5} \\
&= 0.52
\end{aligned}
$$

第九单元
提升机的操作与安全运行

【单元学习目标】

本单元由提升机操纵装置和矿井提升机安全操作与事故预防两个课题组成。通过本单元的学习，学生应熟悉矿井提升机操纵系统的组成、控制信号的传输原理、安全保护装置及其作用；能够口述提升机安全管理制度、提升机速度和减速度有关规定、提升信号联络规定等；掌握提升机安全操作与运行方法；通过案例了解提升机安全运行和维护检修工作的重要性。

课题一　提升机操纵装置

【工作任务描述】

本课题主要对提升机操纵台的控制方式、控制方法进行介绍和分析，对提升机安全保护装置的作用进行简单介绍。通过本课题的学习，使学生对矿井提升机的操纵装置有全面的了解，为熟练操作提升机打下一定的基础。

【知识学习】

一、立井提升机操纵台

1. 模拟式操纵台

操纵台是提升机集中控制的操纵柜，其上除操作者用的操纵手柄外，集中了各类仪表和信号指示器，以显示提升机制动系统的压力、运动参数、电参数等各运行参数和提升机的工作状态。另外，操纵台集中了部分安全控制按钮或踏板，以实现意外情况发生时的应急操作，保证提升运输安全。操纵台的基本组成如图9-1所示，操纵台上装有制动和操纵两个手柄。操作者左手扳动的是制动手柄，它用来操纵制动系统和制动器，以实现对提升机主轴装置的抱闸或松闸，该手柄的下面与自整角机相连，如图9-2所示。电液调压阀 KT 中的电流，是由制动手柄带动自整角机发出的信号，经磁放大器放大后供给的，当制动手柄处于全紧闸位置时，自整角机同步绕组中产生的电压为零。这时磁放大器的输出电流最小，KT 线圈产生的电磁力也最小，克服不了十字弹簧的反力。此时挡板处于最高位置，喷嘴油量增多，使溢流阀来的液压油油压下降，溢流阀方向控制阀上部压力减小，在压力差的作用下，方向控制阀上移，于是溢流阀因油量增多，制动油压下降，机械闸抱闸。当制动手柄渐渐向全松闸位置移动时，带动自整角机转子逆时针旋转，自整角机同步绕组中产生的电压渐渐升高，磁放大器输出给 KT 线圈中的电流渐渐加大，KT 在永久磁铁气隙中产生的电磁力也渐渐加大，压缩十字弹簧带动挡板向下移动，使喷嘴的喷油量逐渐减少，制动油压增高，制动闸渐渐松闸。手柄到全松闸位置时，自整角机大约转动 50°，此时产生的电压最高，KT 线圈中的电流也最大（约 250mA），工作闸处于全松闸状态。

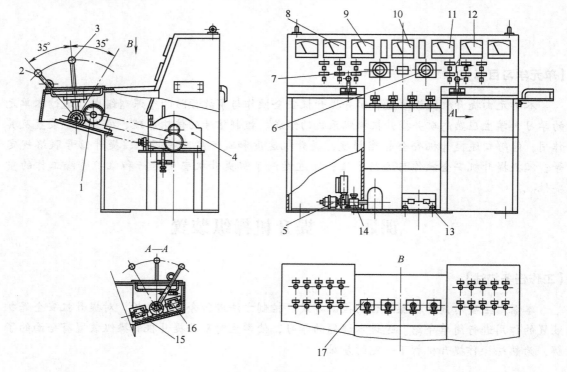

图 9-1 整体式操纵台

1、5—自整角机 2—制动手柄 3—操纵手柄 4—主令控制器 6、7—油压表 8、10、11、12—电流表
9—毫安表 13—脚踏开关 14—动力制动变阻装置 15、16—限位开关 17—转换开关

当操作者将手柄向远离其方向推到最前面时，自整角机的输出电压最大，提升机为全松闸状态；当手柄向靠近操作者方向拉回到最后面时，自整角机的输出电压最小，提升机为全抱闸状态。

操作者右手操纵手柄的作用是控制主电动机的起动、停止和正反转，手柄下部经过链条传动带动主令控制器，使主电动机转子回路接入或切断电阻，而使提升机实现减速或加速。当操纵手柄处在中间位置时，主电动机断电停止转动；当把操纵手柄由中间位置向前推动时，主电动机正向起动；向后推时，反向起动；当操纵手柄由最前面或最后面位置推到中间位置时，主电动机由减速直到断电停车，提升机完成一次提升或下放。

主令控制器的作用是根据操作者的操作，来切断或加入主电动机的转子电阻，以达到加速或减速的目的。交流拖动时，操纵手柄只需带动主令控制器；而直流拖动时，操纵手柄下面的连接轴通过一对齿轮带动一个自整角机，通过自整角机转角的变化，改变其输出电压的大小来控制主电动机的转速。这时的主令控制器仅起到操纵主电动机转动方向的作用。

操纵台斜面上装有油压表、信号灯和电表，油压表用于指示制动系统的油压和润滑系统的油压值。操纵台上装有圆盘深度指示器，用于指示提升容器的位置。

操纵台前平面左侧装有 4 个主令开关，中间装有 4 个转换开关，左右两侧还装有一定数量的按钮。

操纵台底部的左侧装有一个踏板装置，供操纵动力制动时使用。下放重物时，踏板通过杠杆机构使行程开关动作，以实现主电动机交流断电，并投入直流，同时使自整角机转动，实现动力制动力矩大小的调节。

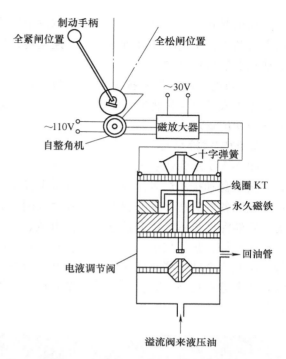

图 9-2　电液调压阀控制调压原理

操纵台底部右侧装有一个脚踏开关，当提升机运转过程中发生异常情况时，为了避免事故的发生或扩大，操作者可踩动这个脚踏开关，使提升机进行紧急安全制动。为了让操作者操纵方便和保证安全，制动手柄下部还设有联锁装置，其作用是：

1）当制动手柄在最后抱闸位置时，由于碰块触压行程开关，使电液调压装置的可动线圈断电，主电动机不能通电。其目的是防止电液调压装置的电气元件失灵造成可动线圈充电而突然松闸，或由于误操作使主电动机突然起动而烧坏。

2）当制动手柄由抱闸位置稍微向前推动，行程开关被释放时，可动线圈随即通电，其目的是使操作者能较方便地操作提升机，使容器抵达正确的装卸载位置。

3）当制动手柄由中间推向最前面的全松闸位置时，由于有一个行程开关始终被碰块压住，故提升机在全松闸状态时，允许操作者驱动操纵手柄并经过主令控制器切除主电动机转子电阻而进行高速运转；反之，当制动手柄由中间位置拉向后面的全抱闸位置时，提升机由开始抱闸减速到全抱闸停车，限位开关被释放，这时，即使操纵手柄在主电动机全速运转位置，也不允许主电动机转子电阻全部切除，以防止提升机在受制动力的状态下高速运行。

由以上联锁，可以做到如下安全操作：

1）提升机在全抱闸状态时，可防止控制电液调压装置的有关电气元件失灵而造成动线圈通电，使提升机突然松闸。

2）只有当制动手柄在全抱闸位置时，才允许安全闸电磁铁通电，准备起动。这样，可防止当制动手柄未放在全抱闸位置时，安全阀电磁铁即通电松闸，造成跑车事故。

3）制动手柄在抱闸位置时，可防止操纵手柄动作失误，使主电动机突然起动而被烧坏。在机器开动时，只有当制动手柄越过中间位置，提升机即将松闸时，才允许操纵手柄切断主电动机转子电阻而进行加速和等速运转；反之，当制动手柄拉回并离开中间位置后，主电动机电阻将自动加入。

4）当提升机不带微拖装置时，为了达到准确停车的目的，提升机必须慢速运行。此时，操作人员可直接将制动手柄放在后30°范围内进行操纵，到停车点后将操纵手柄及时拉回到中间位置。

2. 数字式操纵台

图9-3所示为数字式操纵台外形示意图，它主要由制动手柄、操纵手柄、显示器、仪表、按钮盘和指示灯等组成，是提升机电控系统中的核心设备。面板采用触摸式彩色液晶显示屏显示各种静态、动态提升参数和速度图、力图等各种工作曲线；仪表显示的主要内容有提升容器深度显示、提升速度、电枢电流、电枢电压、励磁电流、制动油压、可调闸电流、电源电压等，显示仪表均为数字式；指示灯的内容包括提升机及附属设备运行状态指示、信号指示和安全状态指示两大类；选择开关及按钮包括运行方式选择开关、过卷复位开关、自锁式紧急停车按钮等。另外，可配备专用调试设备、测量仪器、打印机、上位机监控等兼容设备。

图9-3　数字式操纵台

操作者左手扳动的是制动手柄，它用来操纵制动系统和制动器，以实现对提升机主轴装置的抱闸或松闸，图9-4所示为操纵台制动手柄信号产生和传输原理示意图。该手柄的下面通过齿轮啮合传动将手柄的运动和位置传给增量式光电数字编码器，编码器将此信号传送到PLC，经PLC处理后，由其模拟量输出模块输出电信号给比例放大器，控制比例放大器输出的电流；然后由比例放大器输出的电流去控制制动系统中的核心压力控制元件——电液比例阀，以便对制动系统的油压进行控制，最终实现对制动闸盘的控制，实现对提升机主轴装置的制动或松闸。

二、提升机安全生产的保护装置

为保证煤矿安全生产，提升机必须装设下列保护装置，并符合《煤矿安全规程》中的有关要求。

（1）防止过卷装置　当提升机的提升容器超过正常终端停止位置（或出车平台）0.5m

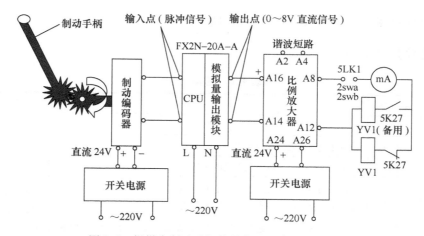

图9-4 操纵台制动手柄信号产生和传输原理图

时，必须能自动断电，并能使保险闸发生制动作用。

（2）防止过速装置 当提升速度超过最大速度的15%时，必须能自动断电，并能使保险闸发生作用。

（3）过负荷和欠电压保护装置 当发生电动机过负荷和欠电压时，实施保护。

（4）限速装置 提升速度超过3m/s的提升机必须装设限速装置，以保证提升容器（或平衡锤）到达终端的速度不超过2m/s。如果限速装置为凸板，其在一个行程内的旋转角度应不小于270°。

（5）深度指示器失效保护装置 当指示器失效时，能自动断电并使保险闸发生作用。

（6）闸间隙保护装置 当闸间隙超过规定值时，能自动报警和自动断电。

（7）松绳保护装置 缠绕式提升机必须设置松绳保护装置并接入安全回路和报警回路，在钢丝绳松弛时能自动断电并报警。箕斗提升时，松绳保护装置动作后，严禁煤仓放煤。

（8）满仓保护装置 箕斗提升的井口煤仓仓满时能报警和自动断电。

（9）减速功能保护装置 当提升容器（或平衡锤）到达设计减速位置时，能报警并开始减速。

防止过卷装置、防止过速装置、限速装置和减速功能保护装置应设置为相互独立的双线形式。立井、斜井缠绕式提升机应加设定车装置。另外，制动闸应符合相关规定，并应装设钢丝绳检测装置。

【工作任务实施】

1. 任务实施前的准备

熟悉提升机操纵系统的基本组成和原理，了解提升机各安全保护装置的组成和作用，为工作任务实施做好知识上的准备。

2. 提升机操作任务实施

到教学实习矿井的提升机房，由提升机操作者和现场工程技术人员讲解提升机操纵装置的基本组成、结构和控制原理，介绍提升机各安全保护装置及其作用。注意了解提升机操纵台手柄、仪表或数字显示内容的含义等，特别注意安全按钮或踏板的作用及其紧急操作方法；仔细观察提升机操作者的操作过程、信号联络等。

【工作任务考评】 （见表9-1）

表9-1　任务考评

过程考评	配　分	考评内容	考评实施人员
素质考评	12	生产纪律	专职教师和现场教师结合，进行综合考评
	12	遵守生产规程，安全生产	
	12	团结协作，与现场工程人员的交流	
实操考评	12	理论知识：口述提升机操纵台的形式、组成，控制信号传输原理，主要仪表或数字显示的内容及作用等	
	12	任务实施过程中注意观察和记录，注意实习过程的原始资料积累	
	12	手指口述各提升机操纵台的组成、原理等	
	12	完成本次工作任务，效果良好	
	16	按工作任务实施指导书完成学习总结，总结所反映出的工作任务完整，信息量大	

【思考与练习】

1. 模拟式操纵台的基本组成和操纵过程是什么？
2. 制动手柄下部联锁装置的作用是什么？
3. 简述电液调压阀控制调压原理。
4. 简述数字式操纵台的基本组成及操纵手柄信号控制原理。
5. 提升机安全生产保护装置有哪些？其作用分别是什么？

课题二　矿井提升机安全操作与事故预防

【工作任务描述】

　　本课题主要介绍矿井提升安全管理制度、提升信号、提升机的安全操作与运行等知识，通过提升机的运行操作及事故案例的讲解，加强对安全运行工作的重视，提高现场操作能力。通过本课题的实施，使学生对矿井提升机的安全运行知识及安全运行和操作等有全面的了解。

【知识学习】

一、矿井提升安全管理制度

1. 主提升机操作者的岗位责任制度

　　主提升机操作者应能够熟练、准确地操作提升机，认真遵守和履行各项规章制度，以保证矿井提升设备的安全运行。

1）主提升机操作者必须参加安全技术培训，并经国家认可的机构考核合格，获得相应的资格证书后方能上岗作业，严禁无证上岗。

2）坚守岗位，不得擅离职守，对所在单位人员与设备的安全负责，确保矿井提升安全运行。

3）坚持煤矿安全生产方针，树立"安全第一"的思想。在操作过程中集中精力，谨慎操作，作业规范。严格执行《提升机技术操作规程》和《煤矿安全规程》，不违章操作，拒绝任何人的违章指挥。严格执行"三不开"和"五注意"。"三不开"，即信号不明不开，没看清上下信号不开，起动状态不正常不开；"五注意"，即注意电压、电流表指示是否正常，注意制动闸是否可靠，注意深度指示器指示是否准确，注意钢丝绳排列是否整齐，注意润滑系统是否正常。

4）加强责任心，做到"三知"、"四会"、"五严"。"三知"，即知设备结构，知设备性能，知安全设施的作用原理；"四会"，即会操作，会维修，会保养，会排除故障；"五严"，即严格执行交接班制度，严格执行操作规程，严格执行要害场所管理制度，严格进行巡回检查，严格进行岗位练兵。

5）监视提升机的运行，掌握运行状态，提升机出现异常和运行状态变化时，应及时停车并向工区值班人员汇报，且能准确描述异常现象和发生过程，为维修人员提供可靠信息。

6）配合维修工检修，检修期间应执行各项作业制度，坚持一人操作一人监护，并进行检修后的试车和验收。检修班应测试井架（塔）过卷保护，保护起作用方可恢复运行。当提升机出现紧急停车时，必须准确、详细地向工区值班人员汇报，原因未查明且未经许可，严禁恢复送电开车。

7）认真填写"五录"，即交接班记录、巡回检查记录、安全装置试验记录、人员进出记录和设备运转日志。负责机房及设备的通风、降温和防火、防风、防雨工作，保持设备与环境卫生整洁干净。

8）负责对机房设施、物品的保管和监督检查。完成工区安排的临时任务，并对其他班组的工作负有协作责任。

9）因精力不集中或误操作而造成过卷、断绳等重大事故的，应负直接责任。

2. 提升机操作者的交接班制度

1）交接班必须按时在岗位现场进行。

2）要按照巡回检查制度规定的项目认真进行检查。

3）必须严格执行"七交"与"七不接"：

① 交清当班运转情况，交待不清不接。

② 交清设备故障和隐患，交待不清不接。

③ 交清应处理而未处理问题的原因，交待不清不接。

④ 交清工具和材料配件的情况，数量不符时不接。

⑤ 交清设备和室内卫生打扫情况，不清洁不接。

⑥ 交清各种记录填写情况，发现填写不完整或未填写时不接。

⑦ 交班不交给无合格证者或喝酒和精神不正常的人，非当班操作者交待情况时不接。

4）交班操作者认为未按规定交接时，有权拒绝交接班，并应及时向上级汇报。

5）在规定的接班操作者缺勤时，未经领导同意，交班操作者不得擅自离岗。

6）当班操作者正在操作，提升机正在运行时，不得交与接班操作者操作。

7）交接工作经双方同意时，应在交接班记录簿上签字方为有效。

3. 监护操作者责任制

（1）监护制度　每台提升机每班应配备两名操作者，轮流操作。监护制度是指一名操作者操作，另一名操作者在一旁监护，以确保对提升机的准确操作，保证提升机的安全运行。

（2）监护操作者的职责

1）监护操作者按提升人员和下放重物的规定速度操作。

2）及时提醒操作者减速、制动和停车。

3）监护和观察操作者的精神状态，出现应紧急停车而操作者未操作时，监护操作者应及时采取措施，即脚踏紧急停车开关或手拍紧急停车按钮，对提升机进行安全制动。

4）认真进行巡回检查，发现问题及时处理和报告。

5）负责接待和对外联系的工作。

（3）监护制度的适用场合

1）升降人员时。

2）运送炸药、雷管等危险品时。

3）吊运大型特殊设备和器材时。

4）检修井筒及提升设备，提升容器顶上有人工作时。

5）实习操作者开车时，正式操作者必须在旁监护。

4. 巡回检查制度

（1）巡回检查制度　巡回检查制度是指定时、定点、定线路、定内容、定要求地对提升机进行检查，掌握情况，录取数据，积累资料，保养机器，发现问题，消除隐患，保证提升设备的安全运行。

（2）巡回检查的基本要求

1）每台提升机都要根据设备的构造、性能、特点及工作关系，由矿业公操作者电科负责绘制巡回检查线路图，并悬挂于提升机房。

2）检查一般为每小时一次。

3）按主管部门规定的检查线路和检查内容依次逐项检查，不得遗漏。

4）对巡回检查中发现的问题要及时处理。操作者能处理的，应立即处理；操作者不能处理的，应及时上报，并由维修工处理。对不能立即产生危害的问题，要进行连续跟踪观察，监视其发展情况。对发现的所有问题及其经过，必须认真将其填入运行日志。不同型号的提升机，其巡检的内容不尽相同，主要参照矿机电科绘制的巡回检查线路图执行。

5. 提升机房火灾的防范

（1）机房火灾的防范措施

1）保持电气设备的完好，发现故障及时处理。

2）避免设备过负荷运转，设置温度保护装置。

3）保持电气设备的清洁，电缆要吊挂整齐，及时清理设备的油污。

4）检修人员应及时清理带有油污的棉纱；在使用易燃清洁剂时，严禁抽烟。

5）配齐不同类型的消防器材，并加强管理，定期检查试验，用后应及时补齐。

（2）机房火灾的灭火方法

1）尽快切断电源，以防火灾蔓延，并防止灭火时造成触电。切断电源时，操作者应使用绝缘用具，并首先断开负荷开关。无法断开时，应设法剪断线路。

2）火灾发生后，立即向矿调度室汇报。

3）灭火时，不可将身体或手持的灭火用具触及导线和电气设备，以防触电。

4）应使用不导电的灭火器材，如黄砂、二氧化碳灭火器、干粉灭火器等。

5）扑灭油火时，不能用水，只能用砂子或二氧化碳灭火器、干粉灭火器等。

二、提升速度和加速度的规定

1. 《煤矿安全规程》对提升速度和加速度的规定

1）立井中用罐笼升降人员的加速度和减速度，不得超过 $0.75 \mathrm{m/s^2}$。

2）立井中用罐笼升降人员的最大速度，不得超过 $0.5\sqrt{H}$，且最大不超 $12 \mathrm{m/s}$。

3）立井中用吊桶升降人员的最大速度，在使用钢丝绳罐道时，不得超过 $0.25\sqrt{H}$；无罐道时，不得超过 $1 \mathrm{m/s}$。

4）立井升降物料时，提升容器的最大速度不得超过 $0.6\sqrt{H}$。

5）立井中用吊桶升降物料的最大速度，在使用钢丝绳罐道时，不得超过 $0.4\sqrt{H}$；无罐道时，不得超过 $2 \mathrm{m/s}$。

6）斜井升降人员的加速度和减速度，不得超过 $0.5 \mathrm{m/s^2}$。

7）斜井升降人员或用矿车升降物料时，速度不得超过 $5 \mathrm{m/s}$。

8）斜井箕斗的提升速度不得超过 $7 \mathrm{m/s}$；当铺设固定道床并采用大于或等于 $38 \mathrm{kg/m}$ 的钢轨时，速度不得超过 $9 \mathrm{m/s}$。

2. 对提升速度的其他要求

1）提升容器接近井口时的速度不得大于 $2 \mathrm{m/s}$。

2）罐笼运送硝化甘油类炸药或电雷管时，升降速度不得超过 $2 \mathrm{m/s}$；运送其他类爆炸材料时，不得超过 $4 \mathrm{m/s}$。

3）采用吊桶升降各类爆炸材料时，升降速度不得超过 $1 \mathrm{m/s}$。

4）检修人员站在罐笼或箕斗上工作时，提升容器的速度一般为 $0.3 \sim 0.5 \mathrm{m/s}$，最大不得超过 $2 \mathrm{m/s}$。

三、提升信号

提升信号是信号工（或把钩工）与提升机操作者之间的直接联系工具。提升机操作者是在提升信号的指示下进行操作的。为了保证提升设备的安全运行，提升机操作者必须熟悉和掌握提升信号的规定和要求。同时，提升信号必须满足安全、准确、清晰、动作迅速、工作可靠等要求。

1. 提升信号的种类和基本要求

（1）提升信号的种类　按提升容器的不同，提升信号可分为主井箕斗提升信号、主井罐笼提升信号、副井罐笼提升信号和斜井串车提升信号四大类。提升信号一般包括工作信号（分为开车和停车信号，有转发和直发两种）、事故信号、检修及慢车信号（包括煤仓煤位信号、松绳信号等）。

（2）提升信号的基本要求和规定　根据提升需要和《煤矿安全规程》的有关规定，提升信号应符合下列基本要求和规定：

1）信号电源电压不得大于127V，并须设置独立的信号电源变压器及电源指示灯。

2）信号用的电缆应采用铠装或非铠装通信电缆、橡套电缆或MVV型塑力缆。

3）井筒和巷道内的信号电缆应与电力电缆分挂在井巷的两侧，如果受条件限制，在井筒内，应敷设在距电力电缆0.3m以外的地方；在巷道内，应敷设在电力电缆上方0.1m以上的地方。

4）在主要井口绞车的信号装置的直接供电线路上严禁分接其他负荷。

5）工作信号必须声光兼备，警告信号必须为音响信号。一般指示信号为灯光信号。

6）信号系统与提升机控制系统之间应有闭锁，不发开车信号时，提升机不能起动或无法加速。

7）应设置井筒检修信号及检修指示灯。在检修井筒的整个时间内，检修指示灯应保持显示。沿井壁应敷设供检修人员使用的开车、停车信号装置，或采用井筒电话与提升机操作者直接联系。

8）每一提升装置，必须装有从井底信号工发给井口信号工和从井口信号工发给绞车操作者的信号装置。井口信号装置必须与绞车的控制回路相闭锁，只有在井口信号工发出信号后，绞车才能起动。除常用的信号装置外，还必须有备用信号装置。井底车场与井口之间，井口与绞车操纵台之间，除有上述信号装置外，还必须装设直通电话。

9）一套提升装置服务几个水平使用时，从各水平发出的信号必须有区别。

10）井口、井底及各水平，必须设置紧急事故信号。

11）井底车场的信号必须经由井口信号工转发，不得越过井口信号工直接向绞车操作者发信号。但有下列情况之一时，不受此限：发送紧急停车信号；箕斗提升（不包括带乘人间的箕斗的人员提升）；单容器提升；井上、下信号联锁的自动化提升系统。

12）用多层罐笼升降人员或物料时，井上、下各层出车平台都必须设有信号工。各信号工发送信号时，必须遵守下列规定：井下各水平的总信号工收齐该水平各层信号工的信号后，方可向井口总信号工发出信号；井口总信号工收齐井口各层信号工信号并接到井下总信号工信号后，才可向绞车操作者发出信号。信号系统必须设有保证按上述顺序发出信号的闭锁装置。

2. 对立井提升信号的特殊要求

（1）对立井箕斗提升信号的特殊要求

1）井口卸载煤仓及井底装载煤仓，都必须设置煤位信号。

2）箕斗提升必须同地面生产系统运煤机械密切配合，避免井口卸载煤仓满仓后卡住箕斗而发生事故。应在提升机操作者操纵台上设置煤仓底部给煤机运转指示灯，必要时应设置给煤机的停止按钮（但不能起动给煤机）。

3）箕斗提升一般都采用自动装、卸载，故开、停车信号的发送方式一般应具备既能手动发送又能自动发送的功能。

（2）对立井罐笼提升信号的特殊要求

1）开车信号应设有灯光保留信号。为了增加提升的安全性，立井罐笼混合提升时，应设置表示提人、提物（煤或矸石）、上下设备和材料及检修的灯光保留信号，并且各信号间应有闭锁。

2）设置井口安全门闭锁装置。使用罐笼提升的立井，井口安全门必须在提升信号系统内设置闭锁装置，安全门未关闭，发不出开车信号。

3）设置摇台闭锁装置。井口、井底和中间运输巷设置摇台时，必须在提升信号系统内设置闭锁装置，摇台未抬起，发不出开车信号。

4）设置罐座信号。井口和井底使用罐座时，应设置罐座信号。

3. 对斜井串车提升信号的特殊要求

1）串车提升的各车场，人车上、下地点和斜巷每隔一定距离应设置红灯信号。开车时由提升机操作者送电，红灯亮时禁止送电。

2）斜井人车必须设置使跟车人在运行途中任何地点都能向提升机操作者发送紧急停车信号的装置。

3）双道提升的斜井，应设置反映道岔事故状态的信号。

四、提升机的安全操作与运行

1. TKD 控制提升机的操作规程

（1）一般规定

1）本规程适用于以下主提升机操作者的运行操作：地面主、副井 TKD 主提升机操作者；凿井和矸石山用主提升机操作者；直径 1.6m 及以上其他主提升机操作者。

2）主提升机操作者必须经过培训、考试合格、取得资格证后，持证上岗。

3）主提升机操作者应熟悉设备的结构、性能、技术特征、工作原理以及供电系统、信号联系方式。

4）生产和凿井用主要提升机必须配有正、副主提升机操作者，每班不得少于 2 人。

5）主提升机操作者要严格执行交接班制度、岗位责任制以及有关其他制度，严格遵守《煤矿安全规程》的有关规定。

6）将工具、备品摆放整齐，认真填写各种记录。

（2）操作前的准备　主提升机操作者接班后应进行必要的检查和准备工作，要求做到以下几点：

1）各紧固螺栓不得松动，连接件应齐全、牢固。

2）减速器的温度、声音无异常，联轴器间隙应符合规定，防护罩应可靠。

3）轴承润滑油油质清洁，油量适当，油环转动灵活、平稳；强迫润滑系统的泵站、管路完好可靠。

4）各种保护装置及电气闭锁必须完整可靠，声光和警铃都必须灵敏可靠。

5）离合器液压缸和盘形制动器不得漏油。

6）各种仪表指示应准确。

7）信号系统应正常。

8）检查钢丝绳的排列情况及衬板、绳槽的磨损情况。

9）检查中发现的问题，必须及时处理并向当班领导汇报，经处理符合要求后，方可正常开车。

（3）操作　主提升机操作者应熟悉各种信号，操作时必须严格按信号执行。

1）主提升机操作者不得无信号动车。

2）当主提升机操作者所收信号不清楚或有疑问时，应立即用电话与信号工联系，要求重发信号，再进行操作。

3）主提升机操作者接到信号因故未能及时执行时，应通知信号工，申请原信号作废，重发信号，再进行操作。

4）罐笼（箕斗）在井口停车位置，若因故需要动车，应与信号工联系，按信号执行。

5）罐笼（箕斗）在井筒内，若因检修需要动车，应事先通知信号工，经信号工同意后，可作多次不到井口的升降运行；完毕后，再通知信号工。

（4）提升特殊物品的情况　进行特殊吊运时，其速度应符合下列规定：

1）使用罐笼运送硝化甘油类炸药或雷管时，运行速度不得超过 2m/s；运送其他火药时，不得超过 4m/s。

2）使用吊桶运送任何火药时，其速度不得超过 1m/s。

3）运送炸药、雷管时，应缓慢起动和停止提升机，避免罐笼或吊桶发生振动。

4）吊运特殊大型设备（物品）及长材料时，其运行速度一般不应超过 1m/s。

5）人工验绳的速度，一般不大于 0.3m/s。

6）因检修井筒装备或处理事故，人员需站在提升容器顶上工作时，其提升容器的运行速度一般为 0.3~0.5m/s。

（5）提升机起动前的工作

1）依序送上高低压柜、控制柜、操纵台电源。

2）起动辅助设备，包括液压站或制动液压泵、冷却水泵或风机、润滑油泵等，起动直流发电机组或给可控硅柜送电（直流提升机），做好动力制动直流电源的供电准备（对动力制动系统），起动低频机组或给可控硅柜送电（对低频制动系统）。

3）观察电压表、风压表或油压表、电流表、速度表及系统各种指示信号是否正常。

4）将主提升机操纵台各转换开关置于预定运行方式所需位置。

（6）提升机的起动与运行

1）接到开车信号后，松开保险闸。

2）手动起动时，根据信号及深度指示器所显示的容器位置确定提升方向，操作者作闸，操作主令控制器或速度给定旋钮，起动提升机，使提升机均匀加速至规定速度，达到正常运转。

3）自动起动时，将"手动/自动"选择转换开关置于"自动"位置，使提升机自动运行。

4）提升机在起动和运行过程中，应随时注意观察以下情况：电流表、电压表、油压表或风压表、速度表等各指示仪表的指示是否正常；深度指示器的指示是否正常；信号盘的信号变化情况是否正常；各运转部位有无异响、异振；各种保护装置是否正常。

（7）提升机的正常减速与停车　根据深度指示器指示位置或警铃示警及时减速。具体操作如下：

1）将主令控制器拉（或推）至"0"位。

2）用工作闸点动施闸，按要求及时准确减速。

3）对有动力制动或低频制动的提升机使制动电源正常投入，确保提升机正确减速。

4）根据终点信号，及时用工作闸准确停车。

（8）提升机运行过程中的事故停车　运行中出现下列现象之一时，应立即断电采用工作闸进行中途停车。

1）电流过大，加速太慢，起动不起来。

2）运转部位发出异响。

3）情况不明的意外信号。

4）过减速点不能正常减速。

5）其他必须立即停车的不正常现象。

运行过程中出现下列情况之一时，应立即断开高、低压电源，使用保险闸进行紧急停车。

1）工作闸操作失灵。

2）接到紧急停车信号。

3）接近正常停车位置，不能正常减速。

4）其他必须紧急停车的故障。

对缠绕式提升机，在运行中出现松绳现象时应及时停车反转，将松出的绳缠紧后停车检查。

停车后应立即上报主管部门，通知维修工处理，事后将故障及处理情况认真填入运行日志。

（9）双滚筒缠绕式提升机的对绳操作

1）对绳前，必须将两钩提升容器卸空，并将活滚筒侧容器放到井底。

2）每次对绳时，应对活滚筒套注油后再进行对绳。

3）对绳时，必须将活滚筒固定好后，方可打开离合器。

4）在合上离合器前，应先进行对齿，并在齿上加油后，再合上离合器。

5）离合器啮合过紧，退不出或合不进时，可以送电，使固定滚筒少许转动后再退（合），不得硬打，以防损坏离合器。

6）对绳期间，严禁单钩提升或下放。对绳结束后检查液压系统，各电磁阀和离合器液压缸位置应准确，并要进行空载运行，确认无误时方能正常提升。

2. 数控提升机的操作规程

（1）一般规定

1）本规程适用于数字控制的主提升机操作者的运行操作。

2）主提升机操作者必须经过培训、考试合格、取得资格证后，持证上岗。

3）主提升机操作者应熟悉设备的结构、性能、技术特征、工作原理，以及供电系统、信号闭锁及联系方式。

4）主提升机操作者应能够对计算机控制的设备进行一般性操作。

5）主提升机操作者必须穿防静电工作服，接触计算机内部部件必须戴防静电手套。

6）生产和凿井用主要提升机必须配有正、副主提升机操作者，每班不得少于2人。

7）主提升机操作者要严格执行交接班制度、岗位责任制及其他有关制度，严格遵守《煤矿安全规程》的有关规定。

8）将工具、备品摆放整齐，认真填写各种记录。

（2）操作前的准备　主提升机操作者接班后应进行必要的检查和准备工作，要求做到以下几点：

1）各紧固螺栓不得松动，连接件应齐全、牢固。

2）减速器温度、声音无异常，联轴器间隙应符合规定，防护罩应可靠。

3）轴承润滑油油质清洁，油量适当，油环转动灵活、平稳；强迫润滑系统的泵站、管路完好可靠。

4）各种保护装置及电气闭锁必须完整可靠，声光和警铃都必须灵敏可靠。

5）盘形制动器不得漏油。

6）各种仪表指示应准确。

7）信号系统应正常。

8）操作员站、数字及模拟深度指示器显示应正常。

9）检查中发现的问题，必须及时处理并向当班领导汇报，经处理符合要求后，方可正常开车。

（3）操作　数控提升机的操作参照 TKD 控制提升机。

（4）特殊吊运　请参照 TKD 控制提升机的相关规定。

（5）提升机起动前的准备工作。

1）依序送上高低压柜、控制柜、操纵台电源。

2）依次送计算机进线电源开关、UPS 电源开关。

3）闭合操作员站电源开关；起动井筒计算机，使其正常工作。

4）起动辅助设备，包括液压站、冷却水泵或风机、润滑油泵、可控硅柜。

5）观察电压表、油压表、电流表、速度表、加速度表、力矩表及显示屏的显示是否正常。

6）检查主提升机操纵台各转换开关是否置于预定运行方式所需位置。

（6）提升机的起动与运行

1）按下起动按钮。

2）手动起动时，根据信号及深度指示器所显示的容器位置，确定提升方向，操作施闸手柄、速度给定手柄起动提升机，使提升机均匀加速至规定速度，达到正常运转。

3）自动运行时，将"手动/自动"选择转换开关置于自动位置，使提升机自动运行。

4）提升机在起动和运行过程中，应随时注意观察以下情况：电流表、电压表、油压表、速度表、加速度表、力矩表等各指示仪表指示是否正常；显示屏及深度指示器显示是否正常；各运转部位有无异响、异振；各种保护装置是否正常。

（7）提升机紧急停车

1）运行中出现下列情况之一时，应立即按下紧停按钮紧急停车：电流过大，加速太慢，不能起动；运转部位发出异响；情况不明的意外信号；主要部件功能失灵；各种保护失效；其他必须紧急停车的故障。

2）停车后应立即上报主管部门，通知维修工处理；事后将故障及处理情况认真填入运行日志。

3. 提升机的安全运行

（1）提升机的减速运行

1）减速阶段的要求。减速阶段是提升机运行的重要阶段，能否准确操作，对提升机的安全运行非常重要。因此，要求主提升机操作者应根据提升机运行方式谨慎操作，完成减速阶段的速度图，使提升减速度接近设计值。

2）减速阶段的操作方法。提升机常用的减速方法有三种：电动机减速、惯性滑行减速和制动减速。制动减速又分为机械制动减速和电气制动减速两种。

3）电动机减速的操作方法。当提升机到达减速点时，主提升机操作者应及时将主令控制器手柄由相应的终端位置逐渐推（或拉）向中间"0"位，并密切注意提升机的速度变化，根据提升机的运行速度来确定主令控制器手柄的推（或拉）速度。

4）惯性滑行减速的操作方法。当提升机到达减速点时，主提升机操作者应及时将主令控制器手柄由相应的终端位置推（或拉）至中间"0"位。在提升物的重力和提升惯性速度的相互作用下，使提升机减速。主提升机操作者必须根据提升机的运行速度确定是二次给电还是用工作闸控制提升机速度。当提升载荷较大，提升机的运行速度低于 0.5m/s，提升机无法到达正常停车位置时，需二次给电；当提升机将到达正常停车位置，提升机的运行速度仍较大时，需用工作闸点动减速。

5）机械制动减速的操作方法。当提升机到达减速点时，主提升机操作者应及时将主令控制器手柄由相应的终端位置推（或拉）至中间"0"位，然后操作者作闸手柄进行机械制动减速，使提升速度降至爬行速度。

6）电气制动减速的操作方法。电气制动减速分为动力制动减速和低频发电制动减速。动力制动减速可以自动投入，也可以人工操作。自动投入是主提升机操作者开车前，将正力减速和动力制动减速开关置于动力制动减速，提升机到达减速点时，将自动实现拖动电动机交流电源和直流电源的切换；人工操作是主提升机操作者利用脚踏动力制动踏板实现减速。

需要说明的是：主提升机操作者应根据提升机的运行速度，注意控制脚踏的轻重和调整电动机转子回路的外接启动电阻值，调整制动电流的大小以获得合理的减速度。

采用低频发电制动减速，当提升机到达减速点时，低频发电制动减速将自动投入（主提升机操作者在开车前选择低频发电制动减速方式），提升电动机的 50Hz 工频电源由 2.5～5Hz 的三相低频电源所替换，实现提升电动机的低频发电制动。主提升机操作者应随提升机运行速度的降低，用主令控制器逐段切除电动机转子回路的外接起动电阻（自动切除由速度继电器实现），达到调节制动电流以获得较好制动效果的目的。

（2）主提升机操作者自检、自修的具体内容

1）各部螺栓或销轴如有松动或损坏，应及时拧紧或更换。

2）各润滑部位、传动装置和轴承必须保持良好的润滑，禁止使用不合格的油（脂）。

3）制动器闸瓦磨损达到规定值时，应及时更换。自动闸瓦和闸、闸轮或闸盘如有油污，应擦拭干净。

4）制动器的工作行程超过全行程的 3/4 时，应进行调整。

5）深度指示器指示不准时，应及时与信号工联系，重新进行调整。

6）弹性联轴器的销子和胶圈磨损超限时，应及时进行更换。

7）过卷、松绳和闸瓦磨损等安全保护装置如果动作不准确或不起作用，必须立即进行调整或处理。

8）灯光声响信号失灵或不起作用时，如果是灯泡损坏或位置不准确，应由主提升机操作者负责更换或调整，如果是电气故障，则应联系维修工处理。

（3）主提升机操作者在检修和调整中应注意的事项

1）提升机的一切拆修和调整工作，均不得在运转中进行，严禁擦拭各转动部位。

2）在检修人员重新校对与调整机件前（如深度指示器，过速、限速保护装置，制动器机构及各指示仪表等），主提升机操作者应主动了解校对与调整的原因、目的；校对与调整后应了解其结果。

3）提升机经过大修后，必须由主管负责人、检修负责人会同主提升机操作者进行下列验收工作，全部无误后方能正式运转：对各部件进行外表检查，根据检修的内容要作相应的测定。

（4）提升机起动、运行中操作者的注意事项

1）电流、电压、油压、风压等各指示仪表的读数应符合规定。

2）深度指示器指针位置和移动速度应正确。

3）注意各运转部位的声响应正常。

4）注意听信号，并观察信号盘的信号变化。

5）各种保护装置的声光显示应正常。

6）单钩提升下放时，注意钢丝绳跳动有无异常；上提时，注意电流表有无异常摆动。

（5）提升机操作者应遵守的操作纪律

1）操作者操作时，手不准离开手柄，严禁与他人闲谈，开动后不得再打电话。

2）在操作期间禁止吸烟，并不得离开操纵台及做其他与操作无关的事。操纵台上不得放与操作无关的异物。

3）操作者接班后，严禁睡觉、打闹。

4）操作者应轮换操作，每人连续的操作时间一般不超过1h，但在操作运行中禁止换人。因身体骤感不适而不能坚持操作时，可中途停车，并与井口信号工联系，由另一操作者代替。

5）对监护操作者的示警性喊话，禁止对答。

（6）提升机操作者应遵守的安全守则

1）禁止超负荷运行。

2）非紧急情况，运行中不得使用保险闸。

3）斜井提升矿车脱轨时，禁止用绞车牵引复轨。

4）操作者不得擅自调整制动闸。

5）操作者不得随意变更继电器整定值和安全保护装置整定值。

6）检修后必须试车，并做过卷、松绳保护试验。

7）操作高压电器时，应按《煤矿安全规程》要求，戴绝缘手套，穿绝缘靴或站在绝缘台上，一人操作，一人监护。

8）进入滚筒工作前，应落下保险闸，切断电源，并在闸把上挂上"滚筒内有人操作，禁止动车！"警示牌。工作完毕后摘除警示牌，并缓慢起动。

9）操作滚筒离合时，应严格遵守离合的"分"、"合"操作规定及安全注意事项。

10）停车期间，操作者离开操作位置时必须做到：将安全闸手柄移至施闸位置；将主令控制器手柄置于中间"0"位；切断控制回路电源。

（7）事故停车的注意事项

1）运行中发生事故，在故障原因未查清和消除前，禁止动车。原因查清后，故障未能全部处理完毕，但已能暂时恢复运行，经主管领导批准可以恢复运行，将提升容器升降至终点位置，完成本次提升行程后再停车继续处理。

2）钢丝绳遭受卡罐紧急停车等猛烈拉力时，必须立即停车，待对钢丝绳进行检查无误后，方可恢复运行。

3）电源停电停车时，应立即断开总开关，将主令控制器手把置于中间的"0"位，工作闸手柄置于紧闸位置。

4）过卷停车时，如发生故障，经与井口信号工联系，维修电工将过卷开关复位后，可反方向开车将提升容器放回停车位置，恢复提升，但应及时向领导汇报，并填入运行日志。

5）在设备检修及处理事故期间，操作者应坚守岗位，不得擅自离开提升机房；斜井提升机操作者需离开处理事故时，至少应留一人坚守操作岗位。检修需要动车时，必须由专人指挥。

（8）斜井（巷）提升机操作者在提升机运转中的注意事项

1）注意轴承温度，不得超过规定值。

2）注意电动机温度，不得超过规定值。

3）注意抱闸是否灵活、可靠。当全速运行发生事故时，应立即停车。停车地点与事故地点之间的距离：上行不超过5m，下行不超过10m。

4）注意观察深度指示器是否准确、可靠。

5）注意观察机械各部的振动情况和运转声响，如有异常，应立即停车检查。

6）注意钢丝绳的排列应整齐、不反圈、不松动。如果发生反圈、松动现象，应立即停车处理。

7）上行车行至顶端位置，下行车放到终点，如无信号，也要停止运转。

8）发现电动机超载、冒火或有烧焦气味时，应立即停止运转。

9）全速运行时，非紧急情况不得使用保险闸。

10）下行车必须送电运行，严禁不送电就松闸放车。

11）除在上、下车场停车外，中途停车任何情况下都不得松闸。

12）挂人车行至上、下停车场时，必须有人车信号工打停车点。

五、常见事故及预防措施

1. 提升机事故的种类

为了避免提升机事故的发生，应经常及时排除各种提升机的故障，坚持预防为主的方针。但是提升机的事故仍是在所难免的。提升机事故按其影响生产或基建施工时间、造成损失的程度和性质，分为一般事故、重大事故和特大事故等。

（1）一般事故　下列情况之一者，称为一般事故。

1）造成设备直接损失价值0.1～2万元人民币者。

2）造成设备停运影响生产或基建施工 1h 及以上或产量损失 200t 以上。

（2）重大事故　下列情况之一者，称为重大事故。

1）造成设备直接损失价值 2~15 万元人民币者。

2）提升设备的断绳、跑车、礅罐、过卷或大型物件坠入井筒、斜井跑车、电缆和电气设备着火等恶性事故，其直接经济损失或影响产值达重大事故标准者。

3）因提升机事故或操作者误操作等原因造成 1 人及以上死亡者。

（3）特大事故　下列情况之一者，称为特大事故。

1）因提升机事故造成全矿井停止生产 8h 以上，基建施工企业造成全部矿井工程停工 8h 以上者。

2）造成设备直接损失价值 15 万元（人民币）以上者。

3）造成 3 人及以上死亡者。

（4）未遂事故　凡提升机设备发生的事故，其影响生产时间、设备直接损失及其他均未构成一般事故，但其性质恶劣、情节严重的应视为未遂事故。如立井、斜井井筒发生断绳、坠罐（箕斗）、跑车、过卷、大型物件坠井、礅罐等。

2. 分析事故案例的意义

对已发生的提升机事故案例进行分析和研究，找出事故的原因，总结经验教训，采取正确的防范措施，不断改进提升机操作者的操作技术，加强操作者的责任心，提高其安全意识，对避免和减少事故的发生，保证矿井提升设备的安全运行具有重要意义。

3. 断绳事故

断绳事故的后果非常严重，不仅会影响矿井生产，造成巨大的经济损失，严重的还会危及人身安全。断绳事故多发生于单绳缠绕式提升。单绳缠绕式提升断绳事故从发生断绳事故的原因看，以松绳引起的最多；从提升方式看，以立井箕斗提升的案例最多。因此，现以立井箕斗提升，因松绳引起的断绳事故为例进行分析。

（1）事故经过

1）某矿主井，提升机为 XKT2×3×1.5 型。当箕斗正在卸煤时，信号工通知操作者井下无煤。操作者没有注意上井口仓满红灯已亮、松绳警铃已响，即开车把箕斗习惯地下降到井口水平，然后停车。实际此时箕斗仍卡在卸载位置，松绳已达 24.5m。箕斗突然下落，在机房外 50m 的机电科长听到井筒巨响，到机房询问操作者，操作者还不知已发生断绳坠斗事故，停运 38.5h。

2）某矿主井，提升机为 2JK-3/11.5 型。煤仓信号工发现仓满已太晚，松绳保护又失灵；操作者发现松绳时已松绳 30m，钢丝绳已打卷，去找钳工处理，钳工还未赶到已发生断绳坠斗事故，停运 42.5h。

（2）原因分析

1）箕斗被卡住，引起松绳，且松绳量大；箕斗卡住的原因消失后，箕斗迅速下降产生非常大的冲击力，冲断钢丝绳。

2）保护装置不完善，只有信号灯或信号铃，操作者稍不注意，就会出现问题。满仓保护没有与提升信号闭锁（井口煤仓仓满，井底煤仓无煤—信号工发不出开车信号—不发开车信号，操作者无法开车—提升信号与提升机电控系统闭锁）；松绳保护没有按《煤矿安全规程》的规定设置。

3）操作者注意力不集中，对松绳警铃和滚筒上的钢丝绳等异常情况未能引起注意；松绳后的处理措施不当或反应过慢。

（3）预防措施

1）预防卸载处箕斗卡住。设置可靠的满仓保护装置，改造扇形门底卸式箕斗结构；在天气寒冷的季节，根据具体情况制定安全措施，防止箕斗冻住，加强对曲轨及箕斗的维护。

2）提高松绳报警保护的可靠性。

3）增设必要的闭锁（松绳保护与井口煤仓内输送机的闭锁，一旦发生松绳，输送机不能运行）和信号显示装置（箕斗在曲轨上的运行显示）。

4）加强对操作者和信号工的安全培训，强化安全意识，增强责任心，提高分析处理突发情况的能力。

4. 过卷及碰罐事故

（1）事故经过

1）某矿 JKM2.5×4 型多绳罐笼提升系统，在一次下放人员的过程中，因控制系统问题，使罐笼过放而导致重大人员伤亡事故。该系统为 480kW 交流电动机拖动，其运行的减速段为带负荷测量的低频制动。低频制动的投入由与深度指示器联动的自整角机信号控制。由于维护不善，自整角机的相位错乱，继电器接触电阻过大，致使低频电压达不到应有的数值；而低频欠压保护和限速保护均失效，在控制系统出现故障时起不到保护作用。在下放人员过程中，当罐笼到达预定减速点时，提升机并未减速，操作者发觉后进行工作制动，但未能奏效，转瞬之间乘人的罐笼进入楔形罐道，过放距离达 10m。由于罐笼歪斜及罐门不符合安全要求，致使罐内人员坠落井底丧生。

2）某矿副井的缠绕式提升机，在检修一侧井底摇台时，按需要打开深度指示器的离合器，并短接了井架上的过卷开关，将主罐笼降至井底水平下 1m。正操作者做完这些工作以后，未向副操作者交代就去睡觉。凌晨检修完毕后，副操作者接着开车，也未叫醒正操作者，听到信号后就把乘有 9 名检修人员的主罐上提。当主罐上升到井深的 1/3 时，操作者发现深度指示器指针只抖动而不行走，便停车将深度指示器的离合器合上继续开车。当信号工发现异常时，就发出紧急停车信号，但已来不及，罐笼过卷 10m，所幸未造成人员伤亡。

3）某矿主井为多绳缠绕式提升机，电控设备于 2003 年进行了数控技术改造，深度指示器由牌坊式深度指示器变为数字深度指示，其深度值完全取决于编码器计算出的数值，每次提升经过井筒同步开关进行位置校核。2005 年 1 月 1 日，提升机在自动运行状态下突然出现故障停车，主控 PLC 继电。送电后，深度指示器显示 A 斗距卸载位置 0m。正操作者由于精力不集中，不知道提升机的运行方向，也不清楚此时提升机的位置。副操作者告诉正操作者，B 斗向上提升，在未认真核实箕斗位置的情况下，正操作者按照副操作者所说进行提升，此时 B 箕斗已经到了井口，被主提升机操作者强行拉到了过卷位置，箕斗进入木罐道。这一事故影响生产 16h。

（2）原因分析

1）深度指示器失效，自动减速装置不起作用，限速保护失灵，制动失灵，控制系统故障等。

2）操作者精力不集中，未能及时、准确地采取有效的补救措施，错误操作。

3）安全设施不完善，没有过放距离或没有使用罐座。

（3）预防措施

1）提高操作者的操作水平，加强劳动纪律，增强操作者的责任心。加强安全技术培训，提高操作者的应变能力和操作水平；操作者必须经安全技术培训，考试合格取得《安全工作资格证书》后方能上岗作业，无证不准操作。实习操作者操作时，必须由经验丰富的操作者在旁监护；提升人员时，必须实行监护制，一人操作一人监护。操作时必须聚精会神，不许与其他人闲谈；加强劳动纪律，操作者在机房内不许喧哗嬉笑、玩戏打闹，要集中精力，不得睡觉、打盹；加强监督检查。

2）完善安全保护装置：按《煤矿安全规程》的规定装设保护装置；增设后备减速开关保护、减速阶段的 2m/s 过速保护、过卷后备保护等装置；对老式绞车的制动系统进行改造。

3）设备的调整和维修必须按规定执行，严禁操作者擅自调整、维修主提升机操作者自检自修规定项目以外的任何部位和装置。

4）按《煤矿安全规程》的要求，设置过卷高度和过放距离。

5. 卡罐事故

（1）事故经过

1）某矿立井把钩工将载有黄砂的 3t 矿车推入罐笼，并放下阻车器。信号工发出信号，罐笼以 6m/s 的速度向 9 号层下放。当行经 3 号层时，矿车溜出罐笼 0.5m 卡在 3 号层摇台上。操作者发现异常，立即停车。此事故造成摇台立梁弯曲，固定梁变形，影响提升 9h。

2）某矿主井采用多绳摩擦式提升机。该井兼做总排风井，井底车场水平标高 −385m，在井筒两侧 −300m 处与总风道相连，在井筒北侧 −126m 处与主通风道相连。通风量为 9 400m³/min，负压为 1 030 ~ 1 128Pa。该矿在 1980 ~ 1981 年间连续 4 次发生箕斗卡罐、挤坏罐道、影响生产的事故。这些事故都是发生在井底装载站副井进入稳罐道时，由于箕斗罐耳偏斜到罐道之外而将木罐道挤坏。

（2）原因分析　造成卡罐事故的主要原因有：罐笼在运行中矿车溜出，罐道不正常，以及提升容器发生故障等。

1）罐笼运行中矿车溜出，罐笼阻车器因矿石卡住而失效，矿车不标准，阻车器挡不住矿车，把钩工违反操作规程，以及阻车器未有效挡住矿车等，都会造成矿车溜出卡罐。

2）罐道不正常。罐道木变形，接头不正，提升容器受风流影响摆动过大而不能正确进入稳罐道，以及提升容器发生偏斜等，都是造成卡罐事故的重要原因。

（3）预防措施　针对不同的原因，应该采取相应的预防措施。

1）加强职工技术培训，提高技术水平和操作熟练程度。

2）按照《煤矿安全规程》规定：提升矿车的罐笼内必须装设阻车器，并加强罐笼阻车器的维护与清扫工作，保持阻车器灵活好用。

3）加强对矿车的检查。对阻车器不能有效挡住的矿车，不许投入运行。

4）完善信号系统，排除任一把钩工没有发出信号，罐门及安全门未关闭，以及总信号工发不出开车信号等情况，每个信号工都可向总信号工发出紧急停车信号。

5）改造风道，减小风流影响，使提升容器不产生较大摆动，沿罐道能顺利运行。

6）按《煤矿安全规程》的要求，对罐道、罐耳等每天必须由专职人员检查一次，每月必须组织有关人员检查一次，发现问题后必须立即处理，检查和处理结果都应留有记录。

6. 溜罐跑车事故

（1）事故经过

1）某矿斜井向下运送人员时，操作者弯腰拉常用闸手柄不慎踏动了紧急开关，使电动机断电，但保险闸失灵没有动作。绞车失控，人车飞快下跑。人车跟车工发现速度过快，发了停车信号，操作者用常用闸制动，也未能有效减速停车，人车跟车工便搬动人车制动机构，使人车在距下车场 10m 处停住。由于惯性力过大，跟车工头部受伤。

2）某矿计划将固定滚筒上的钢丝绳调头，由班长带领五名钳工来施工。做好绞车房内准备工作后，留一名钳工监守绞车，并告知等待坡口将绳卡卡好后再松开滚筒上的绳卡，以便进行下一步调头工作。班长到坡口将绳上的绳卡卡在轨道上，当挂上一辆重车紧绳卡时，发现绳卡不牢而使钢丝绳在其内滑动，遂去 150m 外的地方取另一副绳卡。这时监守在绞车房的工人见班长离开现场，误认为坡口绳卡已经卡好，便自作主张地松开了滚筒上的绳卡，从而造成滑绳跑车，致使一人受伤。

（2）原因分析 造成溜罐跑车事故的主要原因除前述的钢丝绳断裂外，大多因制动问题和钢丝绳调整问题造成带绳跑车。

1）因制动问题造成溜罐跑车。在绞车处于未制动的状态下操作者离岗，在未送电的状态下松闸下放，以及制动装置失灵等，都易造成溜罐跑车。

2）因调整钢丝绳造成溜罐跑车。钢丝绳绳卡未卡牢，排绳时未使用专用滑车，以及定车装置使用不当等，都易造成溜罐跑车事故。

（3）预防措施

1）必须严格遵守某些重要的规定，如双滚筒绞车打开离合器后，只能提升空容器；盘形制动器或制动盘有油污时，必须进行处理后才能提升；不准不送电松闸下放矿车。

2）人车乘载人数不许超过规定，乘车人必须遵守规定，服从指挥，人车站必须有人管理，坚持执行有关规章制度。

3）整顿劳动纪律，严格遵守操作规程和岗位责任制。

4）对检修工程试验项目，必须制定技术安全措施并贯彻执行。

5）加强对操作者、检修人员和跟车工的教育，提高他们的操作水平，增强他们的责任意识。

6）对于一些陈旧设备，其安全设施不符合规定的，要进行改造或设备更新。

7）钢丝绳绳卡在设计选用时，同一绳卡必须适应同一钢丝绳直径的允许变化。紧绳卡后，两半绳卡必须保持一定间隙，并经过认真检查后方能投入使用。

8）排绳时应使用专用滑车，既不能开口，其直径也不能过小，一般应近似等于轨距。

9）必须按规定方法使用定车装置。

10）对于钢丝绳的调整工作，必须编制施工方法，制定安全措施。特别是钢丝绳调头，工作战线长，又涉及其他人员，必须安排专人统一指挥。

7. 井筒事故

（1）事故经过

1）某矿罐笼下层正在装平板车。上层有一人托起罐帘正要进罐，此时信号工只听有人喊声"好了"即打点开车，使该人被挤伤并掉下死亡。事后查明，喊"好了"的是下层装车工人。

2）某矿井口两名推车工将一空车推入罐，车轮将已经活动的道芯踏板碰落，坠入深171m的井筒，落在井底罐笼的罐盖上，穿透罐盖直接砸在刚进罐的一名工人头部，导致这名工人当场死亡。

（2）原因分析　从以上案例可以看出，导致井筒事故发生的原因主要有三类：乘罐坠人事故、井筒坠物事故和提升容器伤害事故。这些事故大都是人为因素造成的，需要在管理上加强预防措施。

1）乘罐坠人事故。乘罐坠人事故一般发生在两种情况下：一是井口安全门不符合要求，信号工马虎，管理混乱，造成上、下罐时坠人事故；二是罐笼运行中因超员或罐门失效，造成坠人事故。

2）井筒坠物事故。井筒内掉入矿车、工具等杂物，造成伤人的事故时有发生。

（3）预防措施

1）严格执行《煤矿安全规程》的规定：人员上、下井时，必须遵守乘罐制度，听从把钩工指示；开车信号发出后，严禁进出罐笼。

2）人员上、下罐完毕关好罐门、井口门后，才能发出提升罐笼信号，并且使提升信号与井口闭锁。多层罐笼提升时，由总把钩工收齐各层把钩工信号并接到井底总把钩工信号后，才可向绞车操作者发信号。信号系统必须有保证上述顺序的闭锁装置。

3）罐笼要符合《煤矿安全规程》的要求：进、出口必须装设罐门或罐帘，高度不得小于1.2m，罐门或罐帘下部边缘至罐底的距离不得超过250mm，罐帘横杆的间距不得大于200mm。罐门不得向外开，门轴必须防脱。

4）罐顶作业时，乘人必须佩戴保险带，作业必须有可靠的安全措施和技术方案，罐顶应有直通绞车房的信号或电话，罐顶不应过于拥挤。

5）把钩工、信号工及提升机操作者都必须认真执行岗位责任制。

6）不允许未经培训且未取得合格证的人操作推车机及蓄电池机车，防止误将矿车推入井筒。

7）对于北方寒冷季节的入风井筒，如需提升人员，必须有暖风设备，并保持井筒空气温度在5℃以上，以预防结冰、坠冰造成事故。对暂未装设暖风设备的入风井，寒冷时节提升人员时，应采取临时措施。

8）预防井筒内坠入其他物体，对有坠落井筒可能的结构零件，应定期进行检查，发现松动后及时、彻底处理。在井筒内进行施工或修理作业时，携带的小型工具应拴绳悬挂在身上，以防失手坠落。

9）在井底作业时，必须停止提升。

8. 断轴事故

（1）事故经过

1）某矿立井箕斗摩擦式提升机减速器一侧的主轴发生断轴事故，绞车停运32h。

2）某矿主井南侧天轮轴突然断裂，影响生产70h。

（2）原因分析　以上案例中，无论是绞车主轴的断裂还是减速器轴、天轮轴的断裂，多为疲劳断裂。

（3）预防措施

1）对主轴、减速器轴和天轮轴应定期进行检查，尽早发现隐患，及时加以处理。

2）各轴的表面粗糙度应符合设计要求。在交变应力的作用下，轴的表面粗糙度、划痕和裂纹等缺陷会引起应力集中现象。表面粗糙度值越大，轴的疲劳强度越低。

3）不允许超载运行。防止冲击载荷，防止轴的疲劳破坏加速。

4）检修时不允许焊补，因为焊补区易产生微小裂纹。天轮轴可用涂镀、喷涂等工艺进行处理。

5）对于三轴承支承的主轴，安装时应注意找正，保持三轴承的同心度在规定范围内。

9. 检修操作事故

（1）事故经过

1）某矿副井提升机为引进的瑞典6绳摩擦式提升机，滚筒直径为2.8m。2003年5月10日，大筒工在井口进行检修，需要更换罐耳。在未征得大筒工同意的情况下，机修工强行关断北部三副盘形制动器油路，打开南部三副盘形制动器中的一副进行闸间隙调整。由于北部三副盘形制动器闸间隙过大，关断油路后，制动力不足，造成滚筒反向运转，副操作者发现滚筒转动后，及时踏下脚踏紧停开关，南部两副盘形制动器起作用，停止了提升机的运行。由于发现及时，且滚筒运转速度低，只是将井筒维修工的保险带拉断，未造成伤亡事故。

2）某矿主井进行例行检修，该矿有两台提煤提升机，井底有南、北两部装载设备都在检修。在对南部装载设备进行检修时，北部装载设备已检修完毕，并进行试验提升。北部箕斗刚提起，活动溜嘴动作，煤仓大量水煤泥喷出射向南部装载设备悬臂架处，使悬臂架移动，将一名正在检修的焊工卡住，致使其窒息死亡。

3）1992年12月7日，某矿主井1号车B箕斗装完煤上提时，箕斗扇形门在下井口附近突然打开，导致箕斗卡在罐道之间，提升机无法正常运行，工区临时安排大筒工下井处理。维修人员乘2号车到达位置后，大筒工站在井筒套架上用水管冲刷箕斗内存煤，另一人站在箕斗上方冲刷箕斗内存煤，由于箕斗载荷减轻，箕斗受力状态发生变化，扇形门突然弹起，将站在井筒套架上的大筒工挤到井壁上，致使其死亡。

（2）原因分析

1）设备未处于平衡稳定状态，人处于危险位置。

2）检修作业中，没有采取可靠的安全措施。

3）检修工人连班作业，过度疲劳。

4）井筒检修立体作业。

（3）预防措施

1）合理制订检修计划，让检修人员始终保持精力充沛的状态，避免因精力不足而造成失误。

2）检修时，应严格遵守相关操作规程和《煤矿安全规程》的规定。

3）检修时，要有防止事故发生的安全措施并严格执行。

六、矿井提升机的维检管理

1. 提升机的维护与检修

为保证矿井提升机持续、安全地运转，必须做好设备的预防性计划维护和检修工作，及时发现和消除事故隐患。预防性计划维检是针对提升设备的特点而制定的，以预防为主的检查、维护和修理制度，包括各类检修的周期、内容、质量标准等。主提升机操作者在做好设备的日常维护和保养工作以外，还应参与矿井提升机的计划性维护和检修工作。

（1）提升机设备的日常维护　设备的日常维护保养，是指有计划地做好设备的润滑、日检及清洁工作。做好设备的日常维护，及时检查和有计划的修理工作，是减少机械零部件磨损，延长提升机使用寿命的有效措施，也可为提升机的维修打下良好基础，大大减少维修次数。

（2）提升机的定期检查　提升机的检查工作分为日检、周检和月检，应针对各提升机的性能、结构特点、工作条件及维修经验来制订检修的具体内容。检查结果和修理内容均应记入检修记录簿，并由检修负责人签字。

2. 日检的基本内容

1）用检查锤检查各部分的连接零件（如螺栓、铆钉、销轴等）是否松动，由检查孔观察减速器齿轮的啮合情况。

2）检查润滑系统的供油情况及制动系统的工作状况。

3）检查深度指示器的丝杠螺母间隙情况，以及保护装置和仪表等动作是否正常。

4）检查各转动部分的稳定性，如轴承是否振动，各部机座和基础螺栓（螺钉）是否松动。

5）试验过卷保护装置。

6）手试一次松绳信号装置，试验各种信号（包括满仓、开机、停机、紧急信号等）。

7）检查各接触器（信号盘、转子控制盘、换相器等）触点的磨损情况，对烧损者要进行修理（用砂布和小锉刀）或更换，以保持其接触良好。

8）检查调绳离合器及天轮的转动情况，如衬垫、轴承等。

9）检查提升容器及其附属机构（如阻车器、连接装置、罐耳等）的结构情况是否正常。

10）检查防坠器系统的弹簧、抓捕器、联动杆等的连接和润滑情况。

11）检查井口装载设备（如推车机、爬车机、翻车机、阻车器、摇台或罐座、安全门等）的工作情况。

12）按照《煤矿安全规程》的规定，检查提升机钢丝绳的工作状况及钢丝绳在滚筒上的排列情况。

3. 周检的基本内容

周检的内容除包括日检的内容外，还要进行下列各项工作：

1）检查制动系统（盘形闸及块形闸），尤其是液压站和制动器的动作情况，调整闸瓦间隙，紧固连接机构。

2）检查各种安全保护（如过卷、过速、限速等）装置的动作情况。检查滚筒的铆钉是否松动，焊缝是否开裂。检查钢丝绳在滚筒上的排列情况，以及绳头固定得是否牢靠。

3）摩擦式提升机要检查主导轮的压块紧固情况及导向轮的螺栓和衬垫等。

4）检查并清洗防坠器的抓捕器，必要时予以调整和注油。检查制动钢丝绳及其缓冲装置的连接情况。

5）修理并调整井口装载设备的易损零件，必要时进行局部更换。

6）按《煤矿安全规程》的要求，检查平衡钢丝绳的工作状况。

4. 月检的基本内容

月检的基本内容除包括周检的内容外，还需进行下列各项工作：

1）打开减速器观察孔盖和检查门，详细检查齿轮的啮合情况，两半齿轮用检查锤检查对口螺栓的紧固情况，还应检查轮辐是否发生裂纹等。

2）详细检查和调整保险制动系统及安全保护装置，必要时要清洗液压零件及管路。

3）拆开联轴器，检查其工作状况，如间隙、端面倾斜、径向位移、连接螺栓、弹簧及内外齿等是否有断裂、松动及磨损等。

4）检查各部分轴瓦间隙。

5）检查和更换各部分的润滑油，清洗部分润滑系统中的部件，如液压泵、过滤器及管路等。

6）清理防坠器系统和注油，调整间隙。

7）检查井筒装备，如罐道、罐道梁和防坠器用制动钢丝绳、缓冲钢丝绳等。

8）试验安全保护装置和制动系统的动作情况。

5. 提升机设备的计划维修

矿井提升机的维修工作分为小修、中修和大修。按计划进行维修，是使设备保持完好状态，恢复原有性能，延长使用寿命，防止事故发生，保证设备正常、持续、安全运行的重要措施。

（1）小修的内容

1）打开减速器上盖，检查齿轮的啮合及磨损情况，检查轮齿有无裂纹，必要时进行更换。

2）打开主轴承上盖，检查轴颈与轴瓦间隙，必要时更换垫片。

3）检查和清洗润滑系统各部件，处理污油，更换润滑油，必要时更换密封件。

4）检查和调整制动系统各部件，必要时更换闸瓦和销轴等磨损零件。

5）检查滚筒焊缝是否开裂，铆钉、螺栓、键等有无松动、变形，必要时加固或更换。

6）检查深度指示器和传动部件是否灵活、准确，必要时进行调整处理。

7）检查各部安全保护装置运转是否灵活、可靠，必要时进行调整。

8）检查联轴器的销轴与胶圈磨损是否超限，内、外齿轮啮合的间隙或蛇形弹簧磨损是否超限，必要时更换磨损零件。

9）检查各连接部件，基础螺栓有无松动和损坏，必要时进行更换。

10）进行钢丝绳的调绳、调头和更换工作。

11）检查和调整电气设备的继电器、接触器和控制线等，必要时进行更换。

12）检查日常维修不能处理的项目，保证设备能正常运行到下次检修时。

（2）中修的内容　中修除包括小修的全部检查内容外，还必须进行下列工作：

1）更换减速器各部轴承，或对使用中的轴瓦进行刮研处理。

2）调整齿轮啮合间隙，或更换齿轮对。

3）更换制动系统的闸瓦和转动销轴。

4）车削闸轮及闸盘，必要时进行更换。

5）更换滚筒木衬和车削绳槽。

6）处理和更换电控设备的零部件。

7）检修不能保持到中修间隔期，而小修又不能处理的项目。

（3）大修的内容　大修除包括中修的全部检修内容外，还必须进行下列工作：

1）更换减速器的传动轴、齿轮和轴承，重新进行调整。

2）加固或更换滚筒。

3）更换主轴、轴瓦，并抬起主轴检查下瓦，调整主轴水平。

4）检测、找正各轴间的水平度和平行度。

5）更换联轴器。

6）进行机座和基础加固。

7）更换主电动机和其他电控设备。

8）检修不能保持到大修间隔期，而中修又不能处理的项目。提升机检修周期及其所需时间可参见表9-2。

表9-2　提升机检修周期及其所需时间

提升机规格	检修周期/月			所需时间/天		
	小修	中修	大修	小修	中修	大修
卷筒直径在3m以下	4	12	48	1	2	4
卷筒直径在3m以上	6	24	72	1	4	7

【工作任务实施】

1. 任务实施前的准备

熟知提升机房的安全管理制度；明确提升机加速度、速度的规定；熟知提升信号的规定及联络方法；熟知矿井提升机安全运行的有关规定；通过事故案例了解提升机安全运行的重要性及常见事故的防止方法或措施；明确矿井提升机的维检管理内容，保证提升机操作任务的实施。

2. 案例室安全操作任务实施

到实习矿事故案例室，进一步学习矿井提升机安全操作知识和相关规定，模拟提升机操作过程，为提升机的实际现场操作做好思想和技术等各方面的准备。

3. 安全装置的维护

与现场技师一起，对提升机安全保护装置进行日常维检或试验，注意维检过程的细节和试验参数，之后填写检查或试验记录。表9-3、9-4为某矿试验记录表格和检查记录表格。

表9-3　安全保护装置检查试验记录

项　目	检查试验方法	检查试验结果	检查试验人签字
过卷			
松绳			
换向器栅栏门			
脚踏			
仓满			

（续）

项　目	检查试验方法	检查试验结果	检查试验人签字
闸瓦磨损			
限速器			
安全闸			
闸瓦间隙			
制动油过、欠电压			
润滑油超温			
综合保护			
信号与井口闭锁			
检查试验日期			

表9-4　提升系统保护检查试验记录

项　目		检查试验结果	检查试验人签字
防过卷装置			
松绳保护			
深度指示器失效保护	硬件：		
	软件：		
限速装置	硬件：		
	软件：		
减速功能保护	硬件：		
	软件：		
闸间隙保护			
过速装置保护			
换向柜门闭锁			
操纵台急停			
提升信号与井口闭锁			
闸木间隙			

检查日期：

4. 提升机操作任务实施

与提升机主操作者一起，做好提升机操作前的各项检查工作，之后与监护提升机操作者一同监护操作控制，通过仔细学习和观察，熟练掌握提升机控制方法和过程。考取资格证书的学生可在主操作者的监护下对提升机进行操作。完成实施任务后，与操作者一起填写当班记录并做好交接班。

【工作任务考评】（见表9-5）

表9-5 任务考评

过程考评	配 分	考 评 内 容	考评实施人员
素质考评	12	生产纪律	
	12	遵守生产规程，安全生产	
	12	团结协作，与现场工程人员的交流	
实操考评	12	理论知识：口述提升机安全管理制度、速度规定、信号、安全运行等内容	专职教师和现场教师结合，进行综合考评
	12	任务实施过程中注意观察和记录，注意实习过程的原始资料积累	
	12	手指口述提升机操控台的组成、手柄操控方法、仪表显示内容含义等	
	12	完成本次工作任务，效果良好	
	16	按任务实施指导书完成学习总结，总结所反映出的工作任务完整，信息量大	

【思考与练习】

1. 《煤矿安全规程》对矿井提升运输的规定有哪些？

2. 主提升机操作者的岗位职责是什么？

3. 主提升机操作者巡回检查的基本要求是什么？

4. 《煤矿安全规程》对提升速度的规定有哪些？

5. 提升信号的种类有哪些？

6. 提升信号的基本要求是什么？

7. 我国矿井提升机有哪些操作方式？

8. 简述矿井提升机减速阶段的操作方法。

9. 提升机操作者应遵守的操作纪律是什么？

10. 提升机操作者应遵守哪些安全守则？

11. 简述典型事故案例，试作案例分析，并说明防止措施。

12. 提升机的维修工作都有哪些？

参 考 文 献

[1] 孙玉荣，周法孔. 矿井提升设备 [M]. 北京：煤炭工业出版社，1995.

[2] 唐国祥，等. 矿井提升机故障处理和技术改造 [M]. 北京：机械工业出版社，2005.

[3] 蒋卫良. 高可靠性带式输送机、提升及控制 [M]. 徐州：中国矿业大学出版社，2008.

[4] 洪晓华. 矿井运输提升 [M]. 2 版. 徐州：中国矿业大学出版社，2005.

[5] 谢锡纯，李晓豁. 矿山机械与设备 [M]. 徐州：中国矿业大学出版社，2000.

[6] 毋虎城，裴文喜. 矿山运输与提升设备 [M]. 北京：煤炭工业出版社，2004.

[7] 江建筑. 矿井维修钳工（初级、中级、高级）[M]. 北京：煤炭工业出版社，2006.

[8] 国家安全生产监督管理总局. 2011 版煤矿安全规程 [S]. 北京：煤炭工业出版社，2011.